全国 農業 図書 のご案内

2020年版
日本農業技術検定　過去問題集2級

R02-02　A5判・191＋64頁
定価1,100円（税込・送料別）

●2019年度に実施した２回の試験問題を収録。

2019年版
日本農業技術検定　過去問題集2級

31-02　A5判・168＋56頁
定価1,100円（税込・送料別）

●2018年度に実施した２回の試験問題を収録。

何でも聞いちゃえ　アグリの話
～農業施策・用語 Q&A～

31-33　A4判・47頁
定価800円（税込・送料別）

最近注目されている農業施策やキーワード
を会話形式でわかりやすく解説！

Q&A で農政がわかりやすい！

令和版よくわかる農政用語集
～農に関するキーワード100～

31-31　B6判・276頁
定価2,000円（税込・送料別）

農業の法律や制度・施策をはじめ農業関係
機関・団体、経営や生産技術、環境問題な
ど、幅広い分野から約1,000語を選んで解
説。

現代の農についてのキーワードが丸わかり！

新世代の農業挑戦
　　　－優良経営事例に学ぶ－

26-14　新書判・251頁
定価1,121円（税込・送料別）

　農業は「成長産業」という著者が、先進的な農業経営体の開拓者精神と情熱、哲学、経営スピリッツに迫る農業経営事例研究の書。

第Ⅰ部　農業・農村の最前線／第Ⅱ部　新世代の農業挑戦（優良経営体の群像）

優良農業経営の強さの秘密を解き明かす

多視点型農業マーケティング
　　　－6次産業化へのヒント77－

26-30　新書判・197頁
定価950円（税込・送料別）

　日本農業を新たな視点で見直し、打開策を見いだすよう意識改革を促す「実践型農業マーケティング」の続編。

第1章「多視点」についての考察／第2章「適正消費」を多視点で構築しよう／第3章「3つの視点」を、マーケティング活動に生かそう／第4章マーケティングアイデア77

フィールドワークに基づくマーケティング手引書

2019年版
青色申告から経営改善につなぐ
勘定科目別農業簿記マニュアル

税理士　森　剛一　著

31-37　A4判・233頁
定価2,160円（税込・送料別）

●企業会計に即して記帳する場合のポイントを勘定科目ごとに整理。

●「分からないとき」「困ったとき」に必要な部分が参照しやすい。

●記帳の中から自己の経営をチェックする方法も解説。

●最新の申告書や決算書に基づく記入例を掲載。

改訂5版
農業の従業員採用・育成マニュアル

各種様式を収録した CD-ROM 付

31-34 A4判・423頁
定価4,200円（税込・送料別）

●従業員の採用や育成、労務管理についてまとめた、大好評シリーズの最新版

ご購入方法

①お住まいの都道府県の農業会議に注文
（品物到着後、農業会議より請求書を送付させて頂きます）

都道府県農業会議の電話番号

北海道	011(281)6761	静岡県	054(255)7934	岡山県	086(234)1093
青森県	017(774)8580	愛知県	052(962)2841	広島県	082(545)4146
岩手県	019(626)8545	三重県	059(213)2022	山口県	083(923)2102
宮城県	022(275)9164	新潟県	025(223)2186	徳島県	088(678)5611
秋田県	018(860)3540	富山県	076(441)8961	香川県	087(812)0810
山形県	023(622)8716	石川県	076(240)0540	愛媛県	089(943)2800
福島県	024(524)1201	福井県	0776(21)8234	高知県	088(824)8555
茨城県	029(301)1236	長野県	026(217)0291	福岡県	092(711)5070
栃木県	028(648)7270	滋賀県	077(523)2439	佐賀県	0952(20)1810
群馬県	027(280)6171	京都府	075(441)3660	長崎県	095(822)9647
埼玉県	048(829)3481	大阪府	06(6941)2701	熊本県	096(384)3333
千葉県	043(223)4480	兵庫県	078(391)1221	大分県	097(532)4385
東京都	03(3370)7145	奈良県	0742(22)1101	宮崎県	0985(73)9211
神奈川県	045(201)0895	和歌山県	073(432)6114	鹿児島県	099(286)5815
山梨県	055(228)6811	鳥取県	0857(26)8371	沖縄県	098(889)6027
岐阜県	058(268)2527	島根県	0852(22)4471		

②全国農業図書のホームページから注文
(https://www.nca.or.jp/tosho/)

（お支払方法は、銀行振込、郵便振替、クレジットカード、代金引換があります。銀行振込と郵便振替はご入金確認後に、品物の発送となります）

③ Amazon から注文

| 全国農業図書 | 検 索 |

日本農業技術検定　3級

選択科目［農業基礎］

1

2

4

選択科目［農業基礎］

選択科目［農業基礎］

選択科目［栽培系］

選択科目［栽培系］

49

選択科目［畜産系］

44

45

47

選択科目［食品系］

49

選択科目［環境系］

33

35

選択科目［環境系］

37

選択科目［環境系・造園］

41

48

選択科目［農業基礎］

選択科目［農業基礎］

21

選択科目［栽培系］

35

① ②

③ ④

選択科目［栽培系］

36

37

9

選択科目［栽培系］

選択科目［栽培系］

選択科目［畜産系］

選択科目［畜産系］

選択科目［食品系］

選択科目［環境系］

38

選択科目［環境系・造園］

41

42

43

44

13

選択科目［環境系・造園］

47 　50

選択科目［環境系・林業］

49

共通問題［農業基礎］

1

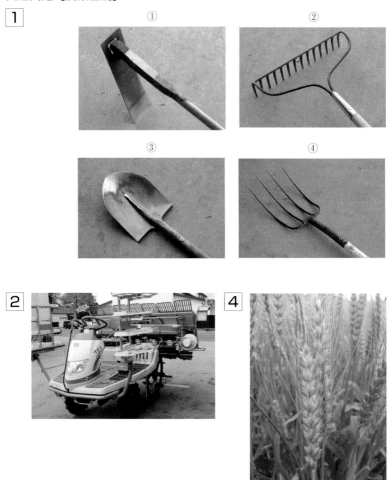

① ② ③ ④

2

4

選択科目［農業基礎］

14

15

17

18

19

選択科目［農業基礎］

20

選択科目［栽培系］

42

17

選択科目［栽培系］

選択科目［畜産系］

選択科目［環境系］

35

43

45

選択科目［環境系・造園］

46

47

選択科目［環境系・造園］

選択科目［環境系・農業土木］

選択科目［環境系・農業土木］

 54

55

選択科目［環境系・林業］

 51

54

選択科目［農業基礎］

1

12

15

16

19

光エネルギー

（A）＋ 水 → 炭水化物 ＋ 酸素 ＋ 水

選択科目［農業基礎］

22

選択科目［栽培系］

31

37

38

46

選択科目［栽培系］

選択科目［畜産系］

素のう

食道

B

A

十二指腸

回腸

C

直腸

総排せつ腔

ニワトリ（単胃動物）

広間膜

卵管

A

C

卵巣

B

ちつ

ぼうこう

肛門

ちつ口

選択科目［畜産系］

47

48

50

52

54

選択科目［環境系］

34

選択科目［環境系・造園］

53

55

選択科目［環境系・農業土木］

50

選択科目［環境系・林業］

52

54

共通問題［農業基礎］

1

①
②
③
④

10

栽培の北限

共通問題［農業基礎］

18 　　19

24

選択科目［栽培］

31 　　38

選択科目［栽培］

43

44

53

54 55

選択科目［畜産］

33

46

＊拡大写真

49

選択科目［畜産］

52

53 　　54

選択科目［食品］

32 　　39

選択科目［食品］

52

選択科目［環境系］

37

40

43

44

選択科目［環境系・造園］

46

49

50

51

選択科目［環境系・林業］

51

53

共通問題［農業基礎］

共通問題［農業基礎］

選択科目［栽培］

選択科目［栽培］

41

46

47

選択科目［栽培］

48

51 　A

53

選択科目［畜産］

47

54

選択科目［畜産］

55

選択科目［食品］

47

選択科目［環境系］

選択科目［環境系］

45

選択科目［環境系・造園］

46

48

54

選択科目［環境系・農業土木］

52

53

54

選択科目［環境系・林業］

52

日 本 農 業 技 術 検 定　3級　解 答 用 紙

受験級	受 験 者 氏 名
● 3級	フリガナ 漢字

受 験 番 号

マーク例

良い例	悪い例
●	⊙ × ✓ 〰 ○

共 通 問 題

設問	解 答 欄			
1	①	②	③	④
2	①	②	③	④
3	①	②	③	④
4	①	②	③	④
5	①	②	③	④
6	①	②	③	④
7	①	②	③	④
8	①	②	③	④
9	①	②	③	④
10	①	②	③	④
11	①	②	③	④
12	①	②	③	④
13	①	②	③	④
14	①	②	③	④
15	①	②	③	④
16	①	②	③	④
17	①	②	③	④
18	①	②	③	④
19	①	②	③	④
20	①	②	③	④
21	①	②	③	④
22	①	②	③	④
23	①	②	③	④
24	①	②	③	④
25	①	②	③	④
26	①	②	③	④
27	①	②	③	④
28	①	②	③	④
29	①	②	③	④
30	①	②	③	④

選 択 問 題

解答欄A（栽培系、畜産系、食品系）

栽培系 ○　　畜産系 ○　　食品系 ○

設問	解 答 欄			
31	①	②	③	④
32	①	②	③	④
33	①	②	③	④
34	①	②	③	④
35	①	②	③	④
36	①	②	③	④
37	①	②	③	④
38	①	②	③	④
39	①	②	③	④
40	①	②	③	④
41	①	②	③	④
42	①	②	③	④
43	①	②	③	④
44	①	②	③	④
45	①	②	③	④
46	①	②	③	④
47	①	②	③	④
48	①	②	③	④
49	①	②	③	④
50	①	②	③	④

解答欄B（環境系）

環境系 ○

設問	解 答 欄			
31	①	②	③	④
32	①	②	③	④
33	①	②	③	④
34	①	②	③	④
35	①	②	③	④
36	①	②	③	④
37	①	②	③	④
38	①	②	③	④
39	①	②	③	④
40	①	②	③	④

造園 ○　　農業土木 ○　　林業 ○

設問	解 答 欄			
41	①	②	③	④
42	①	②	③	④
43	①	②	③	④
44	①	②	③	④
45	①	②	③	④
46	①	②	③	④
47	①	②	③	④
48	①	②	③	④
49	①	②	③	④
50	①	②	③	④

は じ め に

　新たに農業を始める人たちにとって、農業の魅力とは何でしょう。それは、ズバリ自然豊かな環境や農的な生き方と、ビジネスとしての可能性です。

　農業は、食料や花などを生産する第1次産業であると同時に、生産した農作物を自ら加工して付加価値をつける第2次産業、さらには直売店やインターネットを通して販売したり、農家レストランを出店するなどの第3次産業としての性格を持っています。自然に囲まれた農村での暮らしを満喫しながら、自ら経営の采配をふるうことが可能です。また、独立就農以外にも、農業法人に就職してから就農する道もあります。このような「生き方と働き方の新たな選択」にあこがれて、いま農業を志す人たちが増えています。

　しかしながら、農業の経験や知識も少ないなかで就農することは容易ではありません。農業の技術は日々進歩しており、経営環境も変わっています。農業は事業であり、農業者は事業の経営者であるという冷厳な事実があります。

　日本農業技術検定は、農林水産省・文部科学省後援による、農業や食品を学ぶ学生や農業・食品産業を仕事にする人のための、わが国最大の農業に特化した検定制度です。新規就農を希望する人だけでなく、農業関連産業を目指す全国の多くの農業系の学生をはじめ、JAの営農指導員等の職員や農業関係者の方々も多数受験しています。

　意欲だけでは農業や関連産業で仕事はできません。まずは日本農業技術検定で、あなたの農業についての知識・生産技術の修得レベルを試してみてはいかがでしょう。

　本検定を農業分野への進学、就業、関連産業への就職に役立てていただけると幸いです。

　3級受験にあたっては、本過去問題集で確認するほか、農業高等学校教科書や3級テキストも参考に勉強されることをお薦めします。

2020年4月

日 本 農 業 技 術 検 定 協 会
事務局　一般社団法人 全国農業会議所

本書活用の留意点

◆実際の試験問題は A4判のカラーです。

　本書は、持ち運びに便利なように、A4判より小さい A5判としました。また、試験問題の写真部分は本書の巻頭ページにカラーで掲載しています。

◆◆CONTENTS◆◆

日本農業技術検定 ガイド

1 検定の概要

● ● ● 日本農業技術検定とは？ ● ● ●

　日本農業技術検定は、わが国の農業現場への新規就農のほか、農業系大学への進学、農業法人や関連企業等への就業を目指す学生や社会人を対象として、農業知識や技術の取得水準を客観的に把握し、教育研修の効果を高めることを目的とした農業専門の全国統一の試験制度です。農林水産省・文部科学省の後援も受けています。

● ● ● 合格のメリットは？ ● ● ●

　合格者には農業大学校や農業系大学への推薦入学で有利になったり受験料の減免などもあります！　また、新規就農希望者にとっては、農業法人への就農の際のアピール・ポイントとして活用できます。JAなど社会人として農業関連分野で働いている方も資質向上のために受験しています。大学生にとっては就職にあたりキャリアアップの証明になります。海外農業研修への参加を考えている場合にも、日本農業技術検定を取得していると、筆記試験が免除となる場合があります。

● ● ● 試験の日程は？ ● ● ●

　2020年度の第1回試験日は7月11日（土）、第2回試験日は12月12日（土）です。第1回の申込受付期間は5月1日（金）～6月5日（金）、第2回は10月1日（木）～11月5日（木）となります。

※1級試験は第2回（12月）のみ実施。

● • •具体的な試験内容は？• • ●

　1級・2級・3級をご紹介します。試験内容を確認し、過去問題を勉強し、しっかり準備をして試験に挑みましょう！

(2019年度より)

等級	1級	2級	3級
想定レベル	農業の高度な知識・技術を習得している実践レベル	農作物の栽培管理等が可能な基本レベル	農作業の意味が理解できる入門レベル
試験方法	学科試験＋実技試験	学科試験＋実技試験	学科試験のみ
学科受検資格	特になし	特になし	特になし
学科試験出題範囲	共通：農業一般＋選択：作物、野菜、花き、果樹、畜産、食品から1科目選択	共通：農業一般＋選択：作物、野菜、花き、果樹、畜産、食品から1科目選択	共通：農業基礎＋選択：栽培系、畜産系、食品系、環境系から1科目選択
学科試験問題数	学科60問（共通20問、選択40問）	学科50問（共通10問、選択40問）	50問※3（共通30問、選択20問）環境系の選択20問のうち10問は3種類（造園、農業土木、林業）から1つを選択
学科試験回答方式	マークシート方式（5者択一）	マークシート方式（5者択一）	マークシート方式（4者択一）
学科試験試験時間	90分	60分	40分
学科試験合格基準	120点満点中原則70％以上	100点満点中原則70％以上	100点満点中原則60％以上
実技試験受検資格	受験資格あり※1	受験資格あり※2	－
実技試験出題範囲	専門科目から1科目選択する生産要素記述試験（ペーパーテスト）を実施（免除規定有り）	乗用トラクタ、歩行型トラクタ、刈払機、背負い式防除機から2機種を選択し、ほ場での実地研修試験（免除規定有り）	－

※1　1級の学科試験合格者。2年間以上の就農経験を有する者または検定協会が定める事項に適合する者（JA営農指導員、普及指導員、大学等付属農場の技術職員、農学系大学生等で農場実習等4単位以上を取得している場合）は実技試験免除制度があります（2019年度より創設。詳しくは、日本農業技術検定ホームページをご確認ください）。

※2　2級の学科試験合格者。1年以上の就農経験を有する者または農業高校・農業大学校など2級実技水準に相当する内容を授業などで受講した者、JA営農指導員、普及指導員、大学等付属農場の技術職員、学校等が主催する任意の講習会を受講した者は2級実技の免除規定が適用されます。

※3　3級の選択科目「環境」は20問のうち「環境共通」が10問で、「造園」「農業土木」「林業」から1つを選択して10問、合計20問となります。

● ● ●申し込みから受験までの流れ● ● ●

日本農業技術検定ホームページにアクセスする。
(https://www.nca.or.jp/support/general/kentei/)

↓

申し込みフォームより必要事項を入力の上、申し込む。

※団体受験において、2級実技免除校に指定されて
いる場合は、その旨のチェックを入力すること。

↓

お申し込み後に検定協会から送られてくる確認メールで、
ID、パスワード、振り込み先等を確認し、指定の銀行口座
に受験料を振り込む。

↓

入金後、ID、パスワードを使って、振り込み完了状況、受
験級と受験地等の詳細を再確認する。

↓

申し込み完了

↓

試験当日の2週間～3週間前までに受験票が届いたこと
を確認する。
※受験票が届かない場合は、事務局に問い合わせる。

↓

受験

※試験結果通知は約1か月後です。
※詳しい申し込み方法は日本農業技術検定のホームページからご確認ください。
※原則、ホームページからの申し込みを受け付けていますが、インターネット環境がない方
　のためにFAX、郵送でも受け付けています。詳しくは検定協会にお問い合せください。
※1・2級実技試験の内容や申し込み、免除手続き等については、ホームページでご確認くだ
　さい。

◆お問い合わせ先◆
日本農業技術検定協会（事務局：一般社団法人 全国農業会議所）
〒102-0084 東京都千代田区二番町5－6
　　　　　　あいおいニッセイ同和損保 二番町ビル7階
TEL:03(6910)1126 E-mail:kentei@nca.or.jp

| 日本農業技術検定 | 検索 |

● ● ・試験結果・ ● ●

　日本農業技術検定は、2007年度から３級、2008年度から２級、2009年度から１級が本格実施されました。受験者数は年々増加して、近年では毎年25,000人超が受験しています。受験者の内訳は、一般、農業高校、専門学校、農業大学校、短期大学、四年制大学（主に農業系）、その他（農協等）です。

受験者数の推移

（人）

	１級	２級	３級	合計
2007年度	―	―	8,630	8,630
2008年度	―	2,412	10,558	12,970
2009年度	131	2,656	13,786	16,573
2010年度	180	3,142	14,876	18,198
2011年度	244	3,554	16,152	19,950
2012年度	255	4,037	17,032	21,324
2013年度	293	3,859	18,405	22,557
2014年度	258	4,104	18,411	22,773
2015年度	245	4,949	18,926	24,120
2016年度	308	5,350	20,183	25,841
2017年度	277	5,743	20,681	26,701
2018年度	247	5,365	20,521	26,133
2019年度	266	5,311	19,992	25,569

各受験者の合格率（2019年度）

科目別合格率（2019年度）

● ● ● 3級 試験の概要 ● ● ●

　3級試験は、農業や食品産業などの関連分野に携わろうとする人を対象とし、農業基礎知識、技術の基本（農作業の意味がわかる入門レベル）について評価します。そのため、「技術や技能の基礎を理解していること」が求められます。

● ● ● 勉強のポイント ● ● ●

（1）出題領域を理解する

　3級試験は、共通問題30問、選択科目20問（栽培系・畜産系・食品系・環境系から1領域を選択）の合計50問です。共通問題は、農業に関すること全般と選択科目と同様の領域から出題されています。選択科目は、選択した分野の専門領域から出題されています。出題領域を的確に理解することが大事です。

（2）基本的な技術や技能の理論を理解する

　農業に関係する技術は、気候や環境などの違いによる地域性や栽培方法の多様性などがみられることが技術自体の特殊性ですが、この試験は、全国的な視点から共通することが出題されています。このため、基本的な技術や技能を理解することがポイントです。

（3）基本的な専門用語を理解する

　技術や技能を学び、そして実践する時に必要な基礎的な専門用語の理解度が求められています。基本的な専門用語を十分に理解することがポイントです。出題領域表の細目にはキーワードで例示していますので、その意味を理解しましょう。

（4）農作物づくりの技術や技能を理解し学ぶ

　実際の栽培技術・飼育技術・加工技術などについての知識や体験をもとに、理解力や判断力が求められます。適切な知識に基づく的確な判断は、良い農産物・安全で安心な食品づくりにつながります。このため、栽培作物の生育の特性のほか農産物づくりの技術や技能の的確さ、例えば、作業の選択・順番・機械器具の選択などを理解し学ぶことがポイントです。

　出題領域（次頁参照）が公開されており、キーワードが明確になっているので専門用語などを理解することが求められています。

　出題領域は、範囲が広く、すべて把握するのは労力を要しますので、次のポイントを押さえ、効率的に勉強しましょう。

◎まずは、過去問題を解く。

◎過去問題から細目等の出題傾向を摑み、対策を練る。

◎農業高等学校教科書（「農業と環境」ほか、選択科目別に発行）で問題の確認を行う（教科書については日本農業技術検定のホームページに掲載）。

◎問題の解説や３級テキスト（全国農業高等学校長協会発行）を参照する。

◎苦手な分野は、領域を確認しながら、農業高等学校教科書を参照して克服していく。

◎本番の試験では、過去問題と類似した問題も出題されるので、本書を何度も解く。

　主に次の分野では、特に下記の点に留意して、効率よく効果的に試験に取り組んでください。

栽培技術	農業技術は、自然環境を理解し、栽培の特性をうまく利用し地域の立地に合わせた農業技術が各地で実践されています。この試験では、まず対象となる農作物やその栽培環境を理解することが大事です。つまり、動植物特性、土壌や肥料の特徴、病害虫と雑草、栽培環境など代表的なものを十分理解し覚えることが必要です。農業用具の名称や扱い方、農業機械の種類とどのような時に使うのかを知ることも大事です。基本的な計算（肥料計算、農薬希釈率等）もできるように確認しておきましょう。
加工技術	食品の加工原料、加工方法、製品についての知識や技術の基本を理解し覚えましょう。また、食品に関する法律（食品衛生法、JAS法、食品表示法）も安全で安心な生産物を提供する立場として十分に理解しておくことが大事です。
わが国の農業	日頃、インターネット、新聞、テレビなどのメディアから日本農業についての重要な情報を仕入れておくと、試験に有利です。日本の食料自給率、輸入や輸出の関係、時事的なこと、日本の農業経営の特性なども出題されます。
環境技術	環境の共通問題は、平板測量や製図の知識が必要です。林業は、森林の種類・生態・育林・伐林の勉強も大事です。造園は、庭園の種類や造園施工技術、農業土木は、力学や農業土木施工技術のことも勉強しておきましょう。

3 出題領域

科目	作物名・領域	単元	細　目
共通	植物の生育	分類	自然分類（植物学的分類）　原種　種　品種　実用分類（農学的分類）
		種子とたねまき	発芽　種子の構造　有胚乳種子　無胚乳種子　胚乳　子葉　発芽条件　明発芽種子（好光性種子）　暗発芽種子（嫌光性種子）　種子の休眠
		植物の成長	栄養器官　生殖器官　根　葉　茎　芽　花　分裂組織　栄養成長　生殖成長　光合成　呼吸　蒸散　養水分の吸収
		花芽形成	花芽　花芽分化　日長　光周性　短日植物　長日植物　中性植物　感温性　感光性　春化処理（バーナリゼーション）　着花習性　雌雄異花　両性花
		種子と果実の形成	受粉　受精　重複受精　自家受粉　他家受粉　人工受粉　訪花昆虫　植物ホルモン　果菜類　葉茎菜類　根菜類　ポストハーベスト　自家和合性　自家不和合性
	栽培管理	栽培作業	耕起　予措　代かき　田植え　播種　覆土　育苗　定植　施肥　元肥　追肥　マルチング　中耕　土寄せ　芽かき　間引き　誘引　整枝　剪定　鉢上げ　鉢替え　摘心　うね立て　順化　作土　深耕　摘果　直播き　移植
		繁殖と育種	種子繁殖　栄養繁殖　さし木　さし芽　接ぎ木　クローン　組織培養　ウイルスフリー苗　育種　人工交配　品種　雑種第一代（F1）　実生苗　単為結果
		作付け体型と作型	作付け体型　作型　一毛作　二毛作　単作　混作　間作　連作　輪作　連作障害　普通栽培　促成栽培　抑制栽培　電照栽培　シェード栽培　有機栽培　適地適作　早晩生　田畑輪換
		栽培環境	気象要素　土壌要素　生物要素　大気環境　施設栽培　植物工場　風害　水害　冷害　凍霜害　干害　見かけの光合成　光飽和点　光補償点　陽生植物　陰生植物　生育適温　二酸化炭素濃度
	土・微生物・肥料	土壌	土の役割　母材　腐植　土性　土壌有機物　土の三相　単粒構造　団粒構造　土壌酸度（pH）　陽イオン交換容量　塩類濃度　EC　塩類集積　クリーニングクロップ　保水性　排水性　通気性　保肥性　地力　赤土　黒土　火山灰土　腐葉土　土壌生物　リン酸固定　窒素固定
		養分と肥料	必須元素　多量元素　微量元素　欠乏症状　肥料の三要素　肥料の種類　堆肥　厩肥　化学肥料　化成肥料　有機質肥料　速効性肥料　緩効性肥料　単肥　複合肥料　微量要素肥料
	病害虫・雑草防除	病害虫	土壌微生物　根粒菌　害虫　益虫　病徴　病原体　宿主　素因　主因　誘因　菌類　細菌　ウイルス　ダニ類　センチュウ類　天敵　対抗植物　加害様式　鳥獣害　総合的病害虫管理　空気伝染性　土壌伝染性　総合的病害虫管理（IPM）
		雑草	畑地雑草　水田雑草　除草剤
		防除法	農薬　化学的防除法　生物的防除法　物理的防除法　ポジティブリスト　ドリフト
	農業用具		くわ、レーキ、シャベル、かま、フォーク　屈折糖度計
	農産物の加工	農産物加工の意義	食品の特性　貯蔵性　利便性　嗜好性　簡便性　栄養性
		農畜産物加工の基礎	食品標準成分表による分類、加工、貯蔵法による分類
			炭水化物　脂質　タンパク質　無機質　ビタミン
		食品の変質と貯蔵	生物的要因　物理的要因　化学的要因
			貯蔵法の原理　乾燥　低温　空気組成　殺菌　食塩・砂糖・酢　くん煙
		食品衛生	食品衛生　食中毒の分類　食品による危害　食品添加物
		加工食品の表示	食品衛生法　JAS法　健康増進法
			包装の目的・種類　包装材料　包装技術
		農産物の加工	穀類・豆類・種実・いも類・野菜類・果実類の加工特性
		畜産物の加工	肉類・牛乳・鶏卵の加工特性

科目	作物名・領域	単元	細目
共通	家畜飼育の基礎	家畜の成長・繁殖・品種	家畜分類　乳牛・豚の妊娠期間　発情周期
		ニワトリの飼育	卵用種　肉用種　卵肉兼用種
			ふ卵器　就巣性　ニワトリのふ化日数
			育すう　給餌
			そのう　せん胃　筋胃　総排せつ腔
			雌の生殖器官　産卵周期
			飼料要求率　換羽
			ニューカッスル病　鶏痘
			鶏卵の構造　卵の品質
		ブタの飼育	大ヨークシャー　バークシャー　ランドレース　ハンプシャー　デュロック
		ウシの飼育	ホルスタイン　ジャージー　ガーンジー　ブラウンスイス
			年間搾乳量　体温　飼料標準　フリーストール・フリーバーン方式
			乳房の構造　乳成分　乳量
			市乳　ナチュラルチーズ　プロセスチーズ　バター　アイスクリーム
			黒毛和種
	農業経営と食料供給	農業の動向・我が国の農業経営	農家　農業経営の特徴　農業の担い手　輸入の動向　6次産業化　食料自給率
			広い気候群　豊かな降水量　土壌構造　複雑な地形　多様な生態系　農業資源大国　持続可能な農業
			農業の多面的機能　フードシステム　日本型食生活　食育　ポジティブリスト　トレーサビリティー　生産履歴　地産地消　バイオマス　バイオマスエネルギー
			農業就業人口　専業農家　第1種兼業農家　第2種兼業農家　農地所有適格法人　食料・農業・農村基本法　農地法　集落営農
			農地　耕地　農地利用率　水田・畑・樹園地・牧草地　施設園芸　耕作放棄地　1戸あたり耕地面積
			農業産出額　品目別・地域別農業産出額
			単収　化学化・機械化　耕地利用率　連作障害　持続可能農業　環境保全型農業　有機農産物
		食品産業と食料供給	食品製造業　外食産業　中食産業　食品リサイクル
			卸売市場　集出荷組織　契約栽培　農産物直売所　契約出荷　産地直売
			経営戦略　農地の流動化　規模の拡大　集約度
			共同作業・共同利用　法人化　受委託　地域ブランド
		農業の動向と課題	食料自給率　主な品目の自給率
			余剰窒素・リン　農薬使用量　フードマイレージ　仮想水
			生物多様性　絶滅危惧種
			環境保全型農業　有機農業　有機農産物　エコファーマー　低投入持続型農業　再生可能エネルギー　物質循環　GAP（農業生産工程管理）
			新規就農者　担い手不足　耕作放棄地の増加　農商工連携
	暮らしと農業・農村	農業の多面的機能	グリーンツーリズム　市民農園　里山　国土環境保全機能　生物多様性　都市農村交流　園芸療法　観光農園　地域文化
		地域文化の継承・発展	農村文化・芸能　歴史的遺産　神事・祭り　在来植物
		環境と農業	食物連鎖　生態系　個体群　生物群
			地球温暖化　生物多様性の減少　森林面積の減少　水不足　異常気象　土壌砂漠化
選択　栽培系	農業機械	乗用トラクタ	三点支持装置　油圧装置　PTO軸　トラクタの作業と安全
		歩行型トラクタ	主クラッチ　変速措置　Vベルト　かじ取り装置
		耕うん・整地用機械	ロータリ耕うん　すき　はつ土板プラウ　ディスクハロー
		穀類の収穫調整機械	自脱コンバイン　普通コンバイン　バインダ　穀物乾燥機　ライスセンタ　カントリエレベータ　ドライストア　精米機　もみすり機

科目	作物名・領域	単元	細目
選択 栽培系	工具類	レンチ	片ロスパナ 両ロスパナ オフセットレンチ ソケットレンチ
		プライヤ	ニッパ ラジオペンチ コンビネーションプライヤ
		ドライバ	プラスドライバ マイナスドライバ
		ハンマ	片手ハンマ プラスチックハンマ
		その他工具	プーラ 平タガネ タップ ダイス ノギス ジャッキ 油さし グリースガン
	農業施設	園芸施設	ガラス室 ビニルハウス 片屋根型 両屋根型 ビニルハウス パイプハウス 養液栽培 連棟式・単層式 塩化ビニル 被服資材 プラスチックハウス
		施設園芸用機械・装置	温風暖房機 温水暖房機 電熱暖房機 ヒートポンプ 環境制御機器
	燃料		重油 軽油 灯油 ガソリン LPG バイオマス
	農業経営		貸借対照表 資産・負債
	作物	イネ	たねもみ 塩水選 芽だし うるち米 もち米 各部形態 葉齢 発芽特性 分けつ
			選種 代かき 育苗箱 分けつ 主かん 緑化 硬化 水管理（深水、中干し、間断かんがい、花水） 収穫診断 収穫の構成要素 作況指数 いもち病 紋枯病 ヒメトビウンカ ツマグロヨコバイ
		スイートコーン	分けつ 発芽特性 枝根 とうもろこしの種類 雌雄異花 雑種強勢
		ダイズ	連作障害 無胚乳種子 早晩生 種子形態 発芽特性 結きょう率 葉の成長（子葉、初生葉、複葉）
			ウイルス病 紫はん病 アオクサカメムシ ダイズサヤタマバエ マメケイシンガ ヒメコガネ シロイチモンジュメイガ
		ジャガイモ	救荒作物 ほう芽 休眠 着らい期 緑化 ふく枝
			種イモ準備 貯蔵 えき病 そうか病 ニジュウヤホシテントウ センチュウ ハスモンヨトウ
		サツマイモ	救荒植物 つるぼけ
			採苗 植え付け 除草 収穫 貯蔵
	野菜	トマト	果実の生育
			ウイルス病 アブラムシ えき病 葉かび病 灰色かび病 輪もん病 しり腐れ病 空洞果 すじ腐れ果
		キュウリ	雌花・雄花 ブルーム（果粉） 無胚乳種子 浅根性
			作型 播種 接ぎ木 鉢上げ 誘引 整枝 追肥 かん水 べと病 つる枯れ病 炭そ病 うどんこ病 アブラムシ ウリハムシ ハダニ ネコブセンチュウ
		ハクサイ	ウイルス病 軟腐病 アブラムシ コナガ モンシロチョウ ヨトウムシ
		ダイコン	キスジノミハムシ アブラムシ 苗立ち枯れ病 いおう病 ハスモンヨトウ
		ナス	着果習性 花芽分化 長花柱花
			作型 半枯れ病 褐紋病 ハダニ類 アブラムシ類 石ナス つやなし果
		イチゴ	花芽分化 休眠 開花・結実 ランナー発生
			作型 炭そ病 い黄病 うどんこ病 アブラムシ類 ハダニ類
		スイカ	つるわれ病 うどんこ病 炭そ病 害虫
	草花	花の種類	サルビア ニチニチソウ ペチュニア マリーゴールド パンジー ハボタン スイートピー ケイトウ
			キク カーネーション ガーベラ シロタエギク
			（リン茎）チューリップ ユリ スイセン （球茎）グラジオラス フリージア （塊茎）シクラメン （根茎）カンナ カラー （塊根）ダリア ラナンキュラス
			シンビジウム カトレア類 ファノレプシス
			アナナス類 ドラセナ類 フィカス類
			ベゴニア プリムラ類 アザレア アジサイ ゼラニウム インパチェンス シクラメン

科目	作物名・領域	単元	細目
選択 栽培系		基礎用語・技術	株分け　分球　セル成型苗　取り木　さし芽　さし木　種子繁殖　栄養繁殖
			育苗箱　セルトレイ　素焼き鉢　プラ鉢　ポリ鉢
			水苔　バーミキュライト　パーライト　鹿沼土　ピートモス　軽石　バーク類　赤土
			腰水　マット給水　ひも給水
	果樹	果樹の種類	リンゴ　ナシ　モモ　カキ　ブドウ　ウメ
			かんきつ類　ビワ
		植物特性	休眠　生理的落果　和合性・不和合性　ウイルスフリー　結果年齢　隔年結果・幼木・若木・成木・老木　受粉樹　葉芽・花芽
		栽培管理	摘果　摘粒　摘心
			主幹形　変則主幹形　開心自然形　棚栽培　強せん定・弱せん定　切り返し　間引き　主幹　主枝　側枝　徒長枝　発育枝　頂部優勢
			草生法　根域制限（容器栽培）
			夏肥（実肥）　秋肥（礼肥）　春肥（芽だし肥）　葉面散布　有機物施用　深耕　清耕法
			台木　穂木　枝接ぎ　芽接ぎ
			袋かけ　摘果　摘らい　摘花
選択 食品系	食品加工	食品加工の意義	食品の特性　貯蔵性　利便性　嗜好性　簡便性　栄養性
		食品加工の基礎	食品標準成分表　乾燥食品　冷凍食品　塩蔵・糖蔵食品　レトルト食品　インスタント食品　発酵食品
			炭水化物　脂質　タンパク質　無機質　ビタミン　機能性
		食品の変質と貯蔵	生物的要因　物理的要因　化学的要因
			貯蔵法の原理　乾燥　低温　空気組成　殺菌　浸透圧　pH　くん煙
		食品衛生	食品衛生　食中毒の分類　有害物質による汚染　食品による感染症・アレルギー　食品添加物
		食品表示と包装	食品衛生法　JAS法　健康増進法
			包装の目的・種類　包装材料　包装技術　容器包装リサイクル法
		農産物の加工	米　麦　トウモロコシ　ソバ　デンプン　米粉　製粉　餅　パン　菓子類　まんじゅう　めん類
			大豆加工品　ゆば　豆腐・油揚げ　納豆　みそ　しょうゆ　テンペ
			いもデンプン　ポテトチップ　フライドポテト　切り干しいも　いも焼酎　こんにゃく
			野菜類成分特性　冷凍野菜　カット野菜　漬物　トマト加工品
			果実類成分特性　糖　有機酸　ペクチン　ジャム　飲料　シロップ漬け　乾燥果実
		畜産物の加工	肉類の加工特性　ハム　ソーセージ　ベーコン　スモークチキン
			牛乳の加工特性　検査　牛乳　発酵乳　発酵飲料乳　チーズ　アイスクリーム　クリーム　バター　練乳　粉乳
			鶏卵の構造　鶏卵の加工特性　マヨネーズ　ゆで卵
		発酵食品	発酵　腐敗　細菌　糸状菌　酵母
			みそ・しょうゆ製造の基礎　原料　麹　酵素
			酒類製造の基礎　酵素　ワイン　ビール　清酒　蒸留酒
		製造管理	品質管理の必要性　従業員の管理と教育　設備の配置と管理
選択 畜産系	飼育学習の基礎	家畜の成長と繁殖・品種	交配　泌乳　肥育　妊娠期間
		ニワトリの飼育	ロードアイランドレッド種　白色プリマスロック種　白色コーニッシュ種　名古屋種
			転卵
			産卵とホルモン
			クラッチ　ペックオーダー　カンニバリズム　デビーク
			マイコプラズマ感染症　マレック病

科目	作物名・領域	単元	細目
選択 畜産系			鶏卵の加工と利用
			ブロイラーの出荷日数
		ブタの飼育	ブタの品種略号
			生殖器 分娩 ブタの飼料・給与基準 妊娠期間 各部位の名称
			豚熱 流行性脳炎 SEP オーエスキー病 トキソプラズマ症
		ウシの飼育	BCS DMI ME 搾乳方法
			乳質 乾乳期 飼料設計
			乳房炎 フリーマーチン ケトーシス カンテツ病
			褐毛和種 日本短角種 無角和種 ヘレフォード種 アバディーンアンガス種
			肥育様式 去勢 人工授精
			肉質 各部分の名称
選択 環境系	測量	平板測量	アリダード各部の名称 アリダードの点検 平板のすえつけ(標定) 道線法 放射法 交会法 示誤三角形
		水準測量	オートレベル チルチングレベル 電子レベル ハンドレベル 標尺(スタッフ) 日本水準原点
			水準点(B, M) 野帳の記入法(昇降式、器高式)
	製図		製図用具 製図の描き方 文字・数字 線 製図記号(断面記号)
			外形線 寸法線
	林業	森林の生態	森林の生態と分布・遷移 植生型 林木の生育と環境 年輪 土壌
		森林の役割	森林の役割 森林の種類 森林の面積 森林の状況 森林機能 森林の蓄積
		林木の生育と環境	主な樹木の性状
		木材の測定	材積計算
		主な育林対象樹種	スギ ヒノキ アカマツ カラマツ コナラ クヌギ トドマツ
		更新	地ごしらえ 植え付け
		樹木の保育作業	下刈り 除伐 間伐 枝打ち つる切り
		木材の生産	伐採の種類 伐採の方法 受口と追口 林業機械 高性能林業機械
		森林の測定	胸高直径 樹高測定 測竿 標準地法
		森林管理	森林経営管理法
	造園	環境と造園の様式	枯山水式庭園 茶庭 回遊式庭園 アメリカの庭園
		造園製図の基礎	平面図 立面図 透視図
		公園・緑地の計画設計	街区公園
		造園樹木	イヌツゲ イロハカエデ ウバメガシ スギ シラカシ ドウダンツツジ ハナミズキ ツバキ類 サクラソウ類
			クロマツ イチョウ モウソウダケ マダケ ツツジ類
		樹木の移植・支柱	根回し 支柱法(八つ掛け・鳥居型)
		造園施設施工	春日灯籠 織部灯籠 雪見灯籠
		竹垣	四つ目垣と各部の名称
		造園樹木の管理	害虫チャドガ 病気 赤星病 主伐 間伐 てんぐす病 主幹 側枝 さし木 除伐 対生
			互生 害虫チャドクガ 病気てんぐす病
	農業土木	設計と力学	力の三要素 モーメント 力の釣り合い 応力 ひずみ
		農業の基盤整備	ミティゲーション 客土 混層耕 心土破砕 除礫 不良土層排除 床締め
		水と土の基本的性質	静水圧 パスカルの原理 流速 流量 コロイド 粘土 シルト 砂礫

(注)以上の出題領域は目安であり、文部科学省検定高等学校農業科用教科書「農業と環境」の内容はすべて対象となります。

2019年度　第1回（7月13日実施）

日本農業技術検定　3級　試験問題

◎受験にあたっては、試験官の指示に従って下さい。
　指示があるまで、問題用紙をめくらないで下さい。
◎受験者氏名、受験番号、選択科目の記入を忘れないで下さい。
◎問題は全部で50問あります。1～30が農業基礎、31～50が選択科目です。
◎選択科目は4科目のなかから1科目だけ選び、解答用紙に選択した科目をマークして下さい。選択科目のマークが未記入の場合には、得点となりません。
　環境系の41～50は造園、農業土木、林業から更に1つ選んで下さい。
　選択科目のマークが未記入の場合には、得点となりません。
◎すべての問題において正答は1つです。1つだけマークして下さい。
　2つ以上マークした場合には、得点となりません。
◎総解答数は、どの選択科目とも50問です。それ以上解答しないで下さい。
◎試験時間は40分です（名前や受験番号の記入時間を除く）。

【選択科目】

栽培系	p.24～29
畜産系	p.30～34
食品系	p.35～40
環境系	p.41～54

解答一覧は、「解答・解説編」（別冊）の2ページにあります。

日付			
点数			

農業基礎

1 □□□

　下の写真は左が雄穂（ゆうすい）、右が雌穂（しすい）である。雄穂（ゆうすい）と雌穂（しすい）を有するこの作物の科名として最も適切なものを選びなさい。

　　①イネ科
　　②マメ科
　　③ウリ科
　　④アブラナ科

2 □□□

　下の写真は左が開花、右が結実の野菜である。この野菜の科名として最も適切なものを選びなさい。

　　①アブラナ科
　　②ウリ科
　　③マメ科
　　④ナス科

3 □□□

　同じ種類の野菜で「早生品種」の特性として、最も適切なものを選びなさい。
　　①生育期間が短く、他の品種より早く収穫できる品種
　　②草丈の伸長速度が最も早い品種
　　③結実してから最も早く熟期を迎える品種
　　④播種してから発芽までが最も早い品種

4 □□□

　写真の果実を利用する野菜の科名を選びなさい。
　　①アブラナ科
　　②ナス科
　　③ウリ科
　　④ユリ科

5 □□□

利用部位による野菜の組み合わせで、最も適切なものを選びなさい。
　①ニンジン　　－　　葉菜類
　②キャベツ　　－　　根菜類
　③トマト　　　－　　果菜類
　④ネギ　　　　－　　根菜類

6 □□□

わが国で生産額の多い果樹（2015年現在）上位3つについて、最も適切なものを選びなさい。

	第1位	第2位	第3位
①	ウンシュウミカン	リンゴ	ブドウ
②	リンゴ	ウンシュウミカン	ニホンナシ
③	ウンシュウミカン	リンゴ	カキ
④	リンゴ	ウンシュウミカン	モモ

7 □□□

次の作物のうち、無胚乳種子として最も適切なものを選びなさい。
　①イネ
　②トウモロコシ
　③トマト
　④ダイズ

8 □□□

写真に示す葉菜類の科名として、正しいものを選びなさい。

　①マメ科
　②ウリ科
　③アブラナ科
　④ナス科

9 □□□

　酸性土壌において生育不良となりやすい野菜として、最も適切なものを選びなさい。
　①ホウレンソウ
　②サトイモ
　③スイカ
　④ダイコン

10 □□□

　生育の全期間を通して発生し、イネの病気では一番被害が大きい写真の病害として、最も適切なものを選びなさい。

　　①立ち枯れ病
　　②葉枯れ病
　　③紋枯れ病
　　④いもち病

11 □□□

　この害虫の加害様式として、最も適切なものを選びなさい。
　　①食害
　　②吸汁害
　　③茎への食入
　　④虫こぶの形成

12 □□□

　写真のような色彩粘着シートを利用した害虫防除対策として、最も適切なもの
を選びなさい。
　　①化学的防除法
　　②生物的防除法
　　③物理的防除法
　　④耕種的防除法

13 □□□

　塩類集積に関する説明として、最も適切なものを選びなさい。
　　①塩類集積とは土壌中の塩分濃度が高くなることである。
　　②塩類集積をおこすと土を全て入れ替えなければならない。
　　③塩類集積とは土に残留した塩類が蓄積されることである。
　　④塩類集積は施設よりも露地の方が発生しやすい。

14 □□□

　有機質肥料として、最も適切なものを選びなさい。
　　①苦土石灰
　　②油かす
　　③鹿沼土
　　④化学肥料

15 □□□

　土壌には粘土と砂の割合が土性によって違いがあるが、粘土割合の高い順に並
べたものはどれか、最も適切なものを選びなさい。
　　①しょく土＞壌土＞砂壌土
　　②壌土＞砂壌土＞しょく土
　　③砂土＞しょく土＞壌土
　　④砂壌土＞しょく土＞砂土

16 □□□

土壌の酸性を中和する資材として、最も適切なものを選びなさい。
①ピートモス
②苦土石灰
③鹿沼土
④硫安

17 □□□

緩効性肥料の説明として、最も適切なものを選びなさい。
①施用後一定期間が経過した後に肥効があらわれる。
②施肥直後からゆっくりと肥効があらわれ、一定期間持続する。
③施肥直後から肥効があらわれるが長続きはしない。
④地温が高くなると肥効があらわれる。

18 □□□

アメリカで改良された写真のブタの品種として、最も適切なものを選びなさい。
①大ヨークシャー種
②ランドレース種
③バークシャー種
④デュロック種

19 □□□

写真の乳牛の品種名として、最も適切なものを選びなさい。
①ホルスタイン種
②ジャージー種
③黒毛和種
④ランドレース種

20 □□□

　動物のもつ癒し効果を人間の病気治療に取り入れることを何というか、最も適切なものを選びなさい。
　　①ペット動物
　　②動物愛護
　　③動物トリマー
　　④動物介在療法（アニマルセラピー）

21 □□□

　肥料に関する記述として、最も適切なものを選びなさい。
　　①硫安は遅効性肥料である。
　　②油かすは速効性肥料である。
　　③化成肥料のうち N，P，K の合計含量が20％以上のものを高度化成肥料という。
　　④肥効が緩やかに長期間持続するものを、緩効性肥料という。

22 □□□

　農産物はさまざまな栄養素を含んでいる。タンパク質を30％以上含む農産物として、最も適切なものを選びなさい。
　　①サツマイモ
　　②ダイズ
　　③コムギ
　　④ゴマ

23 □□□

　グルテン含量の最も多く粘弾性が強い小麦粉として、最も適切なものを選びなさい。
　　①中力粉
　　②強力粉
　　③薄力粉
　　④デュラム粉

24 □□□

デンプンや植物油などの食品に加工したり、バイオエタノールの原料として利用されている穀類として、最も適切なものを選びなさい。
　①米
　②小麦
　③トウモロコシ
　④ソバ

25 □□□

農業において、食品安全、環境保全、労働安全等の持続可能性を確保するための生産工程管理に関する用語として、最も適切なものを選びなさい。
　① FAO
　② GAP
　③ HACCP
　④ WTO

26 □□□

耕地面積10a 以上で農業を営む世帯、または、１年間の販売額が15万円以上の世帯の名称として、最も適切なものを選びなさい。
　①農家
　②販売農家
　③農地所有適格法人
　④集落営農

27 □□□

規模拡大の方法について、次の（　　）内にあてはまる語句として、最も適切なものを選びなさい。

「経営耕地面積を多く必要とするタイプの土地利用型農業経営において（　　）が進めば、規模拡大の機会が増える。」

　①農地の流動化
　②経営ビジョンの策定
　③分業の利益
　④経営継承

28 □□□

　生態系の生物部分は大きく「生産者」、「消費者」、「分解者」にわけられる。「生産者」にあてはまるものとして、最も適切なものを選びなさい。
　　①土壌
　　②動物
　　③植物
　　④菌類

29 □□□

　次の記述の（　　）内にあてはまる語句として、最も適切なものを選びなさい。

　「『生物の（　　　）に関する条約』は、1992年のリオデジャネイロ地球サミットで発議され、1993年に発効した国際条約である。」

　　①多様性
　　②調和
　　③保全
　　④環境

30 □□□

　美しい農村景観を楽しむだけでなく、農村に長時間滞在して農業体験など農村の自然・文化・人々との交流を目的としたものを何と呼ぶか、最も適切なものを選びなさい。
　　①集落営農
　　②グリーンツーリズム（農泊）
　　③ビオトープ
　　④市民農園

選択科目（栽培系）

31 □□□

イネの水管理として、最も適切なものを選びなさい。
　①田植え後は、活着するまで苗が水没しない範囲で深水にする。
　②田植え後は、浅水にして、活着を促す。
　③苗の活着後は、深水にすることで分げつを促す。
　④田植え後は、直ちに中干しを行って分げつを促す。

32 □□□

ダイズの発芽特性として、最も適切なものを選びなさい。
　①ダイズは有胚乳種子である。
　②たねまきの際には覆土を 2 ～ 3 cm をめやすとし、厚さに差が出ないようにする。
　③発芽に必要な地温は 5 ℃程度で十分である。
　④発芽には光と水と窒素が必要である。

33 □□□

ジャガイモの貯蔵に関する説明として、正しいものを選びなさい。
　①氷点下になるような寒冷地では外気に触れさせることで、越冬させることができる。
　②収穫後は気温 2 ～ 4 ℃、湿度80～95％の冷暗所で貯蔵する。
　③収穫後は光に当たっても緑化しないので、日光に当てておくことが望ましい。
　④貯蔵中は酸素を必要としないので、真空包装が最適である。

34 □□□

　トマトについて、最も適切なものを選びなさい。
　　①南米原産のため高温の障害は受けない。
　　②ウリ科の植物である。
　　③第一花房は本葉8〜10節に、それ以降は3節ごとに着果する。
　　④開花後20日で収穫する。

35 □□□

　写真に示すトマトの病気として、最も適切なものを選びなさい。

　　①葉かび病
　　②ウイルス病
　　③えき病
　　④灰色かび病

36 □□□

　写真のキャベツ、ハクサイ、ブロッコリー、ダイコン、コマツナなど野菜を食害する害虫（終齢幼虫は10mm程度）の名称として、最も適切なものを選びなさい。
　　①ツマグロヨコバイ
　　②ネキリムシ
　　③ヨトウムシ
　　④コナガ

37 □□□

　サツマイモの植え付けとして、最も適切なものを選びなさい。
　　①植え付けは地温が10℃以下の低い時期の方が活着が良い。
　　②直立植えは塊根（イモ）の数は少なくなる。
　　③斜め植えはマルチ栽培では作業速度が遅い。
　　④水平植えは塊根数を確保しづらく、大きさが不揃いになる。

38 □□□

　次の用土のうち、気相の割合が最も小さいものとして、最も適切なものを選びなさい。
　　①赤玉土
　　②砂土
　　③田土
　　④腐葉土

39 □□□

つぎ木苗を用いる野菜として、最も適切なものを選びなさい。
①レタス
②ダイコン
③キュウリ
④トウモロコシ

40 □□□

キクのさし芽の方法として最も適切なものを選びなさい。
①鹿沼土やバーミキュライトなどの清潔な用土にさす。
②さし穂は切り口を乾かしてからさす。
③さし穂の葉は全て取り除いて用土にさす。
④さし芽後は直射日光に当てる方がよい。

41 □□□

次の草花のうち、春まき一年草として最も適切なものを選びなさい。
①チューリップ
②サルビア
③パンジー
④キク

42 □□□

秋から冬の花壇や寄せ植えに用いられる草花として、最も適切なものを選びなさい。
①アサガオ
②ハボタン
③ヒマワリ
④ニチニチソウ

43 □□□

サルビアの説明として最も適切なものを選びなさい。
①バラ科の草花である。
②シソ科の草花である。
③耐寒性をもつ草花である。
④2年草である。

44 □□□

次の花き類のうち、球根類に分類されるものとして、最も適切なものを選びなさい。
　　①カーネーション
　　②ファレノプシス
　　③グラジオラス
　　④インパチェンス

45 □□□

畑の土壌表面を覆う黒のポリマルチ効果について、最も適切なものを選びなさい。
　　①土壌を乾燥させる。
　　②雑草を抑制する。
　　③アブラムシの発生を軽減する。
　　④地温を低下させる。

46 □□□

キュウリのブルームの説明として最も適切なものを選びなさい。
　　①ブルームレスキュウリは果実の表面に白い果粉のないもので、現在の主流である。
　　②ブルームがあると病気になりやすい。
　　③ブルームがあるキュウリは、鮮度保持が悪い。
　　④ブルームレスキュウリの方が病気に強く栽培しやすい。

47 □□□

果樹の生理的落果が終わった後、まだ小さい幼果を摘み取る作業の名称として、最も適切なものを選びなさい。
　　①芽掻き（かき）
　　②摘心
　　③摘蕾（てきらい）
　　④摘果

48 □□□

写真は国内におけるある果樹の結実である。この果樹の説明として最も適切なものを選びなさい。
　①ツル性果樹である。
　②低木性果樹である。
　③落葉果樹である。
　④常緑果樹である。

49 □□□

写真は仁果類を代表する果樹の花である。最も適切な果樹名を選びなさい。
　①ビワ
　②リンゴ
　③ブドウ
　④ウンシュウミカン

50 □□□

次の作物の中で、酸性土壌に強いものとして、最も適切なものを選びなさい。
　①トマト
　②タマネギ
　③レタス
　④ジャガイモ

選択科目（畜産系）

31 □□□

　小石（グリッド）があるニワトリの消化器について、最も適切なものを選びなさい。
　　　①腎臓
　　　②そのう
　　　③筋胃
　　　④胆のう

32 □□□

　ふ卵器を使用した1日当たりの転卵回数として、最も適切なものを選びなさい。
　　　①1回
　　　②10回
　　　③50回
　　　④100回

33 □□□

　ニワトリにおいて卵管の発達を促進するホルモンとして、最も適切なものを選びなさい。
　　　①プロゲステロン
　　　②アンドロゲン
　　　③下垂体後葉ホルモン
　　　④エストロゲン

34 □□□

　鶏の初生びなを選ぶ際の注意点として、最も適切なものを選びなさい。
　　　①動きが活発で、体重が150g前後ある。
　　　②へそが大きく内部がよく見える。
　　　③総排せつ腔に汚れがない。
　　　④羽毛が黄色く、皮膚が乾燥している。

35 □□□

ブロイラーの若どりの出荷月齢として、最も適切なものを選びなさい。
　①1か月齢未満
　②3か月齢未満
　③3か月齢以上4か月齢未満
　④4か月齢以上5か月齢未満

36 □□□

ニワトリが感染するマレック病の原因として、最も適切なものを選びなさい。
　①ウイルス
　②原虫
　③糸状菌
　④細菌

37 □□□

ブタの品種と略号の組み合わせとして、正しいものを選びなさい。
　①L　-　中ヨークシャー種
　②B　-　デュロック種
　③W　-　大ヨークシャー種
　④H　-　バークシャー種

38 □□□

受精卵の着床・胎子の発育がおこなわれる部位として、最も適切なものを選びなさい。
　①ア
　②イ
　③ウ
　④エ

39 □□□

ウシの胃の構造についての説明として、最も適切なものを選びなさい。
①単胃動物であり、ヒトの消化器構造に似ている。
②第1胃には多くの微生物が生息し、反すうによる養分吸収に関わっている。
③第3胃は単胃動物の胃に相当する器官で消化酵素を分泌する。
④第4胃は蜂の巣状になっており反すうによる養分吸収に関わっている。

40 □□□

肉牛のアバディーン・アンガス種の原産国として、最も適切なものを選びなさい。
①アメリカ
②オーストラリア
③イギリス
④ドイツ

41 □□□

乳牛の泌乳期間として、最も適切なものを選びなさい。
①105日
②205日
③305日
④405日

42 □□□

雌牛が発情した場合の対応として、最も適切なものを選びなさい。
①飼料の給与量を増やす。
②分娩の準備を行う。
③放牧して日光浴をさせる。
④人工授精を行う。

43 □□□

雌牛の体の特徴として、最も適切なものを選びなさい。
①乳頭は基本的に4本である。
②角は生えない。
③下あごの切歯（前歯）がない。
④胃が機能的に3つに分かれている。

44 □□□

写真の器具の名称として適切なものを選びなさい。

①液量計
②ティートディップビン
③ストリップカップ
④ウォーターカップ

45 □□□

写真中の矢印が示す測定部位の名称として、最も適切なものを選びなさい。
①尻長
②腰角幅
③胸深
④寛幅

46 □□□

次の記述の病気の名称として、最も適切なものを選びなさい。

「不適切な飼料給与が原因で反すう胃内の微生物叢^{そう}のバランスが崩れ起きる。分娩後などに起きやすい代謝病である。」

①フリーマーチン
②ケトーシス
③カンテツ病
④低カルシウム血症

47 □□□

写真の施設の名称として、最も適切なものを選びなさい。
① タワーサイロ
② バンカーサイロ
③ ロールラップサイロ
④ スタックサイロ

48 □□□

飼料についての説明として、最も適切なものを選びなさい。
① 容積が大きく、粗繊維が多く含まれる飼料を粗飼料という。
② トウモロコシ等の穀類は粗飼料の一種である。
③ 牧草は濃厚飼料の一種で、消化される成分含量が高い。
④ ウシは濃厚飼料のみで、粗飼料は必要ない。

49 □□□

不活化ワクチンの説明として、最も適切なものを選びなさい。
① 弱毒化したウイルスなどを使用する。獲得免疫が強く、免疫持続時間も長い。
② 弱毒化したウイルスなどを使用し、2～3週間あけて何度か接種する。
③ 化学処理等により死んだウイルスの細胞等を使用する。免疫の続く期間が短いことがあり、複数回接種が必要なものが多い。
④ 副反応が大きいが、免疫の続く期間が長い。

50 □□□

32kgで購入した子ブタを107kgまで肥育した。この間の飼料摂取量が225kgだった時の飼料要求率として最も適切なものを選びなさい。
① 2.9
② 3.0
③ 3.1
④ 3.2

選択科目（食品系）

31 □□□

下記の説明の〔A〕〔B〕として、最も適切なものを選びなさい。

「食品はそのままの形で長期間にわたって品質を保つのは困難である。そのため、食品素材を乾燥・塩漬け・ビン詰・缶詰・冷蔵・冷凍など、さまざまに〔A〕して〔B〕を高める工夫を行ってきた。」

    A   B
①包装　－　利便性
②加工　－　貯蔵性
③分析　－　栄養性
④選別　－　嗜好性

32 □□□

食品に含まれる栄養素で、主にエネルギー源となる物質として、最も適切なものを選びなさい。
①ブドウ糖
②セルロース
③グルコマンナン
④アルギン酸

33 □□□

「容器包装リサイクル法」において、再処理事業者の役割とは何か、最も適切なものを選びなさい。
①分別排出
②分別収集
③再商品化
④監視

34 □□□

食品の加工工程で異物混入を防止する手段として、最も適切なものを選びなさい。
①作業時に帽子や頭巾を着用する。
②食品の中心部分が1分以上75℃になるよう加熱する。
③材料ごとにまな板と包丁を変える。
④冷凍保存は−15℃以下とする。

35 □□□

下記の説明の〔A〕〔B〕として、最も適切なものを選びなさい。

「食品表示の目的には消費者が食品を購入するときに必要な〔A〕を提供する。食品衛生上の事故があった場合に〔B〕の所在を明らかにするなどがある。」

　　　　A　　　　　B
①栄養　−　許可
②規格　−　原料
③商品　−　被害
④情報　−　責任

36 □□□

経口感染症に関する説明として、最も適切なものを選びなさい。
①生鮮魚介類などに付着していた感染性の強い病原体が、口から体内に入り発症する。
②寄生虫およびその卵に汚染された魚介類や野菜の生食により発症する。
③ある特定の食品を摂取した時に見られる体に有害な過敏な反応を起こす。
④食品中で増殖した細菌が、腸管内や組織内に入って症状を起こす。

37 □□□

日本に分布する主な寄生虫の感染経路として、最も適切な組み合わせを選びなさい。
①回虫　　　　　　イカ・サバの生食
②アニサキス　　　野菜の生食
③サナダムシ　　　マス・サケの生食
④肺吸虫　　　　　牛肉の生食

38 □□□

食品の包装材料として、透明、軽量、酸・アルカリに比較的安定、強度が低く、気体の通過を完全に遮断できないという特性があるものとして、最も適切なものを選びなさい。
　①ガラス
　②金属
　③紙
　④プラスチック

39 □□□

小麦粉加工品の中で主に卵白の起泡性を利用して作るものとして、最も適切なものを選びなさい。
　①パン類
　②シュークリーム
　③ビスケット
　④スポンジケーキ

40 □□□

トウバンジャン（豆板醤）の原料となるものとして、最も適切なものを選びなさい。
　①落花生
　②小豆
　③エンドウ
　④ソラマメ

41 □□□

コンニャクの製造方法について、空欄に最も適切なものを選びなさい。

| 原料いも | → | 選 別 | → | 水 洗 | → | 調 整 | → | 煮 沸 | → | 固 化 | → |

| 成 型 | → | 煮沸・水さらし | → | 製 品 | | ⬆ |

　①石灰水
　②にがり
　③重曹
　④硫酸カルシウム

42 □□□

　日本各地の伝統的な漬け物と原材料野菜の組み合わせとして、最も適切なものを選びなさい。
　　①千枚漬（京都府）　　－　キュウリ
　　②野沢菜漬（長野県）　－　カラシナ
　　③つぼ漬（鹿児島県）　－　シロウリ
　　④守口漬（愛知県）　　－　ダイコン

43 □□□

　次の果実のなかで「酒石酸」が多く含まれるものとして、最も適切なものを選びなさい。
　　①リンゴ
　　②温州ミカン
　　③ブドウ
　　④パイナップル

44 □□□

　下記の説明の〔A〕〔B〕として、最も適切なものを選びなさい。

「ひき肉に〔A〕を加えて、練ると、肉の〔B〕が溶けて、細かい糸状の構造から網目状の構造となり、独特の食感を形成する。」

　　　　　　A　　　　　　　　B
　　①塩　　　　　　－　タンパク質
　　②砂糖　　　　　－　炭水化物
　　③アミノ酸　　　－　脂質
　　④核酸　　　　　－　食物繊維

45 □□□

　かび・酵母・細菌に分類される微生物のすべてがかかわらなければ製造できない食品として、最も適切なものを選びなさい。
　　①テンペ・甘酒
　　②納豆・塩辛
　　③ビール・ワイン
　　④味噌・しょうゆ

46 □□□

　果実の特徴として、最も適切なものを選びなさい。
　　①果実は、水分が80〜90％であり、タンパク質や脂質も多い。
　　②果実中の酵素の作用では、風味や色調に変化は現れない。
　　③果実は、成熟にともなって糖分が減り、有機酸が増加する。
　　④果実中の赤色や黄色の色素は、カロチノイドやアントシアンである。

47 □□□

　乳固形分を凝固させ水分を抜いただけで熟成させないフレッシュチーズとして、正しいものを選びなさい。
　　①エメンタールチーズ
　　②ゴーダチーズ
　　③カマンベールチーズ
　　④モッツァレラチーズ

48 □□□

　鶏卵の卵白は、外水様卵白・内水様卵白・濃厚卵白・カラザ・気室などに分けられるが、卵が古くなると減少してしまう部分として、最も適切なものを選びなさい。
　　①外水様卵白
　　②内水様卵白
　　③濃厚卵白
　　④気室

49 □□□

　写真の機器はバターを作る際、どのような操作をするときに使うか、最も適切なものを選びなさい。
　　①チャーニング
　　②ワーキング
　　③水洗
　　④エージング

50 □□□

　安全な食品を製造する衛生管理体系の一つである HACCP の説明として、最も適切なものを選びなさい。

①品質管理・環境管理・安全管理・危機管理・個人情報保護が主である。

②最終製品を細菌試験・化学分析・官能試験・異物検査を実施する。

③すべての企業活動の経営システムを標準化することを目指す。

④製品製造工程の重要管理点を監視し、危害を防止する。

選択科目（環境系）

31 □□□

わが国の森林の状況についての説明として、最も適切なものを選びなさい。
　①手入れされずに放置された森林が多く存在している。
　②日本の森林率は約30％で先進国の中でも低い。
　③日本の人工林率は約20％で先進国の中では低い。
　④森林の蓄積量は年々減少している。

32 □□□

　森林の役割のうち「地球温暖化防止機能」の説明として、最も適切なものを選びなさい。
　①樹木は大気中の酸素を取り込んで光合成を行って成長している。
　②森林を増やすことで長期にわたって大気中の酸素を吸収させ固定することができる。
　③樹木を構成する有機物の半分近くは窒素で占められている。
　④森林を間伐等で適正に管理することにより二酸化炭素が吸収される。

33 □□□

　平板測量で用いる次の器具と関係するものはどれか、最も適切なものを選びなさい。
　①定位
　②標定
　③整準
　④求心

34 □□□

次の断面記号表示の材料として、最も適切なものを選びなさい。
　①水
　②地盤
　③タイル
　④コンクリート

35 □□□

日本水準原点が設置されている場所について、最も適切なものを選びなさい。
　①東京都千代田区
　②茨城県つくば市
　③東京都港区
　④兵庫県明石市

36 □□□

水準測量の誤差で次のうち個人誤差はどれか、最も適切なものを選びなさい。
　①標尺の目盛りが正しくない。
　②光の屈折による誤差。
　③かげろうによる誤差。
　④標尺が鉛直でない。

37 □□□

写真の樹木の名称として、正しいものを選びなさい。
①ヒノキ
②ブナ
③アカマツ
④カラマツ

38 □□□

アリダードで目標を視準するとき、（A）から（B）を見通しながら方向を定めます。（　）内にあてはまる言葉の組み合わせとして、最も適切なものを選びなさい。

　　　　A　　　　　　B
①視準糸　　　　視準孔
②気ほう管　　　視準糸
③視準孔　　　　定規縁
④視準孔　　　　視準糸

39 □□□

細い二点鎖線の用途による名称として最も適切なものを選びなさい。
①寸法補助線
②中心線
③切断線
④想像線

40 □□□

弦の長さを表す寸法線として正しいものを選びなさい。

①	②	③	④

選択科目
（環境系）（造園）

※環境系の選択者は、造園、農業土木、林業のうち１分野を、選択して下さい（複数分野を選択すると不正解となります）。

41 □□□

次の写真の樹木について、最も適切なものを選びなさい。
　①イチョウ
　②クロマツ
　③ツバキ
　④サクラ

42 □□□

次の設計図は1858年に作られた公園であるが、この公園のある都市はどこか、最も適切なものを選びなさい。

①フランス・パリ
②イギリス・ロンドン
③ロシア・モスクワ
④アメリカ・ニューヨーク

43 □□□

回遊式庭園について（A）（B）にあてはまる語句として、最も適切なものを選びなさい。

「（　A　）になると、政治が安定したため権力者は自国の城内などに広大な庭園を作るようになり、（　B　）とも呼ばれるようになった。」

	A	B
①	奈良時代	寝殿造り庭園
②	平安時代	枯山水式庭園
③	鎌倉時代	書院造り庭園
④	江戸時代	大名庭園

44 □□□

誘致距離250mの範囲内で1か所当たり面積0.25haを基準として配置する公園はどれか、最も適切なものを選びなさい。
　　①幼児公園
　　②街区公園
　　③近隣公園
　　④地区公園

45 □□□

庭木の手入作業中に急に腕の肌がかゆくなった原因として、最も適切なものを選びなさい。
①チャドクガ
②テントウムシ
③カイガラムシ
④アブラムシ

46 □□□

四ツ目垣の施工で親柱と間柱の間隔はどのくらいか、最も適切なものを選びなさい。
①150cm
②160cm
③170cm
④180cm

47 □□□

次の図面の名称として、正しいものを選びなさい。
①透視図
②平面図
③詳細図
④立面図

48 □□□

次の石灯籠（とうろう）の一番上の部位の名称として、最も適切なものを選びなさい。

①宝珠（ほうしゅ）
②笠（かさ）
③頭（かしら）
④火袋（ひぶくろ）

49 □□□

次の図の葉の付き方の名称で、正しいものを選びなさい。

①互生
②対生
③実生
④輪生

50 □□□

移植後樹木の保護のための支柱の種類で、街路樹によく使われる支柱法として、最も多いものを選びなさい。

①八つ掛け
②布掛け
③鳥居型
④脇差し

選択科目
（環境系）（農業土木）

※環境系の選択者は、造園、農業土木、林業のうち1分野を、選択して下さい（複数分野を選択すると不正解となります）。

41 □□□

土地改良法の「客土」についての説明として、最も適切なものを選びなさい。
①他の場所からほ場へ土壌を運搬して、農地土層の理化学的性質を改良する工法。
②耕起、混和、反転などを行って、作土の改良を図る工法。
③土層を破砕し膨軟にして、透水性と保水性を高める工法。
④作物の生産に障害となる土層を、他の場所に集積したり、作土層下に深く埋め込む工法。

42 □□□

土地改良工法で、漏水しやすい水田地盤を転圧により透水性を下げて、用水節約と水温、地温の上昇を図る工法として、最も適切なものを選びない。
①心土破壊
②徐礫
③床締め
④不良土層排除

43 □□□

ミティゲーションの5原則における「回避」にあたる事例として、最も適切なものを選びなさい。
①環境条件がよく、繁殖も行われ、生態系拠点となっている湧水池を現状のまま保全する。
②用水路の整備にあたり、水辺の生物の生息が可能な自然石や自然木を利用した護岸にして、生態系に配慮する。
③水路の改修工事に先立ち、生息している生物を一時的に移動させる。
④多様な生物が生息する湿地を工事区域外に設置し、同様な環境を確保する。

44 □□□

環境の保全が困難な場合、一時的に生物を捕獲・移動させるミティゲーションの事例として、最も適切なものはどれか。
　①代償
　②最小化
　③修正
　④軽減

45 □□□

梁に集中荷重が作用しているとき、C点における曲げモーメントとして、正しいものを選びなさい。
　①4N・m
　②10N・m
　③16N・m
　④80N・m

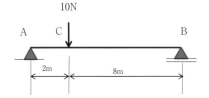

46 □□□

物体を引っ張ると引っ張った方向に伸びる。この伸びた量を変形量といい、元の長さに対する変形量の割合について最も適切なものを選びなさい。
　①ポアゾン比
　②ひずみ
　③ヤング率
　④フックの法則

47 □□□

力の3要素の組み合わせとして、最も適切なものを選びなさい。
　①作用点・重力・方向
　②加速度・モーメント・強さ
　③強さ・大きさ・モーメント
　④作用点・方向・大きさ

48 □□□

断面積0.04m^{2}の管水路を流れる流量が0.016m^3/s のときの流速として、正しいものを選びなさい。
①0.00064m/s
②0.0032m/s
③0.4m/s
④2.5m/s

49 □□□

粒径0.005mm〜0.075mm の土粒子の呼び名として、最も適切なものを選びなさい。
①粘土
②砂
③礫
④シルト

50 □□□

パスカルの原理の説明として、最も適切なものを選びなさい。
①同一流線上で速度水頭・位置水頭・圧力水頭の和が一定である。
②固い棒状のもので、大きなものを少ない力で動かすことができる、または、小さな運動を大きな運動に変える。
③密閉された液体の一部に受けた圧力はそのままの強さですべてに一様に伝わる。
④静止している液体の中の任意の面に働く応力はその面に平行な圧力だけである。

選択科目
（環境系）（林業）

※環境系の選択者は、造園、農業土木、林業のうち１分野を、選択して下さい（複数分野を選択すると不正解となります）。

41 □□□

森林の役割のうち「土砂崩壊防止機能」の説明として、最も適切なものを選びなさい。
　①森林内の土壌はその表面を流れる雨水の量を減少させ、浸食力を軽減する。
　②スポンジ状の森林の土壌が水をたくわえて、時間をかけてゆっくり流す。
　③森林の樹木は大気中の二酸化炭素を吸収・固定する。
　④森林の樹木の根が土砂や岩石をしっかりつかんで斜面の土砂が崩れるのを防ぐ。

42 □□□

公益的な役割を持つ森林である保安林の説明として、最も適切なものを選びなさい。
　①保安林の面積で一番多いのは土砂流出防備保安林である。
　②保安林の面積は年々減少している。
　③保安林は５種類ある。
　④保安林制度は森林法において定められている。

43 □□□

植生の変化に関する次の記述に該当するものとして、最も適切なものを選びなさい。

「生物群落が時間の経過とともに変化していく現象」

　①遷移
　②人工林化
　③水平分布
　④垂直分布

44 □□□

　森林の「更新」に関する次の記述に該当するものとして、最も適切なものを選びなさい。

　「種を取る樹木（母樹）から落下した種から発芽させる更新」

　　①天然更新
　　②人工更新
　　③萌芽更新
　　④機械更新

45 □□□

「森林の分類」の説明として、最も適切なものを選びなさい。
　　①伐採や自然のかく乱によって、前の森林が失われた跡地に成立した森林を「一次林」という。
　　②過去に伐採や大きな自然災害などのない森林を「原生林」という。
　　③人の手で植林した森林を「天然林」という。
　　④自然に生えた実生や萌芽などが成長して成立した森林を「人工林」という。

46 □□□

コナラに関する説明として、最も適切なものを選びなさい。
　　①材は木炭の原料やシイタケ原木に用いられる。
　　②土壌に対する適応力が強く乾燥に強い。強度があり、建築材の梁などに利用される。
　　③日本の固有種であり、主に建築用材に用いられる。
　　④耐久性に優れ、古くから重要な建築用材として重用され、特に寺院や神社の建築にも用いられている。

47 □□□

　森林の適切な経営や管理を行うため、平成30年に「森林経営管理法」が成立したが、この新たな制度の内容として、正しいものを選びなさい。
　　①林業経営に適した森林は、市町村が自ら管理。
　　②林業経営に適した森林は、都道府県が自ら管理。
　　③森林所有者から市町村が経営管理を委託される。
　　④森林所有者から都道府県が経営管理を委託される。

48 □□□

木材生産のための作業に関する次の記述の名称として、正しいものを選びなさい。

「丸太を集めて、林道や作業道脇の土場まで運ぶこと」

①集材
②運材
③造材
④伐採

49 □□□

樹木の太さを測る測定機器名と測定位置の組み合わせとして、最も適切なものを選びなさい。

①測竿　　－　　地面から100cm
②測竿　　－　　地面から120cm
③輪尺　　－　　地面から100cm
④輪尺　　－　　地面から120cm

50 □□□

次の図の「高性能林業機械」の名称とこの機械を使用した作業として、正しいものを選びなさい。

①ハーベスタ　　－　　集材
②ハーベスタ　　－　　運材
③タワーヤーダ　　－　　集材
④タワーヤーダ　　－　　運材

2019年度　第2回（12月14日実施）

日本農業技術検定　3級　試験問題

◎受験にあたっては、試験官の指示に従って下さい。
　指示があるまで、問題用紙をめくらないで下さい。
◎受験者氏名、受験番号、選択科目の記入を忘れないで下さい。
◎問題は全部で50問あります。1～30が農業基礎、31～50が選択科目です。
◎選択科目は4科目のなかから1科目だけ選び、解答用紙に選択した科目をマークして下さい。選択科目のマークが未記入の場合には、得点となりません。
　環境系の41～50は造園、農業土木、林業から更に1つ選んで下さい。
　選択科目のマークが未記入の場合には、得点となりません。
◎すべての問題において正答は1つです。1つだけマークして下さい。
　2つ以上マークした場合には、得点となりません。
◎総解答数は、どの選択科目とも50問です。それ以上解答しないで下さい。
◎試験時間は40分です（名前や受験番号の記入時間を除く）。

【選択科目】

栽培系	p.64～73
畜産系	p.74～80
食品系	p.81～86
環境系	p.87～99

解答一覧は、「解答・解説編」（別冊）の3ページにあります。

日付			
点数			

農業基礎

1 □□□

長日条件を感知して花芽が分化するものとして、最も適切なものを選びなさい。
①ホウレンソウ
②キャベツ
③ハクサイ
④ニンジン

2 □□□

畑での黒色フィルムによるマルチングの効果に関する説明として、最も適切なものを選びなさい。
①着花数が増加する。
②酸性土壌の改良を図ることができる。
③日照不足を補う。
④地温を高めて土壌水分を維持する。

3 □□□

同じ科に分類される作物の組み合わせとして、最も適切なものを選びなさい。
①トマト　　　－　ジャガイモ
②ジャガイモ　－　サツマイモ
③キュウリ　　－　ナス
④トマト　　　－　スイートコーン

4 □□□

　左が発芽時、右が収穫時の写真である。この野菜の科名として最も適切なものを選びなさい。

　　①ナス科
　　②アブラナ科
　　③マメ科
　　④ウリ科

5 □□□

　10a の畑に窒素を成分量で10kg 施用するには、「10 - 12 - 8」の表示のある化学肥料が何 kg 必要か、最も適切なものを選びなさい。
　　① 50kg
　　②100kg
　　③150kg
　　④200kg

6 □□□

　作物が行う蒸散の働きとして、最も適切なものを選びなさい。
　　①光エネルギーを利用して、根から吸収した水と気孔からとり入れた二酸化炭素から炭水化物を合成する。
　　②炭水化物と酸素を水と二酸化炭素にする。
　　③気孔から水分を放出して、植物の体温の上昇を抑え、根から吸収した養水分の移動を促す。
　　④葉の気孔から養水分を吸収し、植物の体温を上昇させ、根から吸収した養水分の移動を促す。

7 □□□

　次の写真の機器で測定できるものとして、最も適切なものを選びなさい。
　　①土壌の酸度
　　②地中の温度
　　③土壌の塩類濃度
　　④土中の湿度

8 □□□

　植物の成長に必要な必須元素（必須要素）は、比較的多量に必要とする多量元素と少量の微量元素に分けられる。以下の元素から多量元素を選びなさい。
　　① Mn
　　② P
　　③ Fe
　　④ B

9 □□□

　有機質肥料の特徴として、最も適切なものを選びなさい。
　　①速効性である。
　　②遅効性である。
　　③化学的製法でつくられる。
　　④鉱物を原料として製造される。

10 □□□

　ロードアイランドレッド種の説明として、最も適切なものを選びなさい。
　　①主に卵の生産を目的とした卵用種である。
　　②鶏肉の生産を目的とする肉用種である。
　　③鶏卵および鶏肉の生産を目的とする卵肉兼用種である。
　　④からだは白い羽毛でおおわれており、赤い卵を産む。

11 □□□

ブタの大ヨークシャー種の略号として、最も適切なものを選びなさい。
　①Y
　②B
　③W
　④D

12 □□□

反すう胃を持つ家畜の組み合わせとして、最も適切なものを選びなさい。
　①ウシ　　－　　ヤギ
　②ウマ　　－　　ブタ
　③ヒツジ　－　　ウサギ
　④ウズラ　－　　ミツバチ

13 □□□

周年繁殖動物として、最も適切なものを選びなさい。
　①ウマ
　②ヒツジ
　③ウシ
　④ヤギ

14 □□□

　魚・肉・大豆・乳に多く含まれ、多数のアミノ酸で構成されている栄養素として、最も適切なものを選びなさい。
　①炭水化物
　②タンパク質
　③脂質
　④無機質

15 □□□

　果実類の特徴として、最も適切なものを選びなさい。
　①成熟した果実の糖類は、主にグリコーゲン・ブドウ糖・果糖である。
　②ウンシュウミカン、ブドウなどの果実中の水分は約40～50％である。
　③果実の赤色～黄色を示す色素は、クロロフィルとアントシアンである。
　④果実は、呼吸によって成分が消耗し、風味や色調が変化する。

16 □□□

　ジャガイモの国産生産量の約4割弱を占める利用法として、最も適切なものを選びなさい。
　　①生果用
　　②加工食品用
　　③デンプン原料用
　　④種子用

17 □□□

　上新粉の説明として、最も適切なものを選びなさい。
　　①うるち精白米を粉砕したもの。
　　②もち米を吸水させ、すりつぶしてつくったもの。
　　③うるち米を熱加工して、製粉したもの。
　　④蒸煮した精米を乾燥して干飯として粗砕したもの。

18 □□□

　次の写真の害虫の加害様式として、最も適切なものを選びなさい。
　　①食害
　　②虫こぶの形成
　　③吸汁害
　　④茎内に侵入

19 □□□

次の写真の赤い防虫ネットによる防除方法として、最も適切なものを選びなさい。

①化学的防除法
②生物的防除法
③耕種的防除法
④物理的防除法

20 □□□

次の写真のキュウリのべと病の原因として、最も適切なものを選びなさい。

①糸状菌
②細菌
③ウイルス
④ダニ

21 □□□

次の写真の雑草の名前として、最も適切なものを選びなさい。

①オヒシバ
②メヒシバ
③カヤツリグサ
④エノコログサ

22 □□□

種子を保存する場所として、最も適切なものを選びなさい。
①温かく湿気がある場所
②温かく乾燥した場所
③冷たく湿気がある場所
④冷たく乾燥した場所

23 □□□

土壌中の窒素成分を増加させる目的で栽培される「緑肥」作物として、最も適切なものを選びなさい。
①マメ科植物
②ウリ科植物
③イネ科植物
④アブラナ科植物

24 □□□

クリーニングクロップに利用する作物として、最も適切なものを選びなさい。
①ダイズ
②キュウリ
③トウモロコシ
④ピーマン

25 □□□

スーパーの総菜やコンビニエンスストアの弁当、あるいは宅配のピザなどを自宅で食べることを何というか。最も適切なものを選びなさい。
①外食
②内食
③孤食
④中食

26 □□□

農業資本は、固定資本と流動資本とに分けられる。流動資本に分類されるものとして、最も適切なものを選びなさい。
①大動物
②果樹
③大型機械
④飼料

27 □□□

世帯員のなかに兼業従事者が1人以上おり、かつ農業所得の方が兼業所得よりも多い農家を何というか。最も適切なものを選びなさい。
　①第2種兼業農家
　②第1種兼業農家
　③専業農家
　④準主業農家

28 □□□

生物が体内に取り入れた物質のうち、ある特定の物質が体内に蓄積される現象として、最も適切なものを選びなさい。
　①食物連鎖（食物網）
　②湖沼汚染
　③生物（生体）濃縮
　④富栄養化現象

29 □□□

「再生可能な生物由来の有機性資源で化石資源を除いた資源」として、最も適切なものを選びなさい。
　①バイオマス
　②エコシステム
　③グリーン・ツーリズム
　④ビオトープ

30 □□□

農福連携の説明として、最も適切なものを選びなさい。
　①農業経営者のみが受け入れるもので、それ以外の取組みはない。
　②農業経営者として直接障害者を受け入れることはできない。
　③農業生産分野での取組みであり、農産物の加工・販売は対象とはならない。
　④障害者や生活困窮者、高齢者等の農業分野への就農・就労を促進するものである。

選択科目（栽培系）

31 □□□

種皮が硬いため、一晩水に浸すことで発芽しやすくなる種子として、最も適切なものを選びなさい。
①アサガオ
②ハボタン
③パンジー
④ペチュニア

32 □□□

マメ類の根に共生する根粒菌の説明として、最も適切なものを選びなさい。
①空気中の水分を固定する。
②空気中の酸素を固定する。
③空気中の二酸化炭素を固定する。
④空気中の窒素を固定する。

33 □□□

　ダイズの生育はじめの形態を示した下図のうち、子葉として、最も適切なものを選びなさい。

34 □□□

　イネの小穂の形態としくみを表した図で、子房として、最も適切なものを選びなさい。

35 □□□

次の写真のうち、ニチニチソウを選びなさい。

① ②

③ ④

写真の種子のうち、ヒマワリの種子を選びなさい。

①　　　　　　　　　②

③　　　　　　　　　④

37 □□□

この草花の球根として、最も適切なものを選びなさい。

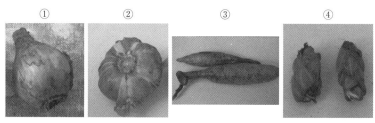

①　　　　　②　　　　　③　　　　　④

38 □□□

四季咲き性を持つ草花として、最も適切なものを選びなさい。
　①アザレア
　②シロタエギク
　③カンナ
　④カーネーション

39 □□□

果樹の「ネクタリン」として、最も適切なものを選びなさい。
　①西洋スモモ
　②ニホンスモモ
　③キンカン
　④果皮に毛がないモモ（油桃）

40 □□□

ハサミを使用せずに収穫するものとして、最も適切なものを選びなさい。
　①ウンシュウミカン
　②ナシ
　③カキ
　④ブドウ

41 □□□

　果実が結実した後、果実の数を少なくする作業として、最も適切なものを選び
なさい。
　①芽かき
　②摘心
　③摘果
　④摘蕾

42 □□□

ポストハーベスト技術として、最も適切なものを選びなさい。
　①収穫後処理
　②播種
　③間引き
　④除草剤散布

43 □□□

自家受粉を行う作物として、最も適切なものを選びなさい。
　①スイカ
　②リンゴ
　③カボチャ
　④イネ

44 □□□

写真は国内でも代表的な果樹の開花と結実である。この果樹の説明として、最も適切なものを選びなさい。

①落葉果樹で、一般的には棚栽培が行われる。
②常緑果樹で、一般的には主幹形仕立てが行われる。
③低木性果樹で、アルカリ性土壌を好む。
④ツル性果樹で、一般的には棚栽培が行われる。

45 □□□

写真はさまざまな果樹の収穫直前のようすである。常緑果樹に属する果樹として、最も適切なものを選びなさい。

① ② ③ ④

46 □□□

トマトの着花の説明として、最も適切なものを選びなさい。
①トマトは多くの花が集まった花房を形成する。
②第2～3葉の付近に第1花房を着ける。
③トマトは1か所に単独の花が着生する。
④第1花を着けた後は、7葉ごとに花を着ける。

47　□□□

　次の写真は、トウモロコシ（スイートコーン）の頂部であるが、写真の A の部分の説明として、最も適切なものを選びなさい。
　　①雌穂であり、絹糸に花粉がつき受精する。
　　②雄穂であり、花粉が飛散する。
　　③節から分げつが発生する。
　　④両性花であり、この位置に結実する。

48　□□□

　雑種第一代（F1）の特性として、最も適切なものを選びなさい。
　　①草勢が弱くなる。
　　②個体による生育のばらつきが大きくなる。
　　③形質がばらばらに分離する。
　　④親より生育が旺盛で、形質が優れることがある。

49　□□□

　ジャガイモの収穫器官として、最も適切なものを選びなさい。
　　①塊茎
　　②球茎
　　③塊根
　　④鱗茎

次の写真の機械の名称として、最も適切なものを選びなさい。

①歩行トラクタ
②乗用トラクタ
③トラック
④トレーラー

選択科目（畜産系）

31 □□□

次の図はニワトリの消化器である。（ア）～（エ）のうちグリットを蓄わえている部位として、最も適切なものを選びなさい。

①ア
②イ
③ウ
④エ

32 □□□

卵黄の表面にカラザを形成させる部位として、最も適切なものを選びなさい。

①峡部
②漏斗部
③膨大部
④子宮部

33 □□□

　ニワトリのふ化に関する文章中の（　A　）と（　B　）の組み合わせとして、最も適切なものを選びなさい。

　「ふ化を目的として得られた（　A　）は、およそ37.8℃で温められると約（　B　）日間でひなになる。」

	A	B
①	種卵	21
②	有精卵	13
③	無精卵	21
④	有精卵	63

34 □□□

　写真の飼育方式の名称として、最も適切なものを選びなさい。
　　①平飼い
　　②つなぎ飼い方式
　　③立体飼い
　　④フリーストール方式

35 □□□

　ニワトリが感染するニューカッスル病の原因として、最も適切なものを選びなさい。
　　①ウイルス
　　②原虫
　　③糸状菌
　　④細菌

36 □□□

デンマークの在来種から改良された写真のブタの品種として、最も適切なものを選びなさい。
　①デュロック種
　②バークシャー種
　③ランドレース種
　④大ヨークシャー種

37 □□□

豚コレラの説明として、最も適切なものを選びなさい。
　①蚊が媒介して感染が広がるため、6月から9月に発生することが多い。
　②ブタやイノシシの熱性伝染病で、強い伝染力と高い致死率が特徴である。
　③病原体は豚コレラ菌である。
　④家畜伝染病予防法における届出伝染病である。

38 □□□

次の記述の飼料の名称として、最も適切なものを選びなさい。

「牧草類、穀類を栽培して茎葉とともに子実までサイレージとして利用する飼料。」

　① TMR
　② WCS
　③エコフィード
　④ウェットフィーディング

39 □□□

家畜排せつ物を堆肥化する際の条件として、最も適切なものを選びなさい。
　①微生物・有機物・二酸化炭素
　②微生物・無機物・二酸化炭素
　③微生物・無機物・酸素
　④微生物・有機物・酸素

40 □□□

次の飼料作物のうち、マメ科牧草に分類されるものとして、最も適切なものを選びなさい。
　①イタリアンライグラス
　②アルファルファ
　③チモシー
　④ソルガム

41 □□□

不活化ワクチンに関する文章中の（　A　）と（　B　）の組み合わせとして、最も適切なものを選びなさい。

「病原微生物を（　A　）させて作ったワクチンで、生ワクチンに比べて免疫持続期間が（　B　）。」

　　　　　A　　　　　　　　B
　①死滅　　　　　　　短い
　②死滅　　　　　　　長い
　③弱毒化　　　　　　長い
　④弱毒化　　　　　　短い

42 □□□

写真の用具の設置目的として、最も適切なものを選びなさい。
　①害虫駆除
　②湿度管理
　③家畜への給水
　④畜舎の衛生管理

43 □□□

写真の機械の使用用途として、最も適切なものを選びなさい。
①反転
②砕土
③堆肥散布
④鎮圧

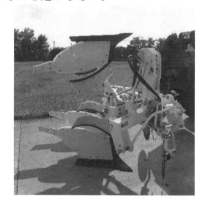

44 □□□

牛乳を加工して発酵させた乳製品として、最も適切なものを選びなさい。
①市乳
②カッテージチーズ
③練乳
④プロセスチーズ

45 □□□

写真のウシの品種名として、最も適切なものを選びなさい。
①ホルスタイン種
②ジャージー種
③ガーンジー種
④ブラウンスイス種

46 □□□

次の写真は、牛飼養施設等で糞尿の除去・搬送に使用される機械である。名称として、最も適切なものを選びなさい。
　①マニュアスプレッダー
　②スタンチョン
　③ホイールローダー
　④バーンクリーナー

47 □□□

ウシの妊娠と分娩について、最も適切なものを選びなさい。
　①ホルスタイン種では114日の妊娠期間を経て、子牛を出産する。
　②分娩後、約120日で性周期が正常に戻るので、人工授精などを行う。
　③2産目以降は、分娩予定日の約2か月前に搾乳を中止し、乾乳期に入る。
　④ウシの産子数は普通、2頭以上である。

48 □□□

乳牛の栄養状態を判定する指標として、最も適切なものを選びなさい。
　① DMI
　② TDN
　③ DCP
　④ BCS

49 □□□

矢印が示すウシの部位名称として、最も適切なものを選びなさい。

① 寛
② 臀
③ 管
④ 繋 （つなぎ）

50 □□□

導入時27kgだった子豚が107kgまで増体した時の総飼料摂取量は232kgであった。この時の飼料要求率として、最も適切なものを選びなさい。
① 2.8
② 2.9
③ 3.0
④ 3.1

選択科目（食品系）

31 □□□

主にイモ類・野菜類・果実類に多く含まれ、製造中の減少を注意すべきビタミンはどれか。最も適切なものを選びなさい。
①ビタミンA
②ビタミンC
③ビタミンD
④ビタミンE

32 □□□

組み立て食品に該当する食品として、最も適切なものを選びなさい。
①かつおぶし
②菓子パン
③かに風味かまぼこ
④カット野菜

33 □□□

野菜類・果実類に含まれるセルロースなどの食物繊維はどの栄養素に属するか、次の中から最も適切なものを選びなさい。
①炭水化物
②タンパク質
③脂質
④ビタミン

34 □□□

　食品を加圧しながら加熱したあと、急激に減圧し、水分を瞬間的に蒸発させて
乾燥させる加工食品として、最も適切なものを選びなさい。
　　①干しブドウ・干しガキ
　　②インスタントコーヒー・粉末果汁
　　③粉末みそ・香辛料
　　④ポップコーン・ライスパフ

35 □□□

　サルモネラによる食中毒の食品として、代表的なものを選びなさい。
　　①アジ
　　②鶏卵
　　③米飯
　　④ジャガイモ

36 □□□

　食品添加物の種類とその使用例の組み合わせとして、最も適切なものを選びな
さい。
　　①保存料　－　ペクチン
　　②発色剤　－　ソルビン酸
　　③膨張剤　－　炭酸水素ナトリウム
　　④増粘剤　－　亜硝酸ナトリウム

37 □□□

　血圧や血中コレステロール値などの正常化をうながしたり、整腸作用など、特
定の保健の目的が期待できることを国に申請し、消費者庁から許可を受けている
食品として、最も適切なものを選びなさい。
　　①機能性表示食品
　　②栄養機能食品
　　③特定保健用食品
　　④医薬品（医薬部外品を含む）

38 □□□

直ごね法による食パンの製造時、生地に指を入れ、指跡の状態を観察してその工程を終えた。この説明として、最も適切なものを選びなさい。
①仕込み
②発酵
③分割
④整形

39 □□□

種実類の加工において、原料と製品の組み合わせとして、最も適切なものを選びなさい。
①ダイズ　　－　　きなこ
②ソラマメ　－　　サラダ油
③アズキ　　－　　はるさめ
④エンドウ　－　　豆板醤

40 □□□

カリカリ梅漬け製造でウメ果肉の硬化を促進するために用いるものとして、最も適切なものを選びなさい。
①カルシウム処理
②高温処理
③炭酸ガス処理
④酸処理

41 □□□

写真の果実の分類として、最も適切なものを選びなさい。
①核果類
②堅果類
③しょう果類
④仁果類

42 □□□

写真の果実に多く含まれる有機酸として、最も適切なものを選びなさい。
①リンゴ酸
②クエン酸
③フマル酸
④酒石酸

43 □□□

ジャム類製造時の仕上がり点の確認であるコップテストで、濃縮適度はどれか。最も適切なものを選びなさい。
①コップ中の水面で、細かくくだけた。
②コップ中の上面で、粒が浮遊した。
③コップ中の水面で、2〜3粒に分かれた。
④コップ中の水面で、大きなかたまりで沈んだ。

44 □□□

肉類の加工品で、過去20年の生産量が一番多いものとして、最も適切なものを選びなさい。
①ウィンナーソーセージ
②ロースハム
③ベーコン
④フランクフルトソーセージ

45 □□□

「生乳、牛乳または特別牛乳から得られた脂肪粒を練圧したもの」で、「成分は乳脂肪分80.0％以上、水分17.0％以下」と定められている油脂類として、最も適切なものを選びなさい。
①バター
②マーガリン
③ショートニング
④ファットスプレッド

マヨネーズのすぐれた保存性に関与するものとして、最も適切なものを選びなさい。
    ①卵黄
    ②食酢
    ③植物油
    ④卵白

かび・細菌・酵母が関与する発酵食品として、最も適切なものを選びなさい。
    ①みそ・しょうゆ
    ②ワイン・パン
    ③納豆・ヨーグルト
    ④チーズ・テンペ

みそやしょうゆ、日本酒づくりでは、米を蒸煮し、特定の微生物を増殖させて米の糖化を行う。この特定の微生物として、最も適切なものを選びなさい。
    ①リゾープスストロニフェル
    ②レンチヌラエドデス
    ③アスペルギルスオリゼ
    ④サッカロミセスセレビシエ

加工食品製造において衛生的な作業環境を維持するため、最も適切なものを選びなさい。
    ①調理加工処理室で原材料を受け入れる。
    ②加工室内靴と加工室外靴は同じところに置く。
    ③床と壁との角や排水溝に丸みをつける。
    ④汚染作業区域の作業員と清潔作業区域の作業員を交差させる。

50 □□□

危害分析・重要管理点方式により、人に危害を与える微生物・化学物質・異物などが食品中に混入しないようにする管理手法を表すものとして、最も適切なものを選びなさい。

① ISO
② GAP
③ SDGs
④ HACCP

選択科目（環境系）

31 □□□

図面に用いられる次の書体の名称で、最も適切なものを選びなさい。
　①明朝体
　②楷書体
　③ゴシック体
　④草書体

春　夏　秋　冬

32 □□□

製図用紙の規格の説明として、最も適切なものを選びなさい。
　①Ｂ４はＢ３の２倍の寸法
　②Ｂ４はＢ３の２分の１の寸法
　③Ｂ４はＢ２の２倍の寸法
　④Ｂ４はＢ２の２分の１の寸法

33 □□□

次の寸法補助記号が表すものとして、最も適切なものを選びなさい。
　①半径
　②直径
　③球の半径
　④球の直径

34 □□□

平板測量の器具とその使用方法の組み合わせとして、最も適切なものを選びなさい。
　①アリダード・・・・・・距離を測定する。
　②三角スケール・・・・平板上の測線方向と地上の測線方向を一致させる。
　③求心器、下げ振り・・・平板上の測点と地上の測点を鉛直線上にする。
　④ポール・・・・・・・平板を水平にする。

35 □□□

水準点の説明として、最も適切なものを選びなさい。
　①主要国道沿いに2km ごとに配置されている。
　②東京湾平均海面を基準面として、東京都千代田区永田町1丁目1番内にある。
　③小地域の独立した範囲内で設けている。
　④高さ5mのステンレス製のタワーの上部に、衛星からの電波を受信するためのアンテナが内蔵されている。

36 □□□

公益的機能をもつ森林は保安林として指定され、2018年現在、約1,300万 ha あるが、そのうち最大の面積のものとして、最も適切なものを選びなさい。
　①土砂流出防備保安林
　②保健保安林
　③水害防備保安林
　④水源涵養保安林

37 □□□

樹木の形と葉の特徴についての説明として、最も適切なものを選びなさい。
　①「針葉樹」はマツの盆栽のように幹が曲がっている場合が多い。
　②「広葉樹」は幹が途中から枝分かれし、幹と枝の違いがはっきりしない場合が多い。
　③「落葉樹」は全部の葉が一度に落葉することなく、葉を1年中つけている。
　④「常緑樹」は針葉樹に多く、カラマツなどはその典型である。

38 □□□

写真の2種類の樹種の組み合わせとして、最も適切なものを選びなさい。
①スギ、カラマツ
②ヒノキ、トドマツ
③ヒノキ、コナラ
④アカマツ、スギ

39 □□□

伐採に関する次の記述の名称として、最も適切なものを選びなさい。

「これを打ち込んで伐採方向を確実にし、最終的に樹木を伐倒する。」

①ハンマー
②つる
③くさび
④ちょうつがい

40 □□□

次の説明として、最も適切なものを選びなさい。

「長い時間をかけて十分に成長した森林は、大きな変化が見られなくなり安定
した状況になる。」

①極相林
②人工林
③雑木林
④低木林

選択科目
（環境系）（造園）

※環境系の選択者は、造園、農業土木、林業のうち1分野を、選択して下さい（複数分野を選択すると不正解となります）。

41 □□□

写真の灯籠の一番上の名称について、最も適切なものを選びなさい。
- ①宝珠
- ②火袋
- ③中台
- ④基礎

42 □□□

写真の病気の発生しやすい樹木として、最も適切なものを選びなさい。
- ①ツバキ類
- ②サクラ類
- ③カエデ類
- ④ツツジ類

写真の樹木の説明として、最も適切なものを選びなさい。
　　①落葉広葉樹である。
　　②常緑針葉樹である。
　　③日本に自生している。
　　④開花期は10月〜12月である。

四ツ目垣の縦方向に施工する竹の名称として、最も適切なものを選びなさい。
　　①間柱
　　②親柱
　　③胴縁
　　④立て子

各施設を真上から見た図面として、最も適切なものを選びなさい。
　　①透視図
　　②立面図
　　③平面図
　　④詳細図

46 □□□

次の庭園様式の説明として、最も適切なものを選びなさい。

「江戸時代に、参勤交代の旅で見た名勝地の風景を縮小して取り入れた庭園様式。」

①建築式庭園
②枯山水式庭園
③西洋式庭園
④回遊式庭園

47 □□□

写真の樹木の支柱方法の名称として、最も適切なものを選びなさい。
①布掛け支柱
②鳥居型支柱
③八つ掛け支柱
④方杖形支柱

48 □□□

街区公園の1か所当たりの標準面積として、最も適切なものを選びなさい。
①0.25ha
②0.50ha
③0.75ha
④1.00ha

49 □□□

樹木の根回しについて、最も適切なものを選びなさい。
①根回しの径は根元直径の10倍位がよい。
②対象となる樹木は貴重で、安全に活着させたいものに行う。
③根回しをした5〜10年後に移植すると安全である。
④一般に酷寒か酷暑に行うと細根の発生がよい。

□□□

写真の葉の付き方の説明として、最も適切なものを選びなさい。
　　①互生
　　②対生
　　③輪生
　　④実生

選択科目
（環境系）（農業土木）

※環境系の選択者は、造園、農業土木、林業のうち1分野を、選択して下さい（複数分野を選択すると不正解となります）。

41 □□□

土地改良工法について、漏水の激しい水田において、転圧により土の間隔を小さくして、浸透を抑制する方法として、最も適切なものを選びなさい。
①不良層排除
②除礫
③床締め
④客土

42 □□□

ミティゲーションの5原則における「最小化」に該当する事例として、最も適切なものを選びなさい。
①動植物を一時的に移設する。
②湧水地や平地林などを保全する。
③生態系拠点を別の場所に確保する。
④自然石等による護岸水路を実施する。

43 □□□

ミティゲーション5原則における「修正」に該当する事例として、最も適切なものを選びなさい。
①水路の一部を保全区間として工事除外をする。
②生物が水田と往き来できるようにライニング水路を土水路に改修する。
③低騒音機械等を選択する。
④生態系拠点を避けて道路線形の計画をする。

44 □□□

「力の3要素」の組み合わせとして、最も適切なものを選びなさい。
　①モーメント、方向、回転
　②方向、回転、加速度
　③モーメント、回転、強さ
　④作用点、方向、大きさ

45 □□□

　杭の根元から30cm の高さのところを、150N の力で水平に引っ張ったとき、杭の根元に対する力のモーメントとして、最も適切なものを選びなさい。
　①4,500N・m
　②45N・m
　③500N／m
　④5 N／m

46 □□□

　「一つの物体に大きさが（A）向きが（B）の2力が（C）作用線上で作用しているとき、この2力は釣り合っているという。」（A）（B）（C）に入る言葉の組み合わせとして、最も適切なものを選びなさい。

　　　A　　　　B　　　　C
　①反対　　　同じ　　　等しく
　②反対　　　等しく　　同じ
　③等しく　　同じ　　　反対
　④等しく　　反対　　　同じ

47 □□□

　断面積200mm^{2}の鋼材を40kN の力で引っ張ると、部材内部に生じる軸方向応力について、最も適切なものを選びなさい。
　①200N／mm^2
　②0.2N／mm^2
　③5 mm^2／N
　④0.005mm^2／N

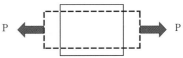

48 □□□

パスカルの原理を利用した装置として、最も適切なものを選びなさい。
①陽水機
②水圧計
③水圧機
④流速計

49 □□□

図のような断面の水路に流速0.5m／sで水が流れているときの流量として、最も適切なものを選びなさい。
①2 m³／s
②1 m³／s
③0.5m³／s
④0.25m³／s

0.5m

2.0m

50 □□□

土粒子の種類による粒径について、大きさの並びとして、最も適切なものを選びなさい。
①粘土　　＜　シルト　＜　砂　＜　礫
②粘土　　＜　シルト　＜　礫　＜　砂
③シルト　＜　粘土　　＜　砂　＜　礫
④シルト　＜　粘土　　＜　礫　＜　砂

選択科目
（環境系）（林業）

※環境系の選択者は、造園、農業土木、林業のうち１分野を、選択して下さい（複数分野を選択すると不正解となります）。

41 □□□

平成31年３月に「森林環境税及び森林環境譲与税に関する法律」が成立したが、この新たな税の内容として、最も適切なものを選びなさい。
　　①自治体による森林の譲与・譲渡のために使われる。
　　②公害対策など環境保全のために使われる。
　　③主に森林整備の促進のために使われ、木材利用の促進のためにも使われる。
　　④都道府県に譲与されるが、市町村には譲与されない。

42 □□□

気候による植生の違いに関する次の記述に該当するものとして、最も適切なものを選びなさい。

　　「山地や平地など起伏に富んだ日本においては、標高によって植生が変化する。」

　　①一次遷移
　　②二次遷移
　　③水平分布
　　④垂直分布

43 □□□

「萌芽更新」に関する説明として、最も適切なものを選びなさい。
　　①萌芽更新が可能な樹種は、ヒノキなどの針葉樹が適している。
　　②樹木の伐採後に残された根株から芽が出て、これが成長することを萌芽という。
　　③建築材として木材を生産するには萌芽更新が適している。
　　④萌芽更新は70年生以上の樹木を伐採した方が更新されやすい。

44 □□□

「一次林」の説明として、最も適切なものを選びなさい。
　①天然林など人の手がほとんど入っていない森林。
　②伐採などの人間活動の結果でき上がった森林。
　③山火事などで一度消失した後に再生した森林。
　④スギやヒノキなどを植栽した森林。

45 □□□

林木の保育に関する次の記述の名称として、最も適切なものを選びなさい。

「混みすぎた森林を適正な密度で健全かつ高価値な森林に導くための間引き作業。」

　①枝打ち
　②皆伐
　③除伐
　④間伐

46 □□□

「玉切り」に関する説明として、最も適切なものを選びなさい。
　①チェーンソーは玉切りには使用しない
　②ハーベスタなどの高性能林業機械も玉切りができる
　③集材の作業の一つである
　④玉切る長さは5mが一般的である

47 □□□

「スギ」に関する説明として、最も適切なものを選びなさい。
　①スギの主な用途は、きのこの原木用である。
　②スギの主な用途は、タンスなどの家具用である。
　③スギ材は、固くて加工がしにくいが強度は強い。
　④スギ材の中心は赤みがかかっている場合が多い。

48 □□□

図の「高性能林業機械」の名称とこの機械を使用した作業として、最も適切なものを選びなさい。

① フォワーダ　　－　集材
② プロセッサ　　－　造材
③ タワーヤーダ　－集材
④ スキッダ　　　－造材

49 □□□

写真の測定器具の名称として、最も適切なものを選びなさい。

① 測竿
② コンパス
③ ブルーメライス
④ 輪尺

50 □□□

木材（丸太）の材積測定に関する説明として、最も適切なものを選びなさい。

① 丸太の末口とは、根元に近い方の木口のことである。
② 丸太の材積の呼称として、かつては「石」を単位としていた。
③ 末口自乗法（二乗法）とは、末口直径×長さで求める。
④ 柱用の丸太の長さとして、2 m が一般的である。

2018年度 第1回 (7月14日実施)

日本農業技術検定 3級 試験問題

◎受験にあたっては、試験官の指示に従って下さい。
  指示があるまで、問題用紙をめくらないで下さい。
◎受験者氏名、受験番号、選択科目の記入を忘れないで下さい。
◎問題は全部で50問あります。1〜30が農業基礎、31〜55が選択科目です。選択科目のうち46〜55は、10問のなかから5問を選択して解答して下さい（6問以上解答した場合は、46〜55はすべて不正解となります。）
◎選択科目は4科目のなかから1科目だけ選び、解答用紙に選択した科目をマークして下さい。選択科目のマークが未記入の場合には、得点となりません。環境系の46〜55は造園、農業土木、林業から更に1つ選んで下さい。選択科目のマークが未記入の場合には、得点となりません。
◎すべての問題において正答は1つです。1つだけマークして下さい。2つ以上マークした場合には、得点となりません。
◎総解答数は、どの選択科目とも50問です。それ以上解答しないで下さい。
◎試験時間は40分です（名前や受験番号の記入時間を除く）。

【選択科目】

栽培系	p.112〜118
畜産系	p.119〜125
食品系	p.126〜132
環境系	p.133〜147

解答一覧は、「解答・解説編」（別冊）の2ページにあります。

日付			
点数			

農業基礎

1 □□□

　農作物の周辺の土を削って、雑草を取り除いたり、農作物の根元に土寄せをしたり、うね作りに使用する用具として、最も適切なものを選びなさい。

① ② ③ ④

2 □□□

次の写真の機械の名称として、正しいものを選びなさい。
①トラクタ
②コンバイン
③田植機
④耕うん機

3 □□□

肥料の3要素の組み合わせとして、正しいものを選びなさい。
①窒素、リン酸、カルシウム
②窒素、リン酸、マグネシウム
③窒素、カリ、マグネシウム
④窒素、リン酸、カリ

4 □□□

次の作物の名称として、正しいものを選びなさい。
①イネ
②ムギ
③ダイズ
④ジャガイモ

5　□□□

バラ科の植物の組み合わせとして、正しいものを選びなさい。
　①リンゴ、ナシ
　②レタス、キク
　③タマネギ、チューリップ
　④シンビジウム、コチョウラン

6　□□□

植物の器官のうち、生殖器官として正しいものを選びなさい。
　①葉
　②茎
　③根
　④花

7　□□□

果物の糖度が高くなりやすい条件として、最も適切なものを選びなさい。
　①日照時間が充分で、光合成が活発である。
　②湿度が高く、土壌水分が豊富である。
　③曇りの日が多く、徒長ぎみに生育している。
　④気温が低く、果実の生育が遅れている。

8　□□□

緑色植物が光合成を行うための必要な条件の組み合わせとして、最も適切なものを選びなさい。
　①水・光・酸素
　②水・光・二酸化炭素
　③光・温度・酸素
　④光・温度・二酸化炭素

9 □□□

次の農産物気象災害の説明として、最も適切なものを選びなさい。

「長期間降雨がないために土壌水分が不足し作物の生育が悪化したり枯れたりする害。」

①水害
②干害
③凍霜害
④風害

10 □□□

土壌中の肥料分の多少を示す数値をあらわすものとして、最も適切なものを選びなさい。
① pH
② pF
③ C／N 比
④ EC

11 □□□

有機質肥料として、正しいものを選びなさい。
①苦土石灰
②油かす
③鹿沼土
④化学肥料

12 □□□

畑10a に窒素成分で16kg 施すには、A 肥料（肥料成分：16−10−14）では何 kg 施用すればよいか。正しいものを選びなさい。
①50kg
②100kg
③120kg
④160kg

13 □□□

土壌中の塩類集積の害の説明として、最も適切なものを選びなさい。
①土中の肥料成分の多少と塩類集積の害とは無関係である。
②塩類集積の害は、土中深くに集積することにより発生する。
③マリーゴールドやクローバなどのクリーニングクロップを栽培し、塩類を吸収させる。
④露地栽培より、施設栽培の方が塩類集積の害が発生しやすい。

14 □□□

次の作物の名称として、正しいものを次の中から選びなさい。
①ジャガイモ
②サツマイモ
③ダイズ
④キュウリ

15 □□□

次の昆虫の説明として、最も適切なものを選びなさい。

①口針で植物の葉などから吸汁し、害を及ぼす。
②温室やハウスで採用することが多いため、作物の茎葉を食害する。
③病気を媒介するため、温室内に入るのを防ぐ必要がある。
④花粉を媒介し、受粉・結実を助ける益虫である。

農薬使用についての説明として、最も適切なものを選びなさい。
①天候や病害虫の発生にかかわらず、必ず定期的に散布をする。
②農薬の使用方法をよく読み、使用時期や濃度などを守って散布する。
③除草剤と殺虫殺菌剤を同じ器具で散布しても問題がない。
④農薬は、使用時期や使用回数の制限はない。

17 □□□

次の雑草の説明として、適切なものを選びなさい。
①イネ科の一年草
②カタバミ科の多年草
③タデ科の宿根草
④キク科の宿根草

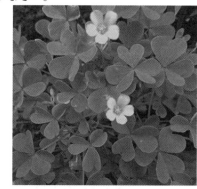

18 □□□

次のキャベツの葉を食害した害虫として、最も適切なものを選びなさい。
①コナジラミの成虫
②ハスモンヨトウの幼虫
③アブラムシの成虫
④カメムシの成虫

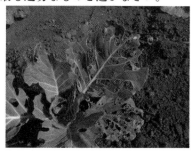

19 □□□

この害虫の加害様式として、最も適切なものを選びなさい。
①食害
②吸汁害
③茎への食入
④虫こぶの形成

20 □□□

畑地雑草のナズナとして、正しいものを選びなさい。

①

②

③

④

21 □□□

家畜についての説明として、最も適切なものを選びなさい。
①稲作などの生産を助ける労働力として飼育されるものを用畜という。
②肉や乳、皮などの畜産物の生産を目的として飼育するものを役畜という。
③人間が長い年月をかけて野生動物を飼いならしながら改良したものを家畜
という。
④ミツバチやカイコは、家畜に含まれない。

22 □□□

ニワトリの品種名とその用途の組み合わせとして、最も適切なものを選びなさい。

品種名	用途
①ロードアイランドレッド種	卵用種
②白色レグホーン種	卵肉兼用種
③白色プリマスロック種	肉用種
④白色コーニッシュ種	卵肉兼用種

23 □□□

乳牛の品種として、正しいものを選びなさい。
①ブラウンスイス種
②ランドレース種
③黒毛和種
④ヘレフォード種

24 □□□

反すう胃を持たない動物として、正しいものを選びなさい。
①ウシ
②ヤギ
③ウマ
④ヒツジ

25 □□□

　手指や鼻腔に付着していることが多く、増殖すると毒素であるエンテロトキシンを産生する毒素型食中毒の原因菌として、正しいものを選びなさい。
　　①サルモネラ菌
　　②ボツリヌス菌
　　③黄色ブドウ球菌
　　④腸炎ビブリオ

26 □□□

　パン酵母の栄養源となる材料として、最も適切なものを選びなさい。
　　①小麦粉
　　②砂糖
　　③油脂
　　④食塩

27 □□□

　消化酵素アミラーゼ（ジアスターゼ）を含んでいるため消化に良いといわれる野菜として、最も適切なものを選びなさい。
　　①ジャガイモ
　　②ダイコン
　　③トマト
　　④ハクサイ

28 □□□

　収量（生産量）の増加に直接結びつく肥料・農薬・飼料など、1回の農業生産（1年以内の短期間）に利用されるものとして、最も適切なものを選びなさい。
　　①流動資本
　　②農業経営費
　　③農業生産費
　　④固定資本

29 □□□

農業労働の特徴について、次の（A）～（E）に適する語句の組み合わせとして、最も適切なものを選びなさい。

農作業の忙しい（　A　）期や、農作業の比較的楽な（　B　）期などの自然サイクルに合わせることになり、（　C　）にも左右される。また、分散耕地が多く、（　D　）作業が多い。さらに、（　E　）や技術・知識が必要となってくる。

	A	B	C	D	E
①	農繁	農閑	天候	移動	経験
②	農閑	農繁	天候	集約	経験
③	農繁	農閑	適期	集約	分業
④	農閑	農繁	適期	移動	分業

30 □□□

過疎化や高齢化が進展していく中で、経済的・社会的な共同生活の維持が難しくなり、社会単位としての存続が危ぶまれているコミュニティの呼び方として、正しいものを選びなさい。
　　①限界集落
　　②フードデザート
　　③財政再建団体
　　④ワーカーズコレクティブ

選択科目（栽培系）

31 ☐☐☐

一年草の草花に分類されるものとして、最も適切なものを選びなさい。
①シンビジウム
②カーネーション
③チューリップ
④マリーゴールド

32 ☐☐☐

花木として、最も適切なものを選びなさい。
①バラ
②ヒマワリ
③シャコバサボテン
④ガーベラ

33 ☐☐☐

秋ギクの花芽分化の条件として、最も適切なものを選びなさい。
①日長条件のみ関係する。
②温度条件のみ関係する。
③日長条件と温度条件の両方が関係する。
④日長条件と温度条件の両方に関係しない。

34 ☐☐☐

農薬が効かない病原体微生物として、最も適切なものを選びなさい。
①細菌
②糸状菌
③ウイルス
④センチュウ

35 □□□

トマトの栽培管理作業として、最も適切なものを選びなさい。
①茎と葉の間から発生するえき芽は果実の成長促進と過繁茂防止のために、早めに取り除く。
②葉は光合成をするために必要であるため、過繁茂でも取り除かない。
③できるだけ多く収穫するため、着果した果実は摘果しないのが普通である。
④摘心とは、葉のつけねから発生してくる芽を取り除くことである。

36 □□□

ダイズについて、最も適切なものを選びなさい。
①他の穀物と比較して、子実にタンパク質と脂質を多く含むため、「畑の肉」と呼ばれることがある。
②発芽に必要な栄養分はイネと同様に胚乳に蓄えられている。
③根に根粒菌が共生するが、空気中の窒素は利用できない。
④納豆の原材料となるのは未成熟の状態で収穫した枝豆である。

37 □□□

イネの育苗管理として、最も適切なものを選びなさい。
①播種から緑化までの期間は20〜25℃に保温し、硬化から移植までの期間は自然温度に慣らしていく。
②播種から緑化までの期間は15〜20℃に保温し、硬化から移植までの期間も同じ温度で育てる。
③播種から緑化までの期間は自然温度で管理し、硬化から移植までの期間も自然温度で育てる。
④播種から緑化までの期間は自然温度で管理し、硬化から移植までの期間は20〜25℃で育てる。

38 □□□

イネの苗の種類の説明として、最も適切なものを選びなさい。
①苗の分類は草だけで行う。
②葉数により、稚苗、中苗、成苗に分ける。
③田植機で使用する苗は成苗が一般的である。
④稚苗、中苗、成苗は分げつの茎数で分ける。

39 □□□

イネのいもち病の説明として、最も適切なものを選びなさい。
①いもち病は発生する部位により葉いもち、穂いもち・節いもち等がある。
②窒素肥料を多く施すと、いもち病の発生が減少する。
③高温多湿では、いもちの発生が少ない。
④種子消毒は、いもち病の防除効果がない。

40 □□□

ジャガイモの特徴として、最も適切なものを選びなさい。
①ジャガイモにはウイルスの感染がないため、何年間も収穫したものを種イモとして使用できる。
②土の中で生育するため、秋に植え付け、春に収穫する。
③ジャガイモは暑さに弱く、北海道以外では栽培できない。
④ジャガイモは、茎が肥大したものである。

41 □□□

イネの種まき前に行う種もみの処理（予措）の過程として、最も適切なものを選びなさい。
①消毒 ― 浸種 ― 催芽
②消毒 ― 浸種 ― 選種
③催芽 ― 浸種 ― 消毒
④浸種 ― 催芽 ― 消毒

42 □□□

トウモロコシの発芽の図のなかで、「幼葉しょう（鞘)」として、最も適切なものを選びなさい。

43 □□□

針葉樹などの樹皮で、洋ランなどの植え込み用資材として使用される資材名として、最も適切なものを選びなさい。
　①ピートモス
　②ミズゴケ
　③くん炭
　④バーク

44 □□□

草花の育苗・繁殖法の説明として、最も適切なものを選びなさい。
　①キクは種子をまいて苗を作るのが一般的である。
　②細かい種子はまき床にばらまきをし、水は底面から吸わせる。
　③明発芽（好光性）種子の場合は厚く覆土をする。
　④緑枝挿しの穂は親株から切ってから行うが、葉は水分の蒸散が大きいので全て取り除く。

45 □□□

リンゴ（大玉）の開花と受粉後の状態を示している。この時期に必要な作業として、最も適切なものを選びなさい。

　①中心花を残し側花を摘む作業を行う。
　②ジベレリンを散布して無種子化を行う。
　③多くの果実を収穫するために、このまま全て残し、肥大させる。
　④殺虫剤を散布してミツバチなどの訪花昆虫を殺す。

（重要！）設問46〜55は、10問のうち5問を選択して解答して下さい。

6問以上解答した場合は、設問46〜55はすべて不正解となります。

（栽培系）

46 □□□

ダイコンの岐根（きこん）の原因として、最も適切なものを選びなさい。
①ハスモンヨトウ
②ネコブセンチュウ
③アブラムシ
④キスジノミハムシ

47 □□□

両性花の野菜として、正しいものを選びなさい。
①スイートコーン
②カボチャ
③トマト
④キュウリ

48 □□□

スイートコーンの栽培で1株1本の子実を収穫するために行う作業として、最も適切なものを選びなさい。
①雌穂除法（除房）
②雄穂除法
③摘心
④土寄せ

49 □□□

植物分類でウリ科に属する野菜として、正しいものを選びなさい。
①トマト
②キュウリ
③ダイコン
④イチゴ

50 □□□

　トマトが開花してから収穫されるまでの日数として、最も適切なものを選びなさい。
　　①7〜10日
　　②20日程度
　　③30〜50日
　　④40〜60日

51 □□□

　園芸利用上で観葉植物に分類されるものとして、正しいものを選びなさい。
　　①カスミソウ
　　②キキョウ
　　③ヒヤシンス
　　④ドラセナ

52 □□□

　常緑性果樹として、正しいものを選びなさい。
　　①カンキツ
　　②ブドウ
　　③カキ
　　④ナシ

53 □□□

　実生繁殖の意味として最も適切なものを選びなさい。
　　①種を播く。
　　②さし木をする。
　　③株分けをする。
　　④取り木をする。

54 □□□

　種まきで覆土しない明発芽（光発芽）種子として、最も適切なものを選びなさい。
　　①ダイコン
　　②ニンジン
　　③スイカ
　　④トマト

55 □□□

単為結果しやすいものとして、最も適切なものを選びなさい。
①エダマメ(ダイズ)
②スイートコーン
③スイカ
④キュウリ

選択科目（畜産系）

31 □□□

家畜の繁殖について、最も適切なものを選びなさい。
 ①ウシは性成熟期を迎えなくても繁殖が可能である。
 ②生殖器が発達した雌は、常に発情徴候を現す。
 ③季節繁殖動物は、1年に4回の発情が来る。
 ④繁殖とは、子孫を残すための交配・妊娠・出産などの一連の過程のことをいう。

32 □□□

ニワトリのヒナを選ぶ際の注意点として、最も適切なものを選びなさい。
 ①動きが活発で、体重が100g前後ある。
 ②へそが大きく内部がよく見える。
 ③総排泄腔に汚れがない。
 ④羽毛が黄色く、つやがある。

33 □□□

鶏卵を構成するもののうち、一番大きな割合を占めるものとして最も適切なものを選びなさい。
 ①卵殻
 ②卵殻膜
 ③卵黄
 ④卵白

34 □□□

ニワトリにおけるクラッチの説明について、最も適切なものを選びなさい。
 ①1回の連産の長さ
 ②古い羽毛が抜けて新しい羽毛におきかわる性質
 ③個体間でのつつき合いやとびかかりによる強弱の順位付け
 ④ひなが若いうちにくちばしの先を切除する処理

35 □□□

初生びなの雌雄鑑別方法として、最も適切なものを選びなさい。
①ふ卵温度鑑別法
②くちばし鑑別法
③眼球鑑別法
④羽毛鑑別法

36 □□□

ニワトリが感染するマレック病の原因として、最も適切なものを選びなさい。
①マイコプラズマ
②ウイルス
③コクシジウム
④ロイコチトゾーン

37 □□□

　ニワトリの飼育管理のうち、密飼いや高温多湿での飼育などストレスが引き金となりお互いをつつきあう悪癖を予防するため行うもので、最も適切なものを選びなさい。
①餌付け
②ワクチン接種
③デビーク
④強制換羽

38 □□□

ブタの大ヨークシャー種の品種略号として、正しいものを選びなさい。
①B
②Y
③L
④W

39 □□□

ブタの妊娠期間として、最も適切なものを選びなさい。
① 84日
②114日
③144日
④174日

40 □□□

ブタの法定伝染病として、最も適切なものを選びなさい。
①豚コレラ
②豚丹毒
③オーエスキー病
④伝染性胃腸炎

41 □□□

畜産物の生産について、最も適切なものを選びなさい。
①肉の生産をするブタを繁殖豚という。
②採卵鶏は、ふ化後約1年頃から産卵を開始する。
③できるだけ多くの良質な肉を生産することを目的とする飼育を肥育という。
④肉の生産をする牛をブロイラーという。

42 □□□

飼料についての説明で、最も適切なものを選びなさい。
①ニワトリやブタに与える配合飼料の飼料原料は、その多くを輸入に頼っている。
②濃厚飼料は、繊維質が豊富な牧草や乾草などである。
③栄養分含量の高い穀類などを粗飼料と呼ぶ。
④一般に、栄養価の高い飼料で育てると成長が速く、よく肥り肉質がよくなる。

43 □□□

畜種と畜舎もしくは飼育方式の組み合わせで、最も適切なものを選びなさい。
①ブタ　　　　－　SPF畜舎
②ニワトリ　　－　デンマーク方式
③ウシ　　　　－　ウインドウレス畜舎
④ニワトリ　　－　コンフォート方式

家畜の排せつ物について、最も適切なものを選びなさい。
①家畜の糞尿は、堆肥化することで、土壌を改良する肥料として重要な資源になる。
②搾乳牛の年間あたりのふん量（t）と尿量（t）とでは、尿量の方が多い。
③日本のように小さい面積で多くの頭数を飼育する畜産では、家畜排せつ物の野積みが推奨される。
④家畜の排せつ物は、直接的には地下水汚染や土壌汚染とは関係がない。

45 □□□

ウシの第1胃についての説明として、正しいものを選びなさい。
①内部が蜂の巣状の構造をしており、反すうに関わる働きをしている。
②ルーメンとも言う。原虫や細菌が生息しており飼料の分解、反すうに関わる。
③内部が葉状のひだがあり、胃全体の容積の7～8％を占めている。
④単胃動物の胃と同じく胃液を分泌し、炭水化物等の消化・吸収を行う。

（重要！）設問46～55は、10問のうち5問を選択して解答して下さい。

6問以上解答した場合は、設問46～55はすべて不正解となります。

（畜産系）

46 □□□

写真の搾乳システムの名称として正しいものを選びなさい。
①ライトアングル方式
②ロータリーパーラ方式
③ヘリンボーン方式
④アブレスト方式

47 ☐☐☐

次に示す牛の写真の部位のうち正しいものを選びなさい。
　①A：き甲
　②B：つなぎ
　③C：肋（ろく）
　④D：ひざ

48 ☐☐☐

乳の保存と出荷について、最も適切なものを選びなさい。
　①搾乳した乳は、15℃以下に冷却して保存される。
　②殺菌処理をしていない搾乳したままの乳を生乳という。
　③搾乳してすぐの乳は、パイプラインを通る間に殺菌処理が行われる。
　④集乳車によって輸送された乳は、工場で一旦冷凍される。

49 ☐☐☐

ウシの病気において寄生虫が原因とされるものとして、最も適切なものを選びなさい。
　①ケトーシス
　②カンテツ症
　③第4胃変位
　④鼓脹症

50 ☐☐☐

ウシの妊娠の維持に関わるホルモンとして、最も適切なものを選びなさい。
　①オキシトシン
　②エストロゲン
　③プロゲステロン
　④アドレナリン

51 □□□

乳牛を乾乳させる期間として、最も適切なものを選びなさい。
　①約2か月
　②約3か月
　③約4か月
　④約5か月

52 □□□

採卵養鶏場において、1万羽を収容している鶏舎で、ある日の産卵個数が9,850個であった。この日の産卵率として正しいものを選びなさい。
　①85.0%
　②98.5%
　③100%
　④101.5%

53 □□□

乳製品についての説明として、最も適切なものを選びなさい。
　①脱脂乳やヨーグルトは発酵させて製造される。
　②ナチュラルチーズとプロセスチーズの違いは、塩分量である。
　③牛乳の成分は、季節を問わず組成比率が一定である。
　④牛乳は、バターやアイスクリームに加工される。

54 □□□

写真の機械の用途として適切なものを選びなさい。
　①堆肥の散布
　②糞尿スラリーの散布
　③肥料の散布
　④播種後の鎮圧

55 □□□

　写真の機械の名称を、次の中から選びなさい。

　　①ポンプタンカー
　　②ロールベーラ
　　③マニュアスプレッダ
　　④ブロードキャスタ

選択科目（食品系）

31 □□□

「乳等省令」によって、搾乳したままの牛の乳の名称として、正しいものを選びなさい。
①原乳
②牛乳
③生乳
④初乳

32 □□□

果実や野菜を冷蔵すると生理障害を起こし、かえって変質しやすくなる現象として、最も適切なものを選びなさい。
①低温効果
②低温抑制
③低温障害
④冷凍負け

33 □□□

嘔吐、頭痛の後、顔面麻痺や呼吸麻痺に至る致死率の高い食中毒の原因になる嫌気性微生物として、正しいものを選びなさい。
①ボツリヌス菌
②サルモネラ菌
③大腸菌
④腸炎ビブリオ

34 ☐☐☐

食品添加物で「食経験があり、これまでに天然添加物として使用されていたもの」に分類されているものとして、最も適切なものを選びなさい。
　　①指定添加物
　　②既存添加物
　　③天然香料
　　④一般飲食物添加物

35 ☐☐☐

この識別マークがついている容器から再利用されているものとして、最も適切なものを選びなさい。
　　①卵パック・食品用トレイ
　　②繊維・衣料品
　　③飲料用ボトル・洗剤用ボトル
　　④荷台（パレット）・土木建築用資材（コンクリートパネル）

36 ☐☐☐

次のうち、α化デンプンの説明として、最も適切なものを選びなさい。
　　①生の米に含まれているデンプン
　　②炊き立てのご飯に含まれているデンプン
　　③冷めたご飯に含まれているデンプン
　　④老化したデンプン

37 ☐☐☐

うるち精白米を粉砕したもので、デンプンや小麦粉より粒子が大きく、水でこねても粘りが出にくく、独特の歯ごたえがあるものとして、最も適切なものを選びなさい。
　　①片栗粉
　　②上新粉
　　③コーンスターチ
　　④白玉粉

38 □□□

スポンジケーキ製造において卵白と卵黄を分けて泡立てる方法を何というか、正しいものを選びなさい。
①泡立て法
②共立て法
③別立て法
④中立て法

39 □□□

パンに用いられる小麦粉の種類として、最も適切なものを選びなさい。
①デュラム粉
②強力粉
③中力粉
④薄力粉

40 □□□

下記の製造工程に該当する加工品はどれか、最も適切なものを選びなさい。

①凍り豆腐
②油揚げ
③がんもどき
④豆腐

41 □□□

はるさめの原料となる豆類として、最も適切なものを選びなさい。
①小豆
②エンドウ
③緑豆
④ソラマメ

42 ☐☐☐

原料成分中のグルコマンナンの吸水性やアルカリ性になると凝固する性質を利用した加工品の原料として、最も適切なものを選びなさい。
①サトイモ
②ジャガイモ
③サツマイモ
④コンニャクイモ

43 ☐☐☐

野菜の鮮度保持期間を長くするために除去する追熟ホルモンとして、最も適切なものを選びなさい。
①アントシアニン
②エチレン
③カロテノイド
④クロロフィル

44 ☐☐☐

ジャム類を製造する場合、「ゼリー化の3要素」がゲル化やかたさに大きな影響を及ぼす、最も適切な組み合わせを選びなさい。
①糖・有機酸・ペクチン
②糖・塩酸・レンネット
③塩・有機酸・ペクチン
④塩・塩酸・ラクトース

45 ☐☐☐

渋柿を用いて干し柿を製造すると、乾燥中に渋抜きされて甘い干し柿となる。渋柿に含まれる渋味の原因物質として、最も適切なものを選びなさい。
①ブドウ糖
②リンゴ酸
③ペクチン
④タンニン

（重要！）設問46～55は、10問のうち5問を選択して解答して下さい。

6問以上解答した場合は、設問46～55はすべて不正解となります。

（食品系）

46 □□□

　ミカン缶詰の製造において酸液とアルカリ液の処理を行う。この処理により溶解する物質として、最も適切なものを選びなさい。
　　①果皮の色素
　　②砂じょう膜のセルロース
　　③果皮のワックス
　　④じょうのう膜のペクチン

47 □□□

　イチゴジャム製造で、レモン果汁を添加すると鮮やかな赤色になる物質として、最も適切なものを選びなさい。
　　①アントシアニン
　　②クロロフィル
　　③フラボノイド
　　④カロテノイド

48 □□□

　ブタ腸または太さが20mm以上36mm未満のケーシングに詰めたソーセージの名称として、正しいものを選びなさい。
　　①フランクフルトソーセージ
　　②ウインナーソーセージ
　　③ボロニアソーセージ
　　④ドライソーセージ

49 □□□

肉加工品の肉色の変化で、硝酸塩や亜硝酸塩などの発色剤を塩漬時に添加したことによる鮮赤色の成分として、最も適切なものを選びなさい。
①オキシミオグロビン
②メトミオクロモーゲン
③ニトロソミオグロビン
④メトミオグロビン

50 □□□

牛乳の検査のうち、浮ひょう式比重計による測定値から判定できる項目として、最も適切なものを選びなさい。
①牛乳の鮮度
②牛乳の清潔度
③牛乳の酸度
④牛乳の脂肪分

51 □□□

タンパク質の定量に用いられる分析法として、最も適切なものを選びなさい。
①ニンヒドリン反応
②ビューレット反応
③キサントプロティン反応
④セミミクロケルダール法

52 □□□

乳酸発酵させた脱脂乳に多量の砂糖や香料を加え、シロップ状にした飲料として、最も適切なものを選びなさい。
①乳飲料
②加工乳
③酸乳飲料
④発酵乳

53 □□□

清酒の腐敗防止のために古来から行われてきた方法として、最も適切なものを選びなさい。
①火入れ
②水入れ
③木入れ

④金入れ

54 □□□

ダイズにほぼ等量の麦を加えたものを麹の原料としたしょうゆとして、正しいものを選びなさい。
　　①濃口しょうゆ
　　②薄口しょうゆ
　　③白しょうゆ
　　④たまりしょうゆ

55 □□□

食品の安全性を確保するため2006年に導入された厳しい農薬の残留基準に関する制度として、最も適切なものを選びなさい。
　　①ＰＬ法
　　②産業廃棄物管理票制度
　　③有機農産物認証制度
　　④ポジティブリスト制度

選択科目（環境系）

31 □□□

　平板のすえ付けについて、次の条件と説明の組み合わせとして最も適切なものを選びなさい。
　　①致心（求心）……閉合誤差を一致させる。
　　②整準（整置）……図板上の点と地上の測点を鉛直線上にあるようにする。
　　③定位（指向）……図板上の測線方向と地上の測線方向を一致させる。
　　④調整……平板を水平にする。

32 □□□

　アリダードの点検として、適切なものを選びなさい。
　　①気ほう管軸と定規底面は直交する。
　　②視準板と定規底面は平行である。
　　③視準面は定規底面と直交する。
　　④視準面は定規縁と直交する。

33 □□□

　自動レベルの説明として、最も適切なものを選びなさい。
　　①円形気ほう管で器械をほぼ水平にしたのち、微傾動ネジで視準線が正確に水平になる。
　　②円形気ほう管で器械を水平にすると、自動的に視準線が水平になる。
　　③円形気ほう管で器械を水平にして、水平なレーザー光を出す。
　　④三脚のかわりに手で水平にして使う。

34 □□□

　対象物の見えない部分の形状を表す線として、最も適切なものを選びなさい。
　　①実線
　　②破線
　　③一点鎖線
　　④二点鎖線

35 ☐☐☐

図の断面記号は何を表しているか、最も適切なものを選びなさい。
① 水
② 砂・モルタル
③ 地盤
④ 割りぐり

36 ☐☐☐

図面に用いられる次の文字の書体の名称として、最も適切なものを選びなさい。
造園
① ゴシック体
② 明朝体
③ 楷書体
④ 行書体

37 ☐☐☐

次の平板測量の説明で、最も適切なものを選びなさい。

「図上に描かれた点（既地点）を基準として、新しい点（未知点）の位置を距離を測量しないで、方向線の交点から未知点を求める方法」

① 道線法
② 放射法
③ 交会法
④ 三辺法

38 ☐☐☐

地面から1.2mの高さ（胸高）の外周が6.28mであった。この樹木の直径はいくらか、最も適切なものを選びなさい。
① 1.0m
② 1.5m
③ 2.0m
④ 2.5m

39 □□□

次の説明として、最も適切なものを選びなさい。

「緑豊かな山に行き、静けさ、すがすがしさ、新鮮な空気を体全体で感じ、健康の回復をはかること。」

①森林浴
②天然浴
③生物多様性
④緑のダム

40 □□□

劣悪土壌の改良方法として、土層を良質な土壌に取り替えることをなんというか、最も適切なものを選びなさい。
①用土
②客土
③堆積土
④残積土

41 □□□

我が国の森林の状況についての説明として、最も適切なものを選びなさい。
①手入れされずに放置された森林はあまり見かけない。
②日本は国産材よりも輸入される外材の割合が高い。
③ブナなどの広葉樹の多くは、戦後植栽されたものである。
④森林の蓄積量は年々減少している。

42 □□□

森林の役割のうち「地球温暖化防止機能」の説明として、最も適切なものを選びなさい。
①樹木の根が表土の流出を防ぐ。
②樹木が大気中の二酸化炭素を吸収・固定する。
③森林や樹木は大気を浄化し騒音を緩和する。
④森林の土壌が水をたくわえて、時間をかけて流す。

43 □□□

写真の樹木の名称として、正しいものを選びなさい。
①アカマツ
②ブナ
③カラマツ
④スギ

44 □□□

「ヒノキ」の用途として、最も適切なものを選びなさい。
①柱や板などの建築用
②タンスなどの家具用
③シイタケなどのきのこ原木用
④パルプなどの紙の原料用

45 □□□

写真の機械の名称として、正しいものを選びなさい。
①枝打ち機
②集材機
③刈払機
④造材機

※環境系の選択者は、造園、農業土木、林業のうち１分野を、選択して下さい（複数分野を選択すると不正解となります）。

（重要！）設問46〜55は、10問のうち５問を選択して解答して下さい。

６問以上解答した場合は、設問46〜55はすべて不正解となります。

（造園）

46 □□□

次の写真の灯籠の名称として、最も適切なものを選びなさい。
　①織部型灯籠
　②春日型灯籠
　③雪見型灯籠
　④平等院型灯籠

47 □□□

次の四つ目垣に用いるロープワークの名称について、最も適切なものを選びなさい。
①よこ結び
②たて結び
③いぼ結び
④とっくり結び

48 □□□

次の枯山水式庭園の説明で、最も適切なものを選びなさい。
①歩きながら移り変わる景観を鑑賞する庭園。
②池を作り山や海を表現している庭園。
③茶室に行く途中の明るく広い庭園。
④水墨画に見られる禅の精神的境地に通ずる庭園。

49 □□□

マダケは何科の植物か、最も正しいものを選びなさい。
①マダケ科
②タケ科
③ササ科
④イネ科

50 □□□

透視図を描くときに点Eの名称として、最も適切なものを選びなさい。
①視心
②基心
③視点
④原点

透視図の基本図

51　□□□

　次の写真の病害虫が多く発生する樹木名として、最も適切なものを選びなさい。
　　①カキ
　　②クリノキ
　　③ナシ
　　④ブドウ

52　□□□

　平板測量で用いる次の器具と関係するものはどれか、最も適切なものを選びなさい。
　　①定位
　　②標定
　　③整準
　　④致心

53　□□□

　世界最初の国立公園として制定された公園名として、最も正しいものを選びなさい。
　　①セントラルパーク
　　②ハイドパーク
　　③イエローストーン
　　④クラインガルテン

54 □□□

次の樹木の葉の付きかたで対生のものはどれか、最も適切なものを選びなさい。
　①イチョウ
　②ヒノキ
　③スギ
　④ハナミズキ

55 □□□

次の公園の誘致距離で、最も適切なものを選びなさい。
　①近隣公園　―　1000m
　②近隣公園　―　750m
　③街区公園　―　500m
　④街区公園　―　250m

※環境系の選択者は、造園、農業土木、林業のうち１分野を、選択して下さい（複数分野を選択すると不正解となります）。

（重要！）設問46～55は、10問のうち５問を選択して解答して下さい。

６問以上解答した場合は、設問46～55はすべて不正解となります。

（農業土木）

46 □□□

　ミティゲーションの５原則における「軽減／除去」にあたる事例として、最も適切なものを選びなさい。
　　①動物の移動経路を道路の上部または下部に確保する。
　　②動物の移動経路を通過しないように路線計画を行う。
　　③生息・生育する動植物を一時的に移設し、工事後復旧する。
　　④多様な動植物が生息・生育する部分を通過しないように路線計画を行う。

47 □□□

　動物の移動経路を路線が通過している場合、道路の上部または下部に橋梁・トンネルを作り移動経路を確保する事例のミティゲーションの原則として、最も適切なものを選びなさい。
　　①回避
　　②最小化
　　③修正
　　④軽減／除去

　表土にある障害となっている石を取り除き、生育環境の改善と農業機械の作業性の向上を図る方法として、最も適切なものを選びなさい。
　　①混層耕
　　②心土破砕
　　③除礫
　　④床締め

　図に示す水圧機において、$A_1 = 10\text{cm}^2$、$A_2 = 50\text{cm}^2$とし、P_1に20Nの圧力をかけると、P_2では何Nの力を取り出すことができるか、最も適切なものを選びなさい。
　　① 　4 N
　　② 　20 N
　　③ 　25 N
　　④100 N

　次の製図用具の名称として、正しいものを選びなさい。
　　①コンパス
　　②スプリングコンパス
　　③ディバイダ
　　④テンプレート

51 ☐☐☐

次の粒径の区分と呼び名について、Aに当てはまる呼び名は何か、最も適切なものを選びなさい。

0.001mm（1μm）	0.005mm（5μm）	0.075mm（75μm）	2.0mm	75mm

A				
B	C	D	E

①礫
②砂
③シルト
④コロイド

52 ☐☐☐

「密閉された液体の一部に圧力を作用させると、その圧力はそのままで液体の各部分に伝わる。」この静水圧の性質について、最も適切なものを選びなさい。
①ベルヌーイの定理
②毛管現象
③ミティゲーション
④パスカルの原理

53 ☐☐☐

図のようにA点にある自重300Nの石とP_Bが釣り合うとき、C点で支える力は何Nか、正しいものを選びなさい。
① 200N
② 500N
③ 600N
④1200N

$P_A = 300N$

P_B

A

C

B

2m　　3m

支える

　図のように、断面積A㎡の部材に軸方向力P（N）が作用すると変形が生じます。部材の元の長さ1に対するのび量の割合について、最も適切なものを選びなさい。
　　①応力
　　②弾性
　　③ひずみ
　　④モーメント

　図のように梁が安定しているときの条件として、最も適切なものを選びなさい。ただし、H：水平力　V：鉛直力　M：モーメントとする。
　　①ΣH ＝ 0、ΣV ＝ 0
　　②ΣH ＝ 0、ΣM ＝ 0
　　③ΣV ＝ 0、ΣM ＝ 0
　　④ΣH ＝ 0、ΣV ＝ 0、ΣM ＝ 0

※環境系の選択者は、造園、農業土木、林業のうち１分野を、選択して下さい（複数分野を選択すると不正解となります）。

（重要！）設問46〜55は、10問のうち５問を選択して解答して下さい。

６問以上解答した場合は、設問46〜55はすべて不正解となります。

（林業）

46 □□□

我が国の「森林面積」についての説明として、最も適切なものを選びなさい。
- ①現在の我が国の森林面積のうち、人工林は約20％である。
- ②約40年前に比べて我が国の森林面積は、大幅に減少している。
- ③我が国の国土の約１／２（50％）が森林である。
- ④現在の我が国の森林面積は、約2,500万 ha である。

47 □□□

生物群落の「遷移」に関する「極相林」の説明として、最も適切なものを選びなさい。
- ①人の手で植林せずに自然に成立した森林
- ②最終的に陰樹林となり安定した森林
- ③異なる樹種が混在した森林
- ④人の手がほとんど入っていない森林

「更新」に関する次の記述に該当するものとして、最も適切なものを選びなさい。

「20年生くらいのナラ類などの広葉樹を伐採し、切り株から発生させる更新」

①天然更新
②人工更新
③萌芽更新
④母樹更新

48 □□□

「二次林」の説明として、最も適切なものを選びなさい。
①天然林は二次林である。
②人工林は一次林であり二次林ではない。
③伐採や山火事などで一度消失した後に再生した森林。
④原生林は二次林である。

50 □□□

林木の保育作業と作業内容の組み合わせとして、最も適切なものを選びなさい。
①枝打ち　―　植栽木の樹幹の変形、折損や光不足の原因となるつる植物の除去
②下刈り　―　節のない材をつくるために、下枝を付け根から切り取る作業
③除伐　―　雪解け後に倒れた幼木を起こす作業
④間伐　―　こみすぎた森林を適正な密度で健全かつ高価値な森林に導くための間引き作業

51 □□□

次の図の「高性能林業機械」として、正しいものを選びなさい。
①フォワーダ
②タワーヤーダ
③プロセッサ
④ハーベスタ

52 □□□

伐採方法のうち次の記述の名称として、最も適切なものを選びなさい。

「林木を一定期間ごとに部分的に伐採する方法」

①択伐法
②漸伐法
③皆伐法
④母樹保残法

53 □□□

立木の太さを測る測定位置として、最も適切なものを選びなさい。
①地面から30cm
②地面から80cm
③地面から120cm
④地面から200cm

54 □□□

次の写真の測定器具の名称として、正しいものを選びなさい。
①ブルーメライス
②測竿
③輪尺
④直径巻尺

55 □□□

森林の測定方法のうち、「標準地法」の説明として、最も適切なものを選びなさい。
①標準地法は、森林内のすべての木を測定する方法である。
②標準地は、測定者が測りやすい道路沿いを基本とする。
③林分全域の中に、一定面積の区域を選んで標準地とする。
④標準地の選び方は、樹木の成長が平均より悪い所を選ぶ方がよい。

2018年度　第2回（12月8日実施）

日本農業技術検定　3級　試験問題

◎受験にあたっては、試験官の指示に従って下さい。
　指示があるまで、問題用紙をめくらないで下さい。
◎受験者氏名、受験番号、選択科目の記入を忘れないで下さい。
◎問題は全部で50問あります。1～30が農業基礎、31～55が選択科目です。選択科目のうち46～55は、10問のなかから5問を選択して解答して下さい（6問以上解答した場合は、46～55はすべて不正解となります）。
◎選択科目は4科目のなかから1科目だけ選び、解答用紙に選択した科目をマークして下さい。選択科目のマークが未記入の場合には、得点となりません。
　環境系の46～55は造園、農業土木、林業から更に1つ選んで下さい。
　選択科目のマークが未記入の場合には、得点となりません。
◎すべての問題において正答は1つです。1つだけマークして下さい。
　2つ以上マークした場合には、得点となりません。
◎総解答数は、どの選択科目とも50問です。それ以上解答しないで下さい。
◎試験時間は40分です（名前や受験番号の記入時間を除く）。

【選択科目】

栽培系	p.159～165
畜産系	p.166～173
食品系	p.174～180
環境系	p.181～194

解答一覧は、「解答・解説編」（別冊）の3ページにあります。

日付			
点数			

農業基礎

1 □□□

下の写真は左が開花、右が結実の写真である。この野菜の科名として、最も適切なものを選びなさい。

①アブラナ科
②ウリ科
③マメ科
④ナス科

2 □□□

次の作物のうち、無胚乳種子として、最も適切なものを選びなさい。
①イネ
②トウモロコシ
③トマト
④ダイズ

3 □□□

果樹の分類について、最も適切な組み合わせのものを選びなさい。
　　常緑果樹　　　　　つる性果樹
①ウンシュウミカン　　キウイフルーツ
②キウイフルーツ　　　イチジク
③ウンシュウミカン　　ブルーベリー
④ブルーベリー　　　　キウイフルーツ

4 □□□

酸性土壌において生育不良となりやすい野菜として、最も適切なものを選びなさい。
①ホウレンソウ
②サトイモ
③スイカ
④ダイコン

5 □□□

作物の利用について、最も適切なものを選びなさい。
①トウモロコシは成熟種子のみを食用とし、未成熟種子は食用として利用できない。
②ダイズの未成熟種子は食用として不適である。
③ダイズや緑豆はもやしの主原料である。
④ラッカセイは成熟した乾燥種子を食用とし、未成熟種子での食用はできない。

6 □□□

次のニワトリの品種のうち、卵用種として正しいものを選びなさい。
①白色レグホーン種
②白色コーニッシュ種
③白色プリマスロック種
④ロードアイランドレッド種

乳牛の品種とその原産国の組み合わせとして、正しいものを選びなさい。

品種	原産国
①ホルスタイン・フリージアン種	ドイツ・オランダ
②ジャージー種	アメリカ
③ガンジー種	エジプト
④ブラウン・スイス種	スペイン

8 □□□

文章中のカッコ内の言葉の組み合わせとして、最も適切なものを選びなさい。

「家畜の糞尿は、（　A　）することで、（　B　）を改良する肥料として重要な資源になる。」

	A	B
①	堆肥化	作物
②	液状化	pH
③	液状化	遺伝子
④	堆肥化	土壌

9 □□□

化成肥料20kg入りの袋に「10－4－6」と記載してあった。この表示内容として正しいものを選びなさい。
　　①1袋中の肥料成分量は、窒素10kg、リン酸4kg、カリ6kgである。
　　②1袋中の肥料成分量は、カリ10kg、リン酸4kg、窒素6kgである。
　　③1袋中の肥料成分量は、窒素10％、リン酸4％、カリ6％である。
　　④1袋中の肥料成分量は、カリ10％、リン酸4％、窒素6％である。

10 □□□

果実の糖度を上げるための条件として、最も適切なものを選びなさい。
　　①枝を多く残し、樹冠内への日当たりを悪くする。
　　②かん水を多くし、土壌水分を高く保つ。
　　③日当たりを良くし、適度にかん水を行い、光合成を活発にさせる。
　　④窒素肥料を多く施し、枝葉の生育を徒長ぎみにする。

11　□□□

作物の病気を予防するための対策について、最も適切なものを選びなさい。
　①葉を多めに摘み、植物体に薬液がかかりやすいようにする。
　②かん水を頻繁に行い、植物体の成長を促す。
　③窒素肥料を多く施し、植物体の成長を促進させる。
　④過度の窒素施肥を行わず、軟弱徒長を抑える。

12　□□□

葉の表面全体が白く粉をまぶしたようになる写真の病害の名前として、最も適切なものを選びなさい。
　①べと病
　②灰色かび病
　③うどんこ病
　④いちょう病

13　□□□

畑地雑草として、最も適切なものを選びなさい。
　①オモダカ
　②メヒシバ
　③タイヌビエ
　④コナギ

14　□□□

害虫の天敵となる昆虫やダニ類などを利用し、害虫を防除する方法は何か、最も適切なものを選びなさい。
　①化学的防除法
　②生物的防除法
　③物理的防除法
　④耕種的防除法

15 　□□□

この害虫の加害様式として、最も適切なものを選びなさい。
①食害
②樹幹内への食入
③虫こぶの形成
④吸汁害

16 　□□□

写真の昆虫が捕食する害虫として、最も適切なものを選びなさい。
①チョウ・ガ類
②コナジラミ類
③アブラムシ類
④ダニ類

17 　□□□

ポジティブリスト制度の説明として、最も適切なものを選びなさい。
①食品の生産、加工、流通の各段階で生産履歴を確かめることができるようにするシステム
②生産者が管理のポイントを整理して適切な農業生産を実施し、農産物の安全性や品質などについて消費者、食品事業者などの信頼を確保する仕組み
③基準が設定されていない農薬などが一定以上含まれる食品の流通を原則禁止する制度
④食品の流れを農林水産業から食品製造業・卸売業、食品小売業・外食産業を経て消費者に至る総合的なシステムとしてとらえる考え方

土壌の三相として、最も適切なものを選びなさい。
①生物相 ― 液相 ― 気相
②固相 ― 液相 ― 生物相
③固相 ― 液相 ― 気相
④固相 ― 生物相 ― 気相

19 □□□

次の図は植物がおこなう光合成を模式的にあらわしたものである。（A）に当てはまる用語として、最も適切なものを選びなさい。
①窒素
②リン酸
③カリ
④二酸化炭素

光エネルギー

(A)＋水 → 炭水化物 ＋ 酸素 ＋ 水

20 □□□

土壌中の酸性が強い（pH が低い）場合、中和するために使用する資材として、最も適切なものを選びなさい。
①牛ふん堆肥
②ピートモス
③リン酸
④炭酸カルシウム（石灰）

21 □□□

塩類集積の説明として、最も適切なものを選びなさい。
①塩類集積とは、土壌の下層土に有機物が蓄積することである。
②塩類集積をおこすと、土を全て入れ替えなければならない。
③塩類集積とは、土に残留した塩類が蓄積されることである。
④塩類集積は、ハウス等の施設よりも露地のほうが発生しやすい。

22 □□□

写真の野菜の種子の科名として、最も適切なものを選びなさい。
　①マメ科
　②ウリ科
　③ナス科
　④アブラナ科

23 □□□

連作障害についての説明として、最も適切なものを選びなさい。
　①土の中の病原体が減少する。
　②アブラムシが増加する。
　③特定養分が欠乏する。
　④根から成長を促進する物質が分泌され、蓄積される。

24 □□□

　野菜類・果実類などの食品加工原料は、酵素の影響で貯蔵・流通時に変質しやすい。酵素はどの栄養素に属するか、最も適切なものを選びなさい。
　①炭水化物
　②タンパク質
　③脂質
　④無機質

25 □□□

　ジャガイモを貯蔵していたら表皮が緑化した。この原因として、最も適切なものを選びなさい。
　①貯蔵中の温度が0℃以下になった。
　②貯蔵期間が3ヶ月以上になった。
　③貯蔵庫内の風通しが悪く、酸素不足になっていた。
　④明るい場所で貯蔵していた。

26 □□□

トマトジュースの記述として、最も適切なものを選びなさい。
　①トマトを破砕し、裏ごししたものを無塩のままで2.5〜3倍に濃縮し、可溶性固形物を24%未満としたもの。
　②裏ごしをしたトマトやピューレーに、食塩や各種の香辛料を加えて濃縮したもの。
　③トマトを破砕し、裏ごししたものに食塩を0.5%加えて作ったもの。
　④トマトピューレーをさらに濃縮して、可溶性固形物を24%以上とし、食塩を加えたもの。

27 □□□

里山に関する記述として、最も適切なものを選びなさい。
　①暮らしと密接なかかわりをもつ集落周辺の山や森林
　②平地以外に属する農業地域
　③減反などで休耕している農地
　④2年以上耕作せず、将来においても耕作することのない農地

28 □□□

耕作放棄地とは、過去何年以上耕作せず、今後数年の間に再び耕作する考えのない農地であるか、最も適切なものを選びなさい。
　①1年
　②5年
　③10年
　④20年

29 □□□

次の説明として、最も適切なものを選びなさい。

「スーパーの総菜やコンビニエンスストアの弁当、あるいは宅配のピザなどを自宅で食べること」

　①食育
　②内食
　③中食
　④外食

30 □□□

　農水産物が最終的に消費されるまでの流れを何というか。最も適切なものを選びなさい。
　　①フードシステム
　　②トレーサビリティ
　　③地産地消
　　④ＧＡＰ

選択科目（栽培系）

31 □□□

イネのたねもみの構造のうち、胚として、最も適切なものを選びなさい。

32 □□□

田植え後の活着がよく、成長の良い苗の診断として、最も適切なものを選びなさい。
　　①移植法にかかわらず、苗が大きいもの。
　　②葉齢は、第1葉が出ていれば良い。
　　③病害虫におかされていなければ、苗全体の成長はそろっていなくても良い。
　　④風乾重が大きく、乾物率や充実度が高いことが重要である。

33 □□□

トウモロコシの間引きと補植の説明として、最も適切なものを選びなさい。
　　①欠株になってしまったところに補植する場合は、たねをまき直すことが望ましい。
　　②複数発芽があっても強く丈夫に成長するので、間引きを行う必要がない。
　　③3～4葉期に良い苗を1本だけ残し、他は土中の茎頂より下で切断するか、ちぎって間引く。
　　④間引きはできるだけ大きく成長してから行い、根ごと引き抜かなければならない。

34 ☐☐☐

ジャガイモの可食部として、最も適切なものを選びなさい。
①根
②種子
③葉
④茎

35 ☐☐☐

サツマイモの科名として、最も適切なものを選びなさい。
①ナス科
②サトイモ科
③ウリ科
④ヒルガオ科

36 ☐☐☐

土壌の乾燥が激しい時に発生しやすいトマトの生理障害として、最も適切なものを選びなさい。
①しり腐れ果
②空洞果
③裂果
④乱形果

37 ☐☐☐

次のキュウリの病気として、最も適切なものを選びなさい。
①べと病
②炭そ病
③つる枯れ病
④うどんこ病

写真の害虫が被害を与える植物の種類として、最も適切なものを選びなさい。
　①ナス科
　②アブラナ科
　③ウリ科
　④イネ科

ウイルス感染に関係するアブラムシの器官として、最も適切なものを選びなさい。
　①脚
　②触覚
　③口器
　④尾片

キュウリのつぎ木の目的として、最も適切なものを選びなさい。
　①つる割れ病やブルームの発生を防ぐため。
　②炭そ病の発生を防ぐため。
　③青枯れ病の発生を防ぐため。
　④害虫の発生を防ぐため。

次の草花のうち球根類に分類されるものとして、最も適切なものを選びなさい。
　①マリーゴールド
　②カーネーション
　③ダリア
　④ハボタン

2018年度
第2回

耐寒性がある草花として、最も適切なものを選びなさい。
①サルビア
②パンジー
③ベゴニアセンパフローレンス
④アサガオ

園芸生産において、主にさし木で殖やす花きとして、最も適切なものを選びなさい。
①マリーゴールド
②チューリップ
③アジサイ（ハイドランジア）
④シクラメン

次の花きのうち、四季咲きの性質を持つものとして、最も適切なものを選びなさい。
①ハボタン
②チューリップ
③カーネーション
④ユリ

単為結果性をもつ作物の組み合わせとして、最も適切なものを選びなさい。
①キュウリ － ウンシュウミカン
②イチゴ － ブルーベリー
③トウモロコシ － クリ
④トマト － バナナ

（重要！）設問46〜55は、10問のうち5問を選択して解答して下さい。
6問以上解答した場合は、設問46〜55はすべて不正解となります。

（栽培系）

46 □□□

写真の果樹の分類として、最も適切なものを選びなさい。
　①常緑果樹
　②落葉果樹
　③つる性果樹
　④熱帯果樹

47 □□□

果樹の苗木生産における実生（みしょう）繁殖法とは何か、最も適切なものを選びなさい。
　①接ぎ木による繁殖法
　②ウイルスフリー苗の利用法
　③種子から繁殖させる方法
　④挿し木による繁殖法

48 □□□

平成29年（2017年）産の日本ナシの都道府県別収穫量の全国順位として、最も適切なものを選びなさい。

	1位	2位
①	青森県	鳥取県
②	千葉県	茨城県
③	鳥取県	和歌山県
④	千葉県	青森県

49 □□□

写真の砕土（さいど）をするための農業機械の名称として、最も適切なものを選びなさい。
①ロータリ
②すき
③プラウ
④ディスクハロー

50 □□□

作物の生育にとって必要不可欠な養分（必須元素）のうち、微量元素に区別されるものとして、最も適切なものを選びなさい。
①窒素（N）
②リン（P）
③ホウ素（B）
④カルシウム（Ca）

51 □□□

雑種第1代（F_1、ハイブリッド）品種の一般的特性として、最も適切なものを選びなさい。
①両親よりも生育が悪く、収量や品質も劣る。
②両親よりも生育が旺盛で、収量や品質も良い。
③雑種第一代で実った種子は、次年度以降も同じものが生産できる。
④両親と比べても生育、収量、品質に変化がないので利用価値は少ない。

52 □□□

種子の保存条件として、最も適切なものを選びなさい。
①高温・高湿
②低温・高湿
③高温・低湿
④低温・低湿

明発芽（好光性）種子として、最も適切なものを選びなさい。
　①ニンジン
　②トマト
　③ダイコン
　④ナス

ダイズの開花数が200、結きょう数が80だったときの結きょう率として、正しいものを選びなさい。
　①90％
　②70％
　③56％
　④40％

次の写真は果樹類のつぎ木の様子を示したものである。矢印部分の名称として、最も適切なものを選びなさい。
　①台木（だいぎ）
　②穂木（ほぎ）
　③徒長枝（としちょうし）
　④発育枝（はついくし）

選択科目（畜産系）

31 □□□

　図はニワトリの消化器官を表している。哺乳類にはない器官の名称と場所の正しい組み合わせを選びなさい。

	A	B	C
①	筋胃	線胃	盲腸
②	腺胃	筋胃	盲腸
③	食道	線胃	筋胃
④	食道	線胃	十二指腸

ニワトリ（単胃動物）

32 □□□

　産卵鶏の卵管の並び順として、最も適切なものを選びなさい。
　　①卵巣　→　漏斗部　→　膨大部　→　峡部　→　子宮部　→　腟部
　　②卵巣　→　漏斗部　→　峡部　→　膨大部　→　腟部　→　子宮部
　　③卵巣　→　膨大部　→　漏斗部　→　峡部　→　子宮部　→　腟部
　　④卵巣　→　膨大部　→　峡部　→　漏斗部　→　腟部　→　子宮部

33 □□□

　検卵の説明として、最も適切なものを選びなさい。
　　①ふ卵中、種卵の温度を測定すること。
　　②ふ卵中、種卵の細菌数が増殖していないか検査すること。
　　③ふ卵中、暗所で卵に光を当てて胚の発育状況を調べること。
　　④ふ卵中、卵殻膜と胚のゆ着を防ぐ等の理由で卵を動かすこと。

34 □□□

鶏卵のうち、ふ化時にヒナとなる部位として、最も適切なものを選びなさい。
　①卵黄
　②カラザ
　③胚
　④卵白

35 □□□

ブロイラーの説明として、最も適切なものを選びなさい。
　①採卵鶏のうち、廃鶏となったものを一定期間肥育して作られる。
　②名古屋種やシャモを交配して利用する。
　③ニワトリの品種に関係なく、6か月以上肥育したものをいう。
　④白色プリマスロック種等の雑種が利用されている。

36 □□□

ニワトリが感染する病気として、最も適切なものを選びなさい。
　①ニューカッスル病
　②ケトーシス
　③オーエスキー病
　④口蹄疫

37 □□□

英国の在来種から改良された写真のブタの品種として、最も適切なものを次の
中から選びなさい。
　①バークシャー種
　②ランドレース種
　③デュロック種
　④大ヨークシャー種

38 □□□

　デンマーク式豚舎の説明として、最も適切なものを選びなさい。
　　①寝る場所と排ふんする場所が区別してあり、清掃がしやすい。
　　②おが粉を床に敷きつめることで、糞尿処理の労力を減らしている。
　　③舎内環境を保つために窓がなく、空気の出入りを制限してファンによりコ
　　　ントロールしている。
　　④ファンの設置やカーテンの開放によって通風し、環境をコントロールする。

39 □□□

　次の図はブタの雌の生殖器である。（A）～（C）の名称の組み合わせとして、
正しいものを選びなさい。

	A	B	C
①	子宮角	子宮体	子宮頸
②	子宮体	子宮頸	子宮角
③	子宮角	子宮頸	子宮体
④	子宮体	子宮角	子宮頸

40 □□□

　ブタの妊娠と分娩について、最も適切なものを選びなさい。
　　①ブタは産子数が多いため、2頭ずつ娩出される。
　　②妊娠期間は150日くらいで、個体により若干異なる。
　　③分娩の最後には、胎盤である後産が排出される。
　　④一般的に、出産予定の1か月前には分娩房に入れて準備する。

41 □□□

　ウシの第1胃から第4胃のうち、最も容積が大きい器官として適切なものを選
びなさい。
　　①第1胃
　　②第2胃
　　③第3胃
　　④第4胃

42 □□□

次の施設の名称として、最も適切なものを選びなさい。
①タワーサイロ
②トレンチサイロ
③バンカーサイロ
④スタックサイロ

43 □□□

和牛の名称と主産地の組み合わせとして、最も適切なものを選びなさい。
①無角和種 　　 — 　　 山口県
②褐毛和種 　　 — 　　 東北3県
③日本短角種 　 — 　　 熊本県、高知県
④黒毛和種 　　 — 　　 熊本県、高知県

44 □□□

乳排出に関係するホルモンで、次の説明に対する名称として、最も適切なものを選びなさい。

「ウシを突然驚かせたり、不快感、不安感を与えると副腎髄質から分泌され、乳排出をやめる。」

①アドレナリン
②プロゲステロン
③エストロゲン
④オキシトシン

45 □□□

ウシの妊娠を確認する方法のうち、次の方法は何というか、最も適切なものを選びなさい。

「受精後、次の発情予定日を観察して、再発情がなければ妊娠とみなす」

　①胎盤スリップ法
　②ノンリターン法
　③超音波診断法
　④直腸法

（重要！）設問46〜55は、10問のうち5問を選択して解答して下さい。

6問以上解答した場合は、設問46〜55はすべて不正解となります。

（畜産系）

46 □□□

カウトレーナーの説明として、最も適切なものを選びなさい。
　①個体の頸部を抜けない程度にはさむ器具のこと。
　②追い運動させる時に使用するムチのこと。
　③自動で搾乳する機械のこと。
　④牛床に設置してある、排ふん・排尿姿勢を整える器具のこと。電気が流れている。

47 □□□

次の器具の名称として、適切なものを選びなさい。
　①ティートディップビン
　②ストリップカップ
　③ミルクサンプラー
　④ストローカッター

48 □□□

写真中の矢印が示す部位の名称として、最も適切なものを選びなさい。
①寛
②繋
③き甲
④飛節

49 □□□

ウシの乳房炎の主な原因として、最も適切なものを選びなさい。
①分娩後に濃厚飼料の給与量が多いことや、体力低下が原因。
②乳房の損傷、牛舎の衛生環境の不備、空しぼりなどが原因。
③カンテツが胆管に寄生し、炎症を起こすことが原因。
④胎子の性分化において、雄性が雌性よりやや早く起きることが原因。

50 □□□

写真の機械の名称として、最も適切なものを選びなさい。
①ロールベーラ
②ヘイテッダ
③ヘイレーキ
④モーアコンディショナ

51 □□□

ウシの食性に関する記述として、最も適切なものを選びなさい。
①上あごには鋭い前歯が発達している。
②反すう胃内にいる微生物の働きで、繊維質飼料を利用できる。
③ヒトと同じ単胃動物である。
④雑食性で、濃厚飼料や穀類を中心に給餌する。

52 □□□

次の写真は、家畜飼料給与用にトウモロコシを加熱圧ぺん処理したものである。飼料の分類として、最も適切な組み合わせを選びなさい。
　　①混合飼料　　—　　粗飼料
　　②配合飼料　　—　　濃厚飼料
　　③単味飼料　　—　　濃厚飼料
　　④単味飼料　　—　　特殊飼料

53 □□□

畜産排せつ物の汚水処理法として、最も一般的に利用されているものを選びなさい。
　　①生物膜法
　　②酸化池法
　　③活性汚泥法
　　④開放型撹拌装置

54 □□□

写真のひなの名称として、最も適切なものを選びなさい。
　　①初生びな
　　②小びな
　　③中びな
　　④大びな

55 □□□

均質化処理をしていない牛乳の呼び方として、最も適切なものを選びなさい。
① ノンホモ牛乳
② 普通牛乳
③ ロングライフ牛乳
④ 低温殺菌牛乳

選択科目（食品系）

31 □□□

下記の文の（A）、（B）にあてはまる語句の組み合わせとして、最も適切なものを選びなさい。

「食品製造とは、収穫された農産物・畜産物・水産物をさまざまな手法により（　A　）して消費者へ供給し、それが消費されるまでの過程を（　B　）することである。」

　　　　A　　　　B
①包装　－　認識
②加工　－　管理
③分析　－　調査
④選別　－　記録

32 □□□

食品素材を加工し、そのままでは利用できないものを消費者が利用しやすい形に加工し、利便性の向上を目的としたものとして、最も適切なものを選びなさい。
①精米・製粉
②菓子・清涼飲料
③栄養補助食品
④乾物・塩漬け

33 □□□

食品衛生法の目的として、最も適切なものを選びなさい。
①国民の健康増進の総合的な推進に関して、基本的な事項を定めている。
②商品及び役務の取引に関する不当な景品類及び表示による顧客の誘引を防止する。
③医薬品・医薬部外品・化粧品及び医療機器の品質、有効性及び安全性の確保のために必要な規制を行う。
④食品の安全性の確保のために公衆衛生の見地から必要な規制を講ずる。

34 □□□

炭水化物のうち、単糖が2個結合しているものが二糖類である。このうち、ブドウ糖が2個結合している糖の名称として、正しいものを選びなさい。
①ショ糖
②麦芽糖
③乳糖
④グリコーゲン

35 □□□

製パンにおける砂糖の役割について、最も適切なものを選びなさい。
①酵母の栄養源になって糖化を盛んにする。
②生地の粘弾性をおさえ、安定性を与える。
③パンに柔軟な材質感を与え、デンプンの老化を遅らせる。
④パンの水分蒸発を防ぎ、保存性を高める。

36 □□□

糖蔵食品として、最も適切なものを選びなさい。
①納豆
②塩辛
③マロングラッセ
④かつお節

37 □□□

米が古くなると米粒中のある成分が分解して古米臭を発し、食味も低下する。古米臭の原因となる成分として、最も適切なものを選びなさい。
①炭水化物
②ビタミン
③タンパク質
④脂質

38 □□□

1 gあたり約9 kcalのエネルギーをもち、水に溶けない栄養素として、最も適切なものを選びなさい。
①炭水化物
②脂質
③タンパク質
④ビタミン

39 □□□

健康障害につながる、食品添加物の誤用・乱用、化学物質の混入、食中毒菌の付着、異物の混入などの要因が主に想定される過程として、最も適切なものを選びなさい。
　①生産・生育過程
　②加工・製造過程
　③貯蔵・流通過程
　④容器・包装過程

40 □□□

下記の文の（A）、（B）にあてはまる語句の組み合わせとして、最も適切なものを選びなさい。

「食品を貯蔵するためには、食品の（　A　）の原因を知り、その原因を除く必要がある。さらに適切な貯蔵法を採用するにしても、そこには、食品ごとの特性や一定の（　B　）が存在する。」

　　　A　　　　　B
①蒸発　－　認識
②凍結　－　管理
③組立　－　調査
④変質　－　保存期間

41 □□□

トマトケチャップ製造時、原料の皮をむきやすくし、含まれる酵素を失活させるための処理として、最も適切なものを選びなさい。
　①ブランチング
　②破砕・裏ごし
　③濃縮・調合
　④充てん・殺菌

42 □□□

果実類の特徴として、最も適切なものを選びなさい。
　①果実の緑色色素は、主にカロテノイドやアントシアンである。
　②果実の味覚は、糖酸比によって大きく左右される。
　③成熟した果実の糖類としては、果糖・グリコーゲンが主体である。
　④果実中の主な有機酸は、一般にクエン酸・酪酸である。

43 □□□

　ジャム類を製造する場合、原料をゼリー化する必要がある。ゼリー化に直接関わるものはどれか、次の中から選びなさい。
　　①原料に含まれるリノール酸やリノレン酸などの不飽和脂肪酸
　　②原料に含まれる多糖類の一種であるペクチン
　　③原料に含まれるカルシウムや鉄などの無機質
　　④原料に含まれるパントテン酸や葉酸などの水溶性ビタミン類

44 □□□

　ミカン缶詰の製造に関する記述として、最も適切なものを選びなさい。
　　①原料のミカンは、未熟で果肉が良くしまったものを選ぶ。
　　②ミカンは、氷を入れた冷水に1時間程浸けて、皮を柔らかくしてから剥ぐ。
　　③じょうのうを酢酸液、ついで水酸化カリウム液に浸け、じょうのう膜を溶かす。
　　④缶内に酸素が残存すると、色素やビタミンCを破壊して品質を低下させる。

45 □□□

　まんじゅうには多くの種類があるが、すりおろした山芋の粘りを利用して米粉を練り上げ、その生地であんを包み、蒸し上げたものの名称として、最も適切なものを選びなさい。
　　①小麦まんじゅう
　　② 薯 蕷 まんじゅう
　　③酒まんじゅう
　　④芋まんじゅう

（重要！）設問46〜55は、10問のうち5問を選択して解答して下さい。

6問以上解答した場合は、設問46〜55はすべて不正解となります。

（食品系）

46 □□□

　米・麦・トウモロコシの脱穀・乾燥後の原穀に最も多い成分として、最も適切なものを選びなさい。
　　①炭水化物
　　②脂質
　　③タンパク質
　　④水分

47 □□□

　木綿豆腐の製造において、浸漬したダイズに水を加えながらミキサーで摩砕してできたものの名称として、最も適切なものを選びなさい。
　　①呉
　　②豆乳
　　③おから
　　④ゆば

48 □□□

　外食産業での省力化や調理の簡便化を目的に、生産が増加している野菜の加工品の名称として、最も適切なものを選びなさい。
　　①冷凍野菜
　　②乾燥野菜
　　③カット野菜
　　④漬物

49 ☐☐☐

牛乳中のタンパク質はいろいろな条件で凝固する。ヨーグルト製造に係る条件として、最も適切なものを選びなさい。
①アルコール
②酸
③熱
④酵素

50 ☐☐☐

下記の文の（A）、（B）にあてはまる語句の組み合わせとして、最も適切なものを選びなさい。

「微生物は原料成分を栄養源として、適当な生育条件が整うと増殖を始め、さまざまな（　A　）を生産し、原料に含まれるデンプンやタンパク質を分解したり、分解物の（　B　）や変換などを行う。」

　　　A　　　　B
①細胞　－　生産
②胞子　－　分裂
③菌糸　－　連携
④酵素　－　代謝

51 ☐☐☐

日本で流通している乳および乳製品について、その種類・成分規格、表示・製造・保存方法などを規定しているものは何か、正しいものを選びなさい。
①ＪＡＳ法
②食品衛生法
③乳等省令
④保健機能食品制度

52 ☐☐☐

市販の牛乳の多くは、加工時「均質機」で、目的の成分を細分し、均等な分布状態を作り出す。この目的の成分を選びなさい。
①炭水化物
②タンパク質
③脂質
④無機質

53 □□□

日本で作られるベーコンに一番多く用いられている豚肉の部位として、最も適切なものを選びなさい。
　①ロース
　②ヒレ
　③かた
　④バラ

54 □□□

畜肉加工品の肉色は、硝酸塩や亜硝酸塩などの添加で赤色に変わるが、この色の主因となる物質として、最も適切なものを選びなさい。
　①メトミオグロビン
　②オキシミオグロビン
　③ニトロソミオグロビン
　④ミオグロビン

55 □□□

下記の文の（A）、（B）にあてはまる語句の組み合わせとして、最も適切なものを選びなさい。

「食品工場では、複数の作業者が協力し、高品質で安価な商品を、安全に大量生産することが求められる。その実現のために、個々の作業の方法・（　A　）・条件などをわかりやすく書き出し、作業者が整然と（　B　）できるしくみを作ることが必要である。」

```
      A        B
①危害  －  検査
②動向  －  包装
③管理  －  充てん
④手順  －  行動
```

31 □□□

我が国の「森林面積」についての説明として、最も適切なものを選びなさい。
①現在の我が国の森林面積は、約2,500万 ha である。
②現在の我が国の森林面積のうち、人工林が約70％を占めている。
③約50年前に比べて我が国の森林面積は、大幅に増加している。
④我が国の国土の約１／２（50％）が森林である。

32 □□□

次の（　）に入る語句として、最も適切なものを選びなさい。

「透視図は、描こうとする対象物と水平線の位置や（　　）の設定により平行
透視図、有角透視図などに分けられる。」

①垂線
②消点
③基線
④終点

第
2
回

2018年度

33 □□□

樹木調査で胸高直径が0.5mであったこの樹木の外周の長さとして、最も適切
なものを選びなさい。
①1.57m
②2.57m
③3.07m
④3.14m

34 ☐☐☐

写真の平板測量に用いる道具名として、最も適切なものを選びなさい。
①磁針箱
②測量箱
③求心器
④側針器

35 ☐☐☐

二点A・Bの距離を四人の異なる人が測定し、次のそれぞれの結果をえた。AB間の距離の最確値として、最も適切なものを選びなさい。

35.12m　　35.13m　　35.15m　　35.16m

①35.11m
②35.12m
③35.13m
④35.14m

36 ☐☐☐

水準測量に用いる際に標高の基準となり、国道や県道に沿い1km〜2kmごとに配置されている点として、最も適切なものを選びなさい。
①日本水準原点
②測点
③中間点
④水準点

37 ☐☐☐

次の水準測量の機器の説明として、最も適切なものを選びなさい。

「レベル本体が完全に水平でなくても、視準線を水平に保つことができる。」

①ハンドレベル
②チルチングレベル
③オートレベル
④電子レベル

38 □□□

平板の標定のうち次の記述に該当するものとして、最も適切なものを選びなさい。

「平板上の測線方向と地上の測線方向を一致させること」

①致心
②踏査
③整準
④定位

39 □□□

平板測量の方法において、1か所に平板をすえつけ、方向と距離を測って地形や地物を図上に展開する方法として、最も適切なものを選びなさい。
①道線法
②放射法
③オフセット法
④交会法

40 □□□

製図に用いる線の種類のうち「寸法線」はどの種類の線を使うか、最も適切なものを選びなさい。
①太い実線
②細い実線
③細い破線
④細い一点鎖線

41 □□□

平板を水平にするために用いる器具として、最も適切なものを選びなさい。
①アリダード
②下げ振り
③求心器
④ポール

42 □□□

図の断面記号は何を表しているか、最も適切なものを選びなさい。

　①水
　②砂・モルタル
　③地盤
　④割りぐり

43 □□□

次のうち、落葉樹と常緑樹の組み合わせとして、最も適切なものを選びなさい。

　（落葉樹）　　　　　（常緑樹）
　①カラマツ　　　　　アカマツ
　②コナラ　　　　　　イチョウ
　③ヒノキ　　　　　　トドマツ
　④スギ　　　　　　　クヌギ

44 □□□

　森林の公益的機能の発揮に資する保安林の種類のうち、次の機能を果たす保安林の名称として、最も適切なものを選びなさい。

「河川への流量調整機能を安定化し、洪水、渇水を緩和したり、各種用水の確保をする。」

　①土砂流失防備保安林
　②なだれ防止保安林
　③暴風保安林
　④水源かん養保安林

45 □□□

　森林の所有形態に関する次の記述の名称として、正しいものを選びなさい。

「林野庁が所管しており、日本の森林面積の約3割を占める。」

　①私有林
　②民有林
　③国有林
　④県有林

※環境系の選択者は、造園、農業土木、林業のうち１分野を、選択して下さい（複数分野を選択すると不正解となります）。

（重要！）設問46〜55は、10問のうち５問を選択して解答して下さい。

６問以上解答した場合は、設問46〜55はすべて不正解となります。

（造園）

46 □□□

病気と樹木の関係で、最も適切なものを選びなさい。
　　①赤星病　　　　－　　サクラ
　　②てんぐす病　　－　　サクラ
　　③赤星病　　　　－　　ツバキ
　　④てんぐす病　　－　　ツバキ

47 □□□

次の樹木のうちで生垣に多く用いられているものはどれか、最も適切なものを選びなさい。
　　①ドウダンツツジ
　　②イチョウ
　　③ハナミズキ
　　④クロマツ

48 ☐☐☐

平面測量の整準ねじの回し方で、気泡を右の方向に移動する方法として、最も適切なものを選びなさい。
　①ABともに内側に回す。
　②ABともに外側に回す。
　③Aだけ外側に回す。
　④Bだけ外側に回す。

49 ☐☐☐

次の公園で誘致距離が250mのものについて、最も適切なものを選びなさい。
　①幼児公園
　②街区公園
　③近隣公園
　④地区公園

50 ☐☐☐

製図に用いる尺度で、実物より小さい寸法で描くものとして、最も適切なものを選びなさい。
　①寸尺
　②現尺
　③倍尺
　④縮尺

51 ☐☐☐

茶庭の別な名称について、最も適切なものを選びなさい。
　①六義園
　②露地
　③後楽園
　④緑地

52 □□□

アメリカのニューヨーク市にあるセントラルパークの作られた年代として、最も適切なものを選びなさい。
①1658年
②1758年
③1858年
④1958年

53 □□□

四ツ目垣の平面図で矢印の名称について、最も適切なものを選びなさい。
①立て子（たてこ）
②胴縁（どうぶち）
③間柱（まばしら）
④親柱（おやばしら）

54 □□□

透視図を描くとき矢印の名称について、最も適切なものを選びなさい。
①水平線
②平行線
③水準線
④基準線

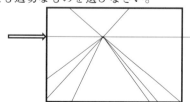

55 □□□

次の石灯籠（とうろう）の部位の名称として、最も適切なものを選びなさい。
　①笠（かさ）
　②火袋（ひぶくろ）
　③竿（さお）
　④基礎（きそ）

選択科目
（環境系）（農業土木）

※環境系の選択者は、造園、農業土木、林業のうち１分野を、選択して下さい（複数分野を選択すると不正解となります）。

（重要！）設問46〜55は、10問のうち５問を選択して解答して下さい。

６問以上解答した場合は、設問46〜55はすべて不正解となります。

（農業土木）

46 □□□

土地改良法の「不良土層排除」についての説明として、最も適切なものを選びなさい。
① 漏水の激しい水田において、転圧により土の間隙を小さくして、浸透を抑制する工法
② 作物の根の伸長や下方からの水分や養分の供給を全く許さない土層など、作物の生産に障害となる土層を対象として、他の場所に集積したり、作土層下に深く埋め込む工法
③ 他の場所からほ場へ土壌を運搬して、農地土層の理化学的性質を改良する工法
④ ほ場の心土に通気性や透水性が著しく劣る土層を持つ場合に、この土層を破砕し膨軟にして、透水性と保水性を高める工法

47 □□□

土地改良工法で、作土が理化学性の劣る土壌で、下層度に肥沃な土層がある場合などに、耕起、混和、反転などを行って、作土の改良を図る工法として、最も適切なものを選びなさい。
① 心土破壊
② 混層耕
③ 床締め
④ 不良土層排除

48

ミティゲーションの原則と事例の組み合わせとして、最も適切なものを選びなさい。
- ①代償　　……多様な生物が生息する湿地を工事区域外に設置する。
- ②最小化　……魚が遡上できる落差工を設置する。
- ③軽減/除去……自然石等による護岸水路を実施する。
- ④回避　　……動植物を一時移植・移動する。

湧水など環境条件がよく繁殖も行われているような生態系拠点は、現況のまま保全するミティゲーションの事例として、最も適切なものはどれか。
- ①最小化
- ②軽減/除去
- ③回避
- ④修正

高さ0.5m幅2.0mの長方形断面の梁に1000Nの力が作用しているときの、D点の断面に生じるせん断応力として、正しいものを選びなさい。
- ①200Pa
- ②800Pa
- ③－200Pa
- ④－800Pa

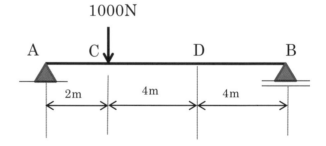

管水路を流量0.02㎥/sの水が流速0.4m/sで充満して流れているときの断面積として、正しいものを選びなさい。
- ①0.008㎡
- ②0.05㎡
- ③8㎡
- ④20㎡

52 □□□

土粒子の種類による粒径の大きさとして、正しいものを選びなさい。
①粘土　＜　砂　　＜　シルト
②砂　　＜　シルト　＜　礫
③粘土　＜　シルト　＜　砂
④礫　　＜　粘土　　＜　シルト

53 □□□

力のつり合いの説明について、正しいものを選びなさい。
①２力の向きは同じ、２力の大きさは同じ、２力は同一直線上に働く。
②２力の向きは同じ、２力の大きさは同じ、２力は平行に働く。
③２力の向きは反対、２力の大きさは同じ、２力は平行に働く。
④２力の向きは反対、２力の大きさは同じ、２力は同一直線上に働く。

54 □□□

　机に置いた物体が静止しているとき、物体が机を押す力と机が物体を押し返す力が発生する。この力の関係として、正しいものを選びなさい。
①力の合成
②パスカルの原理
③ベルヌーイの定理
④作用・反作用の法則

55 □□□

静水圧の説明について、最も適切なものを選びなさい。
①固い棒状のもので、大きなものを少ない力で動かすことができる。または、小さな運動を大きな運動に変える。
②深さ・密度・重力加速度の積に等しい。
③流体の速度が増加すると圧力が下がる。
④流速・流水断面の積に等しい。

※環境系の選択者は、造園、農業土木、林業のうち１分野を、選択して下さい（複数分野を選択すると不正解となります）。

（重要！）設問46〜55は、10問のうち５問を選択して解答して下さい。

６問以上解答した場合は、設問46〜55はすべて不正解となります。

（林業）

46 □□□

我が国の森林の状況についての説明として、最も適切なものを選びなさい。
　①約50年前に比べて、国産材の市場価格は低下した。
　②約50年前に比べて、国産材の自給率は上昇した。
　③スギ、ヒノキなどの人工林は、戦前から植栽されたものが大部分を占める。
　④木材輸入の自由化はまだされていない。

47 □□□

森林の公益的機能のうち「水源かん養機能」の説明として、最も適切なものを選びなさい。
　①大気中の二酸化炭素を吸収・固定する。
　②水質を浄化する。
　③水辺の環境が整備される。
　④雨を土壌に貯える。

48 □□□

　気候による植生の違いに関する次の記述に該当するものとして、最も適切なものを選びなさい。

　「南北に長い日本列島では、気温によって森林が変化する」

　　①水平分布
　　②垂直分布
　　③一次遷移
　　④二次遷移

49 □□□

　「自然林」の説明として、最も適切なものを選びなさい。
　　①自然に親しむために植栽された森林
　　②植林や伐採を繰り返し、木材を生産するための森林
　　③人間活動の影響をほとんど受けない森林
　　④自然保護活動のため整備された森林

50 □□□

　森林の更新と保育の作業順序として、最も適切なものを選びなさい。
　　①地ごしらえ　→　植え付け　→　下刈り　→　除伐
　　②除伐　→　植え付け　→　下刈り　→　地ごしらえ
　　③地ごしらえ　→　下刈り　→　植え付け　→　除伐
　　④植え付け　→　下刈り　→　地ごしらえ　→　除伐

51 □□□

　「間伐」の効用として、最も適切なものを選びなさい。
　　①林木間の競争を緩和し樹木の成長を促す
　　②無節の材を生産する
　　③雑草木を除去する
　　④林分内の樹木を全て伐採し、森林を更新する

52 □□□

次の図の「高性能林業機械」の名称とこの機械を使用した作業の組み合わせとして、正しいものを選びなさい。
①フォワーダ　　　－　集材
②タワーヤーダ　　－　造材
③プロセッサ　　　－　造材
④ハーベスタ　　　－　集材

53 □□□

傾斜地における伐採方向として、無難な方向は傾斜に向かってどの方向か、最も適切なものを選びなさい。
①上向き
②下向き
③斜め上向き
④横向き

54 □□□

次の写真の測定器具の名称と測定部位の組み合わせとして、正しいものを選びなさい。
①測竿（そっかん）　　　　　　－　樹高
②ブルーメライス　　－　樹高
③測竿（そっかん）　　　　　　－　胸高直径
④ブルーメライス　　－　胸高直径

55 □□□

木材（丸太）の材積測定方法のうち「末口自乗法（末口二乗法）」の説明として、最も適切なものを選びなさい。
①中央断面積に丸太の長さをかけて求める。
②末口直径の二乗に丸太の長さをかけて求める。
③末口面積を2倍にして丸太の長さをかけて求める。
④末口直径を2倍にして丸太の長さをかけて求める。

2017年度　第1回（7月15日実施）

日本農業技術検定　3級　試験問題

◎受験にあたっては、試験官の指示に従ってください。
　指示があるまで、問題用紙をめくらないでください。
◎受験者氏名、受験番号、選択科目の記入を忘れないでください。
◎問題は全部で50問あります。1～30が農業基礎、31～55が選択科目です。選択科目のうち46～55は、10問のなかから5問を選択して解答して下さい。（6問以上解答した場合は、46～55は全て不正解となります）。
◎選択科目は4科目のなかから1科目だけ選び、解答用紙に選択した科目をマークしてください。選択科目のマークが未記入の場合には、得点となりません。
　環境系の46～55は造園、農業土木、林業から更に1つ選んで下さい。
　選択科目のマークが未記入の場合には、得点となりません。
◎すべての問題において正答は1つです。1つだけマークしてください。
　2つ以上マークした場合には、得点となりません。
◎試験時間は40分です（名前や受験番号の記入時間を除く）。

【選択科目】

栽培系	p.204～210
畜産系	p.211～218
食品系	p.219～225
環境系	p.226～241

解答一覧は、「解答・解説編」（別冊）の2ページにあります。

日付			
点数			

農業基礎

1 □□□

土の表面を平らにしたり、うねの形を整えたり、土の塊を砕いたり、草を集めるために使用する用具として、最も適切なものを選びなさい。

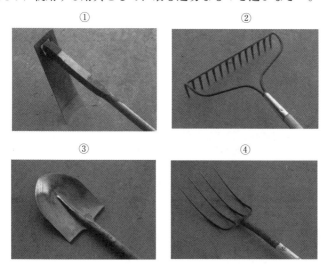

①

②

③

④

2 □□□

一般的に苗の増殖を栄養繁殖で行う野菜として、最も適するものを選びなさい。
①キュウリ
②イチゴ
③トマト
④スイカ

3 □□□

緑色植物が光合成を行うための必要な条件の組み合わせとして、最も適切なものを選びなさい。
　①水・光・酸素
　②水・光・二酸化炭素
　③光・温度・酸素
　④光・温度・二酸化炭素

4 □□□

植物の栄養成長から生殖成長に移るために起こる現象についての説明として、最も適切なものを選びなさい。
　①一定の大きさまで成長すると開花する植物を高温植物という。
　②一定の時間より日長時間が短くなると開花する植物を短日植物という。
　③一定の時間より日長時間が長くなると開花する植物を感光植物という。
　④植物が低温にあうと花芽が分化する現象を冷化という。

5 □□□

作物の食用部分について、最も適切なものを選びなさい。
　①トウモロコシ（子実用）の主要食用部分は種子の胚乳である。
　②サツマイモの食用部分は塊茎である。
　③ジャガイモの食用部分は塊根である。
　④ダイズ（子実用）の食用部分は種子の胚乳である。

6 □□□

ニワトリの品種として、最も適切なものを選びなさい。
　①ブラウンスイス種
　②ロードアイランドレッド種
　③ガーンジー種
　④ジャージー種

7 □□□

ふ化した時のニワトリのひなの一般的な体重として、最も適切なものを選びなさい。
　①60 g
　②20 g
　③40 g
　④80 g

ウシやヒツジなどの反すう動物の牧草の消化に関する記述として、最も適切なものを選びなさい。
　①第1胃に棲息する微生物が関係している。
　②第1胃から牧草を消化する消化液が分泌される。
　③第1胃から牧草を消化する酵素が分泌される。
　④第1胃には牧草を粉砕する強力な撹拌作用がある。

9 □□□

ウシ・ブタの妊娠期間の組み合わせとして、適切なものを選びなさい。
　　　ウシ　　　　ブタ
　①114日　　　 335日
　②335日　　　 114日
　③114日　　　 280日
　④280日　　　 114日

10 □□□

下図は、ある作物の栽培北限を示したものである。この作物の種類として、最も適切なものを選びなさい。
　①ウンシュウミカン
　②サツマイモ
　③イネ
　④サトウキビ

栽培の北限

11 □□□

植物は葉で光合成をおこなっているが、光合成のために葉の裏側にある気孔から取り込まれるものとして、最も適切なものを選びなさい。
　①水
　②窒素
　③酸素
　④二酸化炭素

12 □□□

冷害の説明として、最も適切なものを選びなさい。
　①夏季の気温が異常に低く、収量が減ってしまう災害
　②春や秋の夜間に気温が急に低下し、作物の組織が枯死したり、生理障害をおこす災害
　③洪水や土の流亡などで耕地と作物を破壊するほかに、作物を水浸しにする災害
　④異常寒波によって果樹や野菜などが損傷を受けたり凍死する災害

13 □□□

草花の栄養繁殖に関する説明として、最も適切なものを選びなさい。
　①球根類で行う繁殖方法として、取り木やつぎ木が適する。
　②栄養繁殖にはさし木やさし芽などの方法があるが、親と同じ性質が引き継がれるとは限らない。
　③りん片繁殖とは、花木類の根のりん片を湿ったピートモスに挿しておく方法である。
　④株分けができる宿根性の草花には「キク」がある。

14 □□□

腐植（土壌有機物）のはたらきとして、最も適切なものを選びなさい。
　①肥料の三要素の補給
　②固相を増加させる
　③土の団粒化を促進する
　④土中の微生物を減少させる

15 ▢▢▢

A肥料（肥料成分：12－6－4）250kg には、窒素成分が何 kg 含まれているか適切なものを選びなさい。
① 1.5kg
② 3 kg
③ 10kg
④ 30kg

16 ▢▢▢

土壌の酸性を矯正する資材として、最も適切なものを選びなさい。
① ピートモス
② 苦土石灰
③ 塩化カリ
④ 腐葉土

17 ▢▢▢

有機質肥料の説明として、最も適切なものを選びなさい。
① 三要素を含んでいない。
② 速効性肥料として利用できる。
③ 三要素のほかに微量要素やアミノ酸を含んでいる。
④ 微量要素を含んでいない。

18 ▢▢▢

写真の水田雑草として、最も適切なものを選びなさい。
① タマガヤツリ
② ツユクサ
③ オシヒバ
④ スギナ

19 □□□

　次の写真は，コヒルガオ（ヒルガオ科）である。草型として、最も適切なもの
を選びなさい。
　　①直立型
　　②そう生型
　　③つる型
　　④分枝型

20 □□□

　アブラムシ類の害として、最も適切なものを選びなさい。
　　①葉や新芽、つぼみなどの軟らかい部位を食害する。
　　②茎の中に侵入して、芯の部分を食害する。
　　③殻を作り葉に寄生し、すす病を媒介する。
　　④葉や茎の汁を吸い、病気を媒介することもある。

21 □□□

　キュウリのおもな病気として、最も適切なものを選びなさい。
　　①軟腐病
　　②べと病
　　③赤星病
　　④黒星病

22 □□□

　以下の加工食品の記述の中で、最も適切なものを選びなさい。
　　①菓子類は、和菓子・洋菓子の2種類に大別される。
　　②嗜好飲料とは、酒類以外のソフトドリンク・コーヒー・茶などである。
　　③香辛料には、砂糖・食塩・食酢の他、うまみ調味料もこれに含まれる。
　　④食用油脂は、植物油脂類・動物油脂類・加工油脂に大別される。

バイオ燃料は様々な作物を原料とすることができる。次のうち、バイオエタノール製造の原料として、最も適切なものを選びなさい。
　①イネ
　②ダイズ
　③ジャガイモ
　④トウモロコシ

24 □□□

この食材の発芽部分に含まれる有害物質として、最も適切なものを選びなさい。
　①ソラニン
　②テトロドトキシン
　③ムスカリン
　④アコニチン

25 □□□

建物の当期の減価償却費を、税法の規定による方法で計算しなさい。

種　類	内　容	取得原価	耐用年数	償却方法
農機具	田植機	500,000円	7年	定額法

　①71,500円
　②40,898円
　③214,000円
　④30,602円

26 □□□

　農家や法人組織を合わせた農業経営体数は大きく減少しているが、平成27年ではどの位か、最も適切なものを選びなさい。
　　①400万
　　②300万
　　③250万
　　④130万

27 □□□

　我が国の「供給熱量ベース」の食料自給率は39％であるが、「生産額ベース」の食料自給率は何％か。最も適切なものを選びなさい。
　　①64％
　　②35％
　　③24％
　　④18％

28 □□□

　植物群落の遷移に関する記述として、最も適切なものを選びなさい。
　　①時間とともに構成する植物の種類などが交代していくことを遷移という。
　　②土壌が形成されていない場所から始まる遷移を極相という。
　　③すでに発達した植生が破壊されて始まる遷移を一次遷移という。
　　④遷移の最終段階を二次遷移という。

29 □□□

　園芸活動や鑑賞・調理・加工などの活動を通して、心身を癒そうとする手法を何というか、最も適切なものを選びなさい。
　　①園芸療法
　　②動物介在療法
　　③スローフード運動
　　④地産地消運動

30 □□□

　市民農園に関する記述として、最も適切なものを選びなさい。
　　①観光客などを対象とした、収穫体験や農産物の直接販売などを行なう農園
　　②都市住民などが小規模な農地を借りて、花や野菜などの栽培を楽しむ農園
　　③地元でとれた農産物などを、生産者が消費者に直接販売する施設
　　④各地の主要道沿いにある休憩機能や情報発信機能を備えた施設

31 □□□

　たねもみの構造を示した次の図で胚を示す部分として、正しいものを選びなさい。

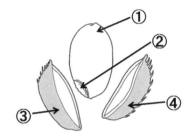

32 □□□

　両性花として、正しいものを選びなさい。
　　①スイートコーン
　　②カボチャ
　　③トマト
　　④キュウリ

33 □□□

　イネの最高分げつ期茎数が35本で、有効茎（有効分げつ数＋主桿数）28本だった時の有効茎歩合として、正しいものを選びなさい。
　　①60％
　　②80％
　　③100％
　　④120％

34 □□□

植物分類でイチゴが属する科として、正しいものを選びなさい。
　①ウリ科
　②ナス科
　③キク科
　④バラ科

35 □□□

未成熟果を利用する野菜として、最も適切なものを選びなさい。
　①キュウリ
　②スイカ
　③トマト
　④イチゴ

36 □□□

トマトのしり腐れ果の発生原因として、最も適切なものを選びなさい。
　①窒素肥料の過剰施肥などによりカルシウムの吸収がおさえられたときに発
　　生する。
　②高温や低温のため受粉が不良となり、種子が十分にできないことが原因で
　　ある。
　③日照や肥料不足で発生する。
　④花芽分化期に生育がおう盛で、低温が続くと発生しやすい。

37 □□□

キュウリのおもな病気として、最も適切なものを選びなさい。
　①軟腐病
　②べと病
　③赤星病
　④黒星病

38 □□□

次のサツマイモ苗の植え方の名称として、正しいものを選びなさい。
①斜め植え
②直立植え
③水平植え
④舟底植え

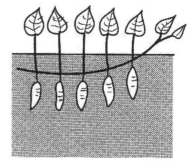

39 □□□

短日植物として、最も適切なものを選びなさい。
①スイートピー
②キク
③カーネーション
④パンジー

40 □□□

球根植物として、最も適切なものを選びなさい。
①ガーベラ
②アジサイ
③スイセン
④ペチュニア

41 □□□

耐寒性のある草花として、最も適切なものを選びなさい。
①サルビア
②パンジー
③ベゴニアセンパフローレンス
④アサガオ

42 ☐☐☐

草花の園芸的分類の組み合わせとして、最も適切なものを選びなさい。
①一年草　　　　　　シクラメン
②宿根草　　　　　　バラ
③球根類　　　　　　ダリア
④多肉・サボテン類　カトレア

43 ☐☐☐

写真はウンシュウミカンの園地である。写真のような雑草を除去する土壌管理法の名称として、最も適切なものを選びなさい。
①草生法
②清耕法
③根域制限栽培
④マルチング栽培（マルチ栽培）

44 ☐☐☐

下の図は開心自然形の樹形を示したものである。図中のAの枝の名称として、最も適切なものを選びなさい。
①主枝
②主幹
③側枝
④徒長枝

次の表の果樹として最も適切なものを選びなさい。

県名	栽培面積（ha）	生産量（t）
和歌山	7,280	160,200
愛媛	6,000	120,600
静岡	5,320	101,200
熊本	4,990	74,800
長崎	3,110	53,500
全国	42,200	777,800

平成27年産果樹生産出荷統計（農林水産省）

①リンゴ
②ウンシュウミカン
③ナシ
④ブドウ

（重要！）設問46〜55は、10問のうち5問を選択して解答して下さい。

6問以上解答した場合は、設問46〜55は全て不正解となります。

（栽培系）

46 □□□

作物の受粉方法のうち、他家受粉として、最も適切なものを選びなさい。
①イネ
②トウモロコシ
③ダイズ
④コムギ

47 □□□

イネの収穫時期について、最も適切なものを選びなさい。
①収穫時期は穂に付いたもみがほぼ70％が黄色になった時期。
②収穫時期は概ね出穂後の日数や出穂後の日平均積算温度で推定できる。
③収穫が早いと未熟もみが増えるが、品質の低下はない。
④収穫が遅いと玄米水分が低下し、品質の低下はない。

48 □□□

キュウリをカボチャ台木につぎ木する目的として、最も適切なものを選びなさい。
①うどんこ病の発生を防ぐため。
②炭そ病の発生を防ぐため。
③つる割れ病の発生を防ぐため。
④害虫の発生を防ぐため。

49 □□□

スイカの原産地として、最も適切なものを選びなさい。
①中央アメリカ、南アメリカ
②インドのヒマラヤ山麓
③中国北部
④アフリカの赤道地帯

50 □□□

四季咲き性をもつ草花として、最も適切なものを選びなさい。
①ツバキ
②ユリ
③ベゴニア・センパフローレンス
④キンセンカ

51 □□□

二年生植物として、最も適切なものを選びなさい。
①パンジー
②カンパニュラ
③スイセン
④カーネーション

52 □□□

ウンシュウミカン栽培の地表に敷く「透湿性マルチ」の説明として、最も適切なものを選びなさい。
①雨は通さないが、地表面からの湿気は通すため、土が乾いた状態になる。
②雨は通し、湿気は通さないため、土が適湿状態に保たれる。
③雨は通し、湿気は通さないため、土が過湿状態で保たれる。
④雨、湿気とも通すため、土壌状態が常に変化をする。

写真の果樹名として、最も適するものを選びなさい。

①リンゴ
②ウメ
③カキ
④カンキツ類

写真の農業機械の名称として、最も適切なものを選びなさい。

①トラクタ
②コンバイン
③田植機
④野菜移植機

写真の砕土をするための農業機械の名称として、最も適切なものを選びなさい。

①ロータリ
②すき
③プラウ
④ディスクハロー

31 □□□

ニワトリの品種についての記述として、最も適切なものを選びなさい。
　①横はんプリマスロック種は、アメリカ原産の卵肉兼用種である。
　②白色コーニッシュ種は、イタリア原産の肉用種である。
　③白色レグホーン種は、イギリス原産の卵用種である。
　④白色プリマスロック種は、イギリス原産の卵肉兼用種である。

32 □□□

細かい石（グリット）があるニワトリの消化器はどれか、最も適切なものを選びなさい。
　①そのう
　②筋胃
　③胆のう
　④腺胃

33 □□□

写真のひなの名称として、最も適切なものを選びなさい。
　①初生びな
　②小びな
　③中びな
　④大びな

34 □□□

ニワトリの尻つつきを予防する方法として、最も適切なものを選びなさい。
　①飼料を給与量1.5倍に増やす。
　②雌雄を分けて飼育する。
　③飼育密度を広げて飼育する。
　④照明を24時間消さないようにする。

35 □□□

ニワトリの照明管理に関する記述として、最も適切なものを選びなさい。
　①育成鶏では日長時間が長いと性成熟が早くなる。
　②産卵鶏では日長時間が長くなると産卵機能が低下する。
　③ウィンドウレス鶏舎では、常時点灯する。
　④ニワトリの産卵は日長に影響されることはなく、温度に影響される。

36 □□□

卵の品質に関する記述として、最も適切なものを選びなさい。
　①卵の品質には湿度が影響するが、温度は影響しない。
　②卵殻表面は細菌が繁殖する事があるが、卵の内部にまで細菌が入り込む事
　　はない。
　③時間の経過とともに、卵白は水溶化する。
　④時間の経過とともに、卵黄の水分が卵白に移行し、卵黄は収縮する。

37 □□□

ニワトリのふ化についての記述として、最も適切なものを選びなさい。
　①ひなは破殻歯で卵殻を破ってふ化する。
　②ふ化に適した温度は約42.5℃である。
　③卵を転がす動作を検卵という。
　④ふ化時は無毛で、その後毛が生える。

38 □□□

ブロイラーに関する記述として、最も適切なものを選びなさい。
　①出荷期間が短いので、通常出荷まで1種類の飼料で育成する。
　②出荷までの期間は短いが、3種類程度の飼料で育成する。
　③出荷期間が短いため、抗生物質や抗菌剤は一切使用できない。
　④多数飼育するため、抗生物質などの添加剤は出荷まで添加する。

39 ☐☐☐

ニワトリの家畜法定伝染病として、最も適切なものを選びなさい。
　①高病原性鳥インフルエンザ
　②鶏痘
　③伝染性気管支炎
　④マレック病

40 ☐☐☐

山口県萩市を中心とした地域で、黒毛和種の在来種にスコットランドから導入された品種を交配した和牛品種として、最も適切なものを選びなさい。
　①褐毛和種
　②無角和種
　③日本短角和種
　④ヘレフォード和種

41 ☐☐☐

肥育豚が生まれてから出荷するまでの期間として、最も適切なものを選びなさい。
　①3か月間
　②6か月間
　③9か月間
　④12か月間

42 ☐☐☐

ウシの乾乳に関する記述として、最も適切なものを選びなさい。
　①高泌乳牛は乾乳期を作らなくてもよい。
　②乾乳期は次の乳期に備えるため、乳生産に欠かせないカルシウムを多量に給与する。
　③乾乳期間の長さは1.5～2ヶ月が推奨されている。
　④乾乳期は泌乳していないため、乳房炎に注意する必要はない。

43 ☐☐☐

一般的なブタの乳頭数として、最も適切なものを選びなさい。
　①2～4
　②6～8
　③8～10
　④12～14

44 □□□

ブタの品種と原産地の組み合わせとして、最も適切なものを選びなさい。

	A	B
①デュロック種		イギリス
②ランドレース種		デンマーク
③大ヨークシャー種		アメリカ
④バークシャー種		アメリカ

45 □□□

ほ乳子豚の管理についての記述として、最も適切なものを選びなさい。
　①子豚は出生時に体内に多くの脂肪をため込んでおり、寒さには強いが、保温をした方が望ましい。
　②子豚は移行抗体を体内に十分持っているため、初乳は必ずしも飲ませなくてよい。
　③ほ乳子豚の成長が早い事と、母乳に鉄含有量が少ない事から、鉄剤を給与する。
　④ほ乳中の子豚は、母豚からの乳を飲んでいるため、軟便や下痢をする事はない。

（畜産系）

46 □□□

写真にある矢印の器具名称として、正しいものを選びなさい。

＊拡大写真

①スタンチョン
②タイストール
③カウトレーナー
④バーンクリーナー

47 □□□

乳牛の出産で雌雄の胎子が共存するときに、雌の生殖器に異常をきたすことが多い症状として、最も適切なものを選びなさい。
①カンテツ症
②ケトーシス
③乳房炎
④フリーマーチン

48 □□□

搾乳の最後にディッピングを行う理由として、最も適切なものを選びなさい。
①次の搾乳時の牛乳の味を良くする。
②乳房炎を防止する。
③ストレスを減少させ、リラックスさせる。
④刺激によりオキシトシンの分泌を増加させる。

49 □□□

写真中の矢印が示す測定部位の名称として、最も適切なものを選びなさい。
①体長
②体高
③胸深
④胸囲

50 □□□

良い堆肥を作る条件の組み合わせとして、最も適切なものを選びなさい。
①微生物・有機物・酸素
②酸素・有機物・二酸化炭素
③二酸化炭素・有機物・窒素
④窒素・有機物・微生物

51 □□□

家畜の個体識別に使用する器具として、最も適切なものを選びなさい。
①去勢器
②耳刻器
③デビーカー
④キャリパー

写真の飼料作物の名称として、最も適切なものを選びなさい。

①チモシー
②ルーサン
③イタリアンライグラス
④オーチャードグラス

豚舎における写真の器具の用途として、最も適切なものを選びなさい。
①人工授精
②削蹄
③給水器
④去勢

54 □□□

写真のサイロの名称として、最も適切なものを選びなさい。
  ①タワーサイロ
  ②スタックサイロ
  ③バンカーサイロ
  ④トレンチサイロ

55 □□□

飼育羽数500羽の産卵鶏が、1日で275個の産卵をした。この時の産卵率として、正しいものを選びなさい。
  ①45％
  ②50％
  ③55％
  ④60％

選択科目（食品系）

31 □□□

　魚・肉・大豆・乳に多く含まれ、多数のアミノ酸で構成されている栄養素として、最も適切なものを選びなさい。
　　①炭水化物
　　②タンパク質
　　③脂質
　　④無機質

32 □□□

　写真の機械と合致する内容として、最も適切なもの選びなさい。
　　①缶詰製造時、脱気と密封を同時に行う。
　　②ジャム製造時、攪拌しながら濃縮する。
　　③果汁や牛乳を15～20秒、95℃以内で殺菌し、冷却も行う。
　　④缶詰や袋詰加熱食品を加圧状態において、100℃以上で滅菌する。

33 □□□

日本に分布する主な寄生虫の感染経路として、最も適切なものを選びなさい。
①回虫の感染経路は牛肉の生食である。
②アニサキスの感染経路はイカ・サバの生食である。
③サナダムシの感染経路は野菜の生食である。
④肺吸虫の感染経路はマス・サケの生食である。

34 □□□

細菌性食中毒のうち、毒素型食中毒の原因となる細菌として、正しいものを選びなさい。
①ボツリヌス菌
②サルモネラ
③大腸菌
④腸炎ビブリオ

35 □□□

食品包装に用いる金属容器のTFS缶の説明として、最も適切なものを選びなさい。
①薄い鋼板にスズメッキを施したもの。
②酸化クロム被膜を施したもの。
③アルミニウムを使用したもの。
④ステンレスを使用したもの。

36 □□□

もみがらを除いただけで、胚芽やぬか層がついている米の名称として、最も適切なものを選びなさい。
①玄米
②胚芽精米
③精米
④無洗米

37 □□□

うどん製造の説明として、最も適切なものを選びなさい。
①小麦粉は、グルテン含量の多い強力粉を用いる。
②食塩を加える目的は、味をまろやかにするためである。
③生地を薄くのばしたものを、めん帯という。
④固体と少量の液体をこね合わせる操作を圧延という。

38 □□□

麹と酵母の働きを利用して小麦粉の生地を膨らませ、中にあんを入れたまんじゅうとして、最も適切なものを選びなさい。
①小麦まんじゅう
②薯蕷まんじゅう
③酒まんじゅう
④茶まんじゅう

39 □□□

写真の機器の名称として、正しいものを選びなさい。
①自動製麹機
②王冠打栓機
③スタッファー
④たて型ミキサー

40 □□□

大豆の加工品のうち、豆乳を75～85℃に温めておき、表面に凝固してできた膜を筒に巻き付けて製造するものとして、最も適切なものを選びなさい。
①油揚げ
②がんもどき
③凍み豆腐
④ゆば

2017年度 第1回

41 □□□

ロースハム製造において、くん煙の役割として、最も適切なものを選びなさい。
①肉の保水性と結着性の向上
②過剰な塩分・香辛料の除去
③保存性と風味の向上
④弾力性の向上と肉食の固定化

42 □□□

牛乳の鮮度を調べるために用いられる薬品として、最も適切なものを選びなさい。
①メチルアルコール
②エチルアルコール
③アセトアルデヒド
④酢酸

43 □□□

牛乳の低温殺菌の条件として、最も適切なものを選びなさい。
① 62〜 65℃、30分
② 72〜 75℃、1分
③130〜135℃、2〜3秒
④100〜101℃、5秒

44 □□□

マヨネーズ製造工程で排出される卵殻の処理と再資源化で製造されるものとして、最も適切なものを選びなさい。
①きのこ培地
②チョーク原料
③再生紙原料
④固形燃料

45 □□□

食品製造の現場では、つねに整理・整とん・清潔・清掃・しつけを心がけなければならない。この取り組みのことを何というか、最も適切なものを選びなさい。
① ISO
② HACCP
③ TPM 活動
④ 5 S 活動

（重要！）設問46〜55は、10問のうち5問を選択して解答して下さい。

6問以上解答した場合は、設問46〜55は全て不正解となります。

46 □□□

次の文章の（　A　）〜（　C　）に当てはまる最も適切な組み合わせを選びなさい。

「米が古くなると米粒中の（　A　）が分解して、生成した（　B　）の（　C　）によって古米臭を発し、食味も低下する。」

	A	B	C
①	脂質	脂肪酸	酸化分解
②	タンパク質	アミノ酸	結合
③	デンプン	ブドウ糖	重合反応
④	ビタミンE	グリセリン	酸化

47 □□□

植物の細胞膜の軟化や酵素の失活を目的に熱湯や水蒸気で、野菜や果物を加熱処理することが良く行われる。これをなんと呼ぶか、最も適切なものを選びなさい。
① ワーキング
② チャーニング
③ ブランチング
④ エージング

48 □□□

いも類及びいも加工品で水分を最も多く含むものとして、最も適切なものを選びなさい。
① 板こんにゃく
② 生ジャガイモ
③ 生サツマイモ
④ 切り干しいも

49 □□□

果実飲料を製造する上で注意すべき点として、最も適切なものを選びなさい。
①果汁は、味よりも香り・色素が高く評価されるので、貯蔵は常温で良い。
②果汁の脱気の目的の一つは窒素ガスを残すことにある。
③製造途中でpHを測定したところ6.0であったので、殺菌を行わない。
④果汁の味わいとして、原料中の糖酸比は重要である。

50 □□□

ジャム類のうち、プレザーブスタイルの特徴として、最も適切なものを選びなさい。
①2種類以上の果実を混合している。
②果実の原形を維持している。
③かんきつ類の果皮切片を分散させている。
④透明な果汁をゲル化させている。

51 □□□

ミカン缶詰製造において、じょうのうを溶解するために使用する薬品として、最も適切なものを選びなさい。
①グルタミン酸・イノシン酸
②食塩・硝酸カリウム
③ミョウバン・次亜塩素酸ナトリウム
④塩酸・水酸化ナトリウム

52 □□□

次の写真の器具は何を測定するために使用されますか。最も適切なものを選びなさい。
①牛乳の比重
②牛乳の乳脂肪量
③牛乳の酸度
④牛乳の鮮度

53 □□□

ブルーチーズを製造する際に用いられるかびとして、最も適切なものを選びなさい。
　①けかび
　②青かび
　③黒かび
　④こうじかび

54 □□□

みその一般的な製造として、最も適切なものを選びなさい。
　①調整工程 → 原料処理工程 → 製麹工程 → 仕込み・発酵・熟成工程
　②原料処理工程 → 製麹工程 → 仕込み・発酵・熟成工程 → 調整工程
　③仕込み・発酵・熟成工程 → 原料処理工程 → 製麹工程 → 調整工程
　④製麹工程 → 原料処理工程 → 仕込み・発酵・熟成工程 → 調整工程

55 □□□

ビールの製造法において、空欄（A）に当てはまる最も適切なものを選びなさい。

　①おり引き
　②もろみ
　③分解
　④糖化

31 ☐☐☐

平板測量に用いられる平板の大きさとして、最も適切なものを選びなさい。
- ①40cm×40cm
- ②40cm×50cm
- ③50cm×50cm
- ④60cm×60cm

32 ☐☐☐

日本の森林面積の約6割を占めているものとして、最も適切なものを選びなさい。
- ①私有林
- ②国有林
- ③都道府県有林
- ④市町村有林

33 ☐☐☐

図面に用いられる次の文字の書体の名称として、正しいものを選びなさい。
- ①ゴシック体
- ②明朝（みんちょう）体
- ③楷書（かいしょ）体
- ④行書体

34 □□□

　樹木調査で胸高の外周が6.28mであった。この樹木の胸高直径とし　て、最も適切なものを選びなさい。
　　①1.2m
　　②1.5m
　　③2.0m
　　④2.5m

35 □□□

　次の鉛筆の芯（しん）の硬さや濃さを示すもので、一番硬くて薄いものを選びなさい。
　　①3 H
　　②2 H
　　③2 B
　　④3 B

36 □□□

　次のうち、常緑樹と落葉樹の組み合わせとして、最も適切なものを選びなさい。
　　（常緑樹）　　　　（落葉樹）
　　①スギ　　　　　　アカマツ
　　②イチョウ　　　　コナラ
　　③ヒノキ　　　　　クヌギ
　　④イロハカエデ　　クロマツ

37 □□□

写真の2種類の樹種の組合せとして、正しいものを選びなさい。
　①カラマツ・スギ
　②アカマツ・スギ
　③カラマツ・コナラ
　④アカマツ・コナラ

38 □□□

「スギ」の用途として、最も適切なものを選びなさい。
　①柱などの建築用
　②タンスなどの家具用
　③シイタケなどのきのこ原木用
　④和紙などの紙の原料

39 □□□

「下刈り」の効用として、最も適切なものを選びなさい。
　①林木間の競争を緩和し、残存木の成長を促す。
　②雑草木を取り除き、幼木の成長を促す。
　③雪解け後に倒れた幼木を起こす。
　④無節の通直・完満な材を生産する。

40 □□□

写真の機械の名称として、正しいものを選びなさい。
　　①刈払機
　　②チェーンソー
　　③輪尺
　　④測竿

41 □□□

　平板測量において、次の図のような形の微小な三角形ができた。直線距離が測れない場合に複数側点から方向線を引き測定する測量方法として、最も適切なものを選びなさい。
　　①道線法
　　②放射法
　　③交会法
　　④スタジア法

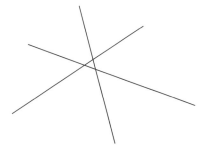

42 □□□

「チルチングレベル」に関する説明として、最も適切なものを選びなさい。
　　①円形気ほう管により器械をほぼ水平にすると、自動的に視準線が水平になる。
　　②感度の高い棒状気ほう管によって器械をほぼ水平にし、微傾動ネジで視準線を水平にする。
　　③望遠鏡でバーコード標尺の数値を読み取り、その数値をデジタル表示する。
　　④三脚を使わずに、手で水平にして使う。

第1回 2017年度

43 □□□

次の写真の製図用具の名称として、正しいものを選びなさい。
① 雲形定規
② しない定規
③ 自在曲線定規
④ テンプレート

44 □□□

次の写真の製図用具の名称として、正しいものを選びなさい。
① ディバイダ
② スプリングコンパス
③ 中コンパス
④ 比例コンパス

45 □□□

製図における線のなかで「細い実線」の用法として、最も適切なものを選びなさい。
① 基準線
② ピッチ線
③ かくれ線
④ 寸法線

選択科目
（環境系）（造園）

※環境系の選択者は、造園、農業土木、林業のうち１分野を、選択して下さい。
（複数分野を選択すると不正解となります）

（重要！）設問46〜55は、10問のうち５問を選択して解答して下さい。

６問以上解答した場合は、設問46〜55は全て不正解となります。

（造園）

46 □□□

次の四つ目垣の柱の名称について、最も適切なものを選びなさい。
①芯柱
②親柱
③胴柱
④間柱

47 □□□

次の庭園様式の説明で、最も適切なものを選びなさい。
①寝殿造り庭園　　　池のある広い庭園。
②平面幾何学式庭園　歩きながら移り変わる景観を鑑賞する。
③枯山水式庭園　　　大名庭園ともいう広い庭園。
④茶庭　　　　　　　茶室に至る道程の庭。

次の図面として、最も適切なものを選びなさい。
①立面図
②平面図
③透視図
④詳細図

アメリカのニューヨーク市にあるセントラルパークの庭園様式として、最も適切なものを選びなさい。
①枯山水式庭園
②フランス平面幾何学式庭園
③イタリア露壇式庭園
④イギリス風景式庭園

次の写真の灯籠の名称として、最も適切なものを選びなさい。
①織部型灯籠
②春日型灯籠
③雪見型灯籠
④平等院型灯籠

51 □□□

次の写真の樹木の名称として、正しいものを選びなさい。
①イヌツゲ
②コナラ
③スギ
④ハナミズキ

52 □□□

製図における線の中で「太い実線」の用途として、最も適切なものを選びなさい。
①寸法を記入するのに用いる。
②図形の中心を表すのに用いる。
③対象物の見えない部分の形状を表すのに用いる。
④対象物の見える部分の形状を表すのに用いる。

53 □□□

アメリカで1872年に世界初の国立公園として制定されたのはどれか、正しいものを選びなさい。
①グランドキャニオン
②ヨセミテ
③ロッキーマウンテン
④イエローストーン

54 □□□

造園樹木の繁殖方法の説明として、最も適切なものを選びなさい。
①実生　　　生育している植物を分割して増殖する方法。
②取り木　　バイオテクノロジーの技術を用いて大量生産する方法。
③さし木　　同一品種を増やすような場合に一般的な方法。
④株分け　　母樹から切り離さずに発根させる方法。

55 □□□

街区公園の説明で次の（ ）に適する語句として、正しいものを選びなさい。

「主として街区内に居住する者の利用に供することを目的とする公園で、
（　　　　　　）250mの範囲内で配置する」

①誘致面積
②走行距離
③誘致距離
④全体規模

※環境系の選択者は、造園、農業土木、林業のうち1分野を、選択して下さい。
（複数分野を選択すると不正解となります）

（重要！）設問46～55は、10問のうち5問を選択して解答して下さい。

6問以上解答した場合は、設問46～55は全て不正解となります。

（農業土木）

46 □□□

次の図は水準測量における器高式野帳である。図の（ A ）～（ C ）にあてはまる語句の組み合わせとして、最も適切なものを選びなさい。

測点	距離 （m）	後視 （m）	前視（m）		（C） （m）	標高 （m）
			（A）	（B）		
No.0		1.500			31.500	30.000
No.1	20.00			1.300		30.200
No.1+15m	15.00			1.200		30.300
No.2	5.00	1.300	1.500		31.300	30.000
No.3	20.00			1.400		29.900
No.3+12m	12.00			1.500		29.800
No.4	8.00	1.800	1.300		31.800	30.000
No.5	20.00		1.700			30.100
計	100.00	4.600	4.500			

```
      （ A ）      （ B ）      （ C ）
①中 間 点    もりかえ点    高 低 差
②中 間 点    もりかえ点    器 械 高
③もりかえ点    中 間 点    高 低 差
④もりかえ点    中 間 点    器 械 高
```

寸法補助線に用いる線として、最も適切なものを選びなさい。

① ────────────

② ------------------

③ ─·─·─·─·─·─·─·─·─

④ ▄▄·▄▄·▄▄·▄▄·▄▄·

次の３つの語句について示すものとして、最も適切なものを選びなさい。

「大きさ・方向・作用点」

　①測量の３要素
　②標定の３条件
　③力の３要素
　④釣合いの３条件

次の図のなかで、支点に対する力のモーメントが最も大きいものを選びなさい。

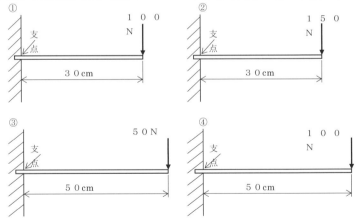

50 □□□

次の図のように、長さ30cm の部材に圧縮力Ｐが作用したとき、この部材の長さが29.7cm になった。このときの部材のひずみとして、正しいものを選びなさい。

① −0.01
② −0.03
③ −0.1
④ −0.3

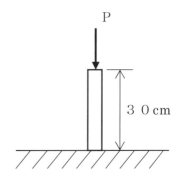

P

３０cm

51 □□□

ミティゲーションの説明として、最も適切なものを選びなさい。
①環境にあたえる影響の予測・評価
②開発に伴う環境・生態系への影響を緩和する手段
③生態系の多様性がある生物生息空間
④循環型社会の形成

52 □□□

次の記述の土層改良工法として、最も適切なものを選びなさい。

「レーキドーザ・ストーンピッカ・ストーンクラッシャーなどを用いて作土中の石礫を排除したり、細砕して混合したりすることによって、農業機械の破損を防ぎ、使用効率を高め、作物の生育を良好にし、作付作目の拡大を図ることなどを目的として実施される工法」

①除礫
②混層耕
③心土破砕
④不良土層排除

53 □□□

次の断面図のような水槽の底面に作用している水圧として、正しいものを選びなさい。

①9.8 kPa
②1.0 kPa
③980 Pa
④100 Pa

1.0 m

54 □□□

断面積0.03m^{2}の管を流速0.4m／sで水が充満して流れているときの流量として、正しいものを選びなさい。

①13.3 m^3／s
②1.2 m^3／s
③0.075 m^3／s
④0.012 m^3／s

55 □□□

粒径1μm以下の土粒子の呼び名として、最も適切なものを選びなさい。

①砂
②礫
③コロイド
④シルト

※環境系の選択者は、造園、農業土木、林業のうち1分野を、選択して下さい。
（複数分野を選択すると不正解となります）

（重要！）設問46〜55は、10問のうち5問を選択して解答して下さい。

6問以上解答した場合は、設問46〜55は全て不正解となります。

（林業）

46 □□□

樹木を伐倒するとき、図の太い矢印で示した部分を何というか。
　①受け口
　②追い口
　③落ち口
　④逃げ口

47 □□□

我が国の森林の状況についての説明として、最も適切なものを選びなさい。
　①スギ、ヒノキなどの人工林の多くは、戦後に植栽されたものである。
　②木材輸入の自由化はまだされていない。
　③約40年前に比べて、国産材の市場価格は上昇している。
　④約40年前に比べて、国産材の自給率は上昇している。

48 □□□

森林の役割のうち「土砂崩壊防止機能」の説明として、最も適切なものを選びなさい。
①森林の樹木の根が、土砂や岩石をしっかりつかんで斜面の土砂が崩れるのを防ぐ。
②森林の樹木は大気中の二酸化炭素を吸収・固定する。
③森林内は野生生物のすみかとなって多様な生物を育む。
④スポンジ状の森林の土壌が水をたくわえて、時間をかけてゆっくり流す。

49 □□□

傾斜地における伐採方向として無難な方向は傾斜に向かってどの方向か、最も適切なものを選びなさい。
①上向き
②下向き
③上向き又は下向き
④横向き

50 □□□

「二次林」の説明として、最も適切なものを選びなさい。
①人間活動の影響をほとんど受けない森林のこと
②人工林は一次林であり二次林ではない
③伐採や山火事などで一度消失した後に再生した森林
④原生林は二次林である

51 □□□

写真の森林の名称として、正しいものを選びなさい。
①ブナの天然林
②ミズナラの原生林
③スギの人工林
④コナラ等の雑木林

52 □□□

「年輪」についての説明として、最も適切なものを選びなさい。
　①樹木の枝の部分でも年輪の数と木の年齢（樹齢）は一致している。
　②年輪は広葉樹の方が比較的読みやすい。
　③年輪には色が淡い春材（早材）と色が濃い夏材（晩材）とがある。
　④年輪と年輪との幅が広いと樹木の成長が悪いと考えられる。

53 □□□

次の図の「高性能林業機械」として、正しいものを選びなさい。
　①フォワーダ
　②ハーベスタ
　③タワーヤーダ
　④プロセッサ

54 □□□

木材（丸太）の材積測定に関しての説明として、最も適切なものを選びなさい。
　①丸太の末口とは、根元に近い方の木口のことで、元口に比べてその直径は長い。
　②丸太の末口と元口の直径は、ほぼ同じである。
　③現在、木材取引に広く利用されているのは、末口自乗法（二乗法）である。
　④現在、取り扱われている丸太の長さは、5mが一般的である。

55 □□□

ヒノキに関する説明として、最も適切なものを選びなさい。
　①材は木炭の原料やシイタケ原木に用いられる。
　②土壌に対する適応力が強く乾燥に強い。強度があり、建築材の梁などに利用される。
　③日本の固有種であり、主に建築用材に用いられる。
　④耐久性に優れ、古くから重要な建築用材として重用され、特に寺院や神社の建築にも用いられている。

2017年度　第2回（12月9日実施）

日本農業技術検定　3級　試験問題

◎受験にあたっては、試験官の指示に従ってください。
　指示があるまで、問題用紙をめくらないでください。
◎受験者氏名、受験番号、選択科目の記入を忘れないでください。
◎問題は全部で50問あります。1〜30が農業基礎、31〜55が選択科目です。選択科目のうち46〜55は、10問のなかから5問を選択して解答して下さい。（6問以上解答した場合は、46〜55は全て不正解となります）。
◎選択科目は4科目のなかから1科目だけ選び、解答用紙に選択した科目をマークしてください。選択科目のマークが未記入の場合には、得点となりません。
　環境系の46〜55は造園、農業土木、林業から更に1つ選んで下さい。
　選択科目のマークが未記入の場合には、得点となりません。
◎すべての問題において正答は1つです。1つだけマークしてください。
　2つ以上マークした場合には、得点となりません。
◎試験時間は40分です（名前や受験番号の記入時間を除く）。

【選択科目】

栽培系	p.254〜262
畜産系	p.263〜269
食品系	p.270〜276
環境系	p.277〜292

解答一覧は、「解答・解説編」（別冊）の3ページにあります。

日付			
点数			

第2回
2017年度

1 □□□

写真の野菜と同一の科名に属する野菜として、最も適切なものを選びなさい。

①ダイズ
②キュウリ
③ハクサイ
④ナス

2 □□□

日長がある長さ以上になることで花芽分化が促進される野菜として、最も適切なものを選びなさい。
①キャベツ
②トマト
③レタス
④ホウレンソウ

3 □□□

施肥方法の説明として、最も適切なものを選びなさい。
①「追肥」は作付前に施肥する方法である。
②「全層施肥」は耕起後に施肥する方法である。
③「表層施肥」は作物の葉面に施肥する方法である。
④「側条施肥」は作物の脇の一定の位置にすじ状に施肥する方法である。

4 □□□

着果促進のためのホルモン剤50倍液を500mL 作成するとき、ホルモン剤の原液は何 mL 必要か。最も適切なものを次の中から選びなさい。
① 1 mL
②2.5mL
③10mL
④25mL

5 □□□

土壌中の酸性が強い（pH が低い）場合、施用する資材として、最も適切なものを選びなさい。
①硫黄粉末
②ピートモス
③稲ワラ
④炭酸カルシウム（石灰）

6 □□□

団粒構造の土の説明として、最も適切なものを選びなさい。
①化学肥料を加えることによって、団粒の形成が促進される。
②単粒構造に比べ、通気性・排水性は良いが、保水力に劣る。
③土粒子に腐葉土や堆肥などの腐植を加えることによって、団粒の形成を促進できる。
④団粒の形成と、土中の小動物や微生物の働きは無関係である。

7 □□□

次の写真はダイズの根である。丸で囲んだ部分の説明として、最も適切なものを選びなさい。

①ネコブセンチュウによる被害
②根に共生している根粒菌
③害虫が産みつけた卵
④こぶ状の根の病害

8 □□□

次の野菜のうち明発芽種子のものはどれか、最も適切なものを選びなさい。

①ダイコン
②ハクサイ
③トマト
④スイカ

9 □□□

マルチングの効果として、最も適切なものを選びなさい。

①土壌水分の蒸発を促す。
②害虫の発生を促す。
③雑草の発生を抑える。
④地温を低下させる。

10 □□□

見かけの光合成速度がゼロになる光の強さとして最も適切なものを選びなさい。

①光飽和点
②限界光強度
③光補償点
④最適光強度

11 □□□

気象災害の説明として、最も適切なものを選びなさい。
　①風害は豪雨によって引き起こされることが多い。
　②冷害は気温が0℃に近くなった場合に発生する。
　③凍霜害は夏季の低温や日照不足によって発生する。
　④干害は土壌水分が欠乏することによって発生する。

12 □□□

次に説明する文章と写真に示す害虫として、最も適切なものを選びなさい。

「昆虫と比較すると小さく、体から糸を出して移動可能なクモに近い小動物。
口針と呼ばれる針状の口で茎葉や果実から吸汁し、品質を低下させる。」
　①センチュウの仲間
　②ダニの仲間
　③アブラムシの仲間
　④アザミウマ（スリップス）の仲間

13 □□□

農作物の生育に必要な窒素が不足した場合の症状として、最も適切なものを選
びなさい。
　①葉色が濃緑色になる。
　②葉色が白色になる。
　③葉色が黄色になる。
　④葉の葉脈間が黄色になり、緑色と黄色の斑入りとなる。

14 □□□

次の写真の中で、ナス科の野菜として正しいものを選びなさい。

①　　　　　　　②　　　　　　　③　　　　　　　④

15 □□□

作物の病害虫に関する記述として、最も適切なものを選びなさい。
　①糸状菌はウイルスの一種で、他の生物から栄養をとって生活する。
　②細菌は雨やかんがい水などによって運ばれ、作物の傷口や気孔などから侵入し、増殖する。
　③昆虫の仲間で作物に被害を与えるものは全くない。
　④センチュウはクモ類に近い仲間で、口針を持ち、茎葉や果実に寄生して吸汁、加害する。

16 □□□

写真の畑地雑草の名称として、最も適切なものを選びなさい。
　①アオビユ
　②オオジシバリ
　③コニシキソウ
　④スベリヒユ

17 □□□

水田雑草であるコナギの分類として、最も適切なものを選びなさい。
①ミズアオイ科
②イネ科
③カヤツリグサ科
④ゴマノハグサ科

18 □□□

雑食動物として正しいものを選びなさい。
①ブタ
②ウシ
③ウマ
④ヒツジ

19 □□□

ニワトリについて、卵肉兼用種と卵用種の組み合わせとして、最も適切なものを選びなさい。

〈卵肉兼用種〉　　　　　　　〈卵用種〉
①白色レグホーン種　　　　　ウコッケイ
②横はんプリマスロック種　　白色コーニッシュ種
③白色コーニッシュ種　　　　ロードアイランドレッド種
④ロードアイランドレッド種　白色レグホーン種

20 □□□

デンマークで改良された写真のブタの品種として最も適切なものを次の中から選びなさい。
　①大ヨークシャー種
　②ランドレース種
　③バークシャー種
　④デュロック種

21 □□□

文章中の（A）、（B）に適する組み合わせとして、最も適切なものを選びなさい。

「牛乳の生産をする乳牛は、（　A　）の妊娠期間を経て、通常（　B　）の子を産む。」

	A	B
①	114日間	3頭
②	280日間	1頭
③	10週間	2頭
④	360日間	1頭

22 □□□

消化によってアミノ酸にまで分解され、筋肉や皮膚・血液・酵素に再構成される栄養素はどれか。最も適切なものを選びなさい。
　①糖質
　②タンパク質
　③脂質
　④無機塩類

23 □□□

偏性嫌気性菌であるため、生魚や野菜の発酵食品など空気に触れない食品での発生例が多い食中毒菌はどれか。最も適切なものを選びなさい。
　①O－157
　②サルモネラ菌
　③ボツリヌス菌
　④腸炎ビブリオ菌

24 □□□

玄米が精米工程により削り取られる部分の名称として、最も適切なものを選びなさい。
　①籾がら
　②ふすま
　③ぬか
　④米粉

25 □□□

経営部門の関係性について、（A）～（C）に適する語句の組み合わせとして、最も適切なものを選びなさい。

稲作－麦（冬）　（土地の共用）	（　　A　　）関係
稲作－肉牛　（ワラと堆肥）	（　　B　　）関係
夏キュウリ－夏トマト　（労働力と土地の重複）	（　　C　　）関係

	A	B	C
①	補合	補完	競合
②	補完	補合	競合
③	競合	補完	補合
④	補完	競合	補合

26 ☐☐☐

次の図は、貸借対照表の概略図である。（A）に適する語句として、最も適切なものを選びなさい。
- ①当期純利益（当期純損失）
- ②費用
- ③収益
- ④次期繰越金

貸借対照表

資産	負債
	資本
	（　A　）

27 ☐☐☐

簿記では、資産・負債・資本・収益・費用の5つの要素に分けて記録・計算・整理する。次の勘定科目のうち、資産に分類されるものとして、最も適切なものを選びなさい。
- ①大農具
- ②買掛金
- ③借入金
- ④資本金

28 ☐☐☐

イチゴ狩りやリンゴ狩りなどの、農産物の収穫体験や作業体験ができる農園を何というか、最も適切なものを選びなさい。
- ①観光農園
- ②市民農園
- ③レンタルファーム
- ④グリーンツーリズム

29 ☐☐☐

居住地の周囲に食料品店がなく、生鮮食品などの食料が入手困難であることを何というか、最も適切なものを選びなさい。
- ①フードデザート
- ②限界集落
- ③食料安全保障
- ④ HACCP

30 □□□

生物多様性に関する記述として、最も適切なものを選びなさい。
　①ある場所におけるすべての生物の集まりのこと。
　②生産者（植物など）、消費者（動物など）、分解者（微生物など）から成り
　　立っている。
　③ある生物群集で、生物種が多く、各種内では遺伝子が多様な状態のこと。
　④生物群集において、最も数量が多い生物で、その群集を代表する種のこと。

選択科目（栽培系）

31 ☐☐☐

次の写真の農業機械の名称として、最も適切なものを選びなさい。
①コンバイン
②バインダ
③田植え機
④乗用トラクタ

32 ☐☐☐

次の写真の農業機械が行う作業として、最も適切なものを選びなさい。
①牧草の反転・乾燥
②中耕除草
③乗用による草刈り
④収穫・脱穀

次の作物の中で、酸性土壌に強いものとして、最も適切なものを選びなさい。
　①ホウレンソウ
　②タマネギ
　③レタス
　④ジャガイモ

キュウリに関する記述として、最も適切なものを選びなさい。
　①ナス科の果菜類である。
　②原産国は日本である。
　③ブルームは古くなった果実にみられ、健康に害を生じる。
　④単為結果する。

ウィルスが原因の病気として最も適切なものを選びなさい。
　①モザイク病
　②軟腐病
　③べと病
　④いもち病

サツマイモは植物体のどの部分を食用にするか。最も適切なものを選びなさい。
　①根
　②種子
　③葉
　④茎

イネの種もみについて、最も適切なものを選びなさい。
　①種もみに他作物や雑草の種子や異物が混入しても田植え後は腐るので問題はない。
　②種もみは小さい方が発芽がよく、良好な苗ができる。
　③種もみは褐変や病斑のあるものは避ける。
　④種もみの塩水選は食害の危険性があるのでやらない方がよい。

38 □□□

もみ数を増やし、もみを大きくするためにイネの出穂15〜25日前に1〜2回施す追肥の種類として正しいものを選びなさい。
　①実肥（みごえ）
　②元肥
　③分げつ肥
　④穂肥（ほごえ）

39 □□□

作物の生育にとって必要不可欠な養分（必須元素）のうち、微量元素に区別されるものとして、最も適切なものを選びなさい。
　①窒素（N）
　②リン（P）
　③ホウ素（B）
　④カルシウム（Ca）

40 □□□

トウモロコシの雑種第1代（F1、ハイブリット）品種の一般的特性として、最も適切なものを選びなさい。
　①両親よりも生育が悪く、収量や品質も劣る。
　②両親よりも生育が旺盛で収量や品質も良い。
　③品種特性は次世代にも現れるので、毎年自家採種した種子を用いると良い。
　④両親と比べても生育、収量、品質に変化がないので利用価値は少ない。

41 □□□

ダイズの病徴を示した次の写真における病気の説明として、最も適切なものを選びなさい。

①発芽直後から収穫期にかけて発生し、葉、茎、莢（さや）、種子が侵される。
②ウィルスにより茎葉に感染するため、種子消毒は効果がない。
③抵抗性品種がないため、防除は大変難しい。
④低温で、乾燥した環境になると発生しやすい。

42 □□□

冷涼な気候に適し、短期間で栽培できる『救荒作物（きゅうこう）』と呼ばれる作物として、最も適切なものを選びなさい。
①イネ
②ジャガイモ
③トマト
④ダイズ

43 □□□

次の草花の中から花木類の分類として、最も適切なものを選びなさい。
①ファレノプシス（コチョウラン）
②アジサイ（ハイドランジア）
③コリウス
④ケイトウ

44 □□□

根が直根性であるために移植を嫌う草花として、最も適切なものを選びなさい。
　①ルピナス
　②サルビア
　③マリーゴールド
　④ガーベラ

45 □□□

四季咲きの性質を強く持つように品種改良されている草花として最も適切なものを選びなさい。
　①カーネーション
　②チューリップ
　③アサガオ
　④ヒマワリ

（重要！）設問46〜55は、10問のうち5問を選択して解答して下さい。

6問以上解答した場合は、設問46〜55は全て不正解となります。

（栽培系）

46 □□□

写真は棚栽培の代表的な果樹の結実の様子です。この果樹の説明として、最も適切なものを選びなさい。

①つる性果樹である。
②熱帯果樹である。
③落葉果樹である。
④常緑果樹である。

47 □□□

写真は果樹の核果類の開化状況であるが、この果樹として最も適切なものを選びなさい。

①ビワ
②ウンシュウミカン
③カキ
④ウメ

48 □□□

　写真はある果樹の開花と受粉後の状態を示しています。この時期に必要な作業として最も適するものを選びなさい。

　①中心花を残し側花を摘む摘花を行う。
　②ジベレリンを散布して無種子化を行う。
　③新梢（しんしょう）が旺盛に伸びるので摘果ばさみで新梢（しんしょう）を切る。
　④殺虫剤を散布してミツバチなどの訪花昆虫を殺す。

49 □□□

　一般的なトマトの着果習性について、最も適切なものを選びなさい。
　　①1葉ごとに花房をつける。
　　②2葉ごとに花房をつける。
　　③3葉ごとに花房をつける。
　　④4葉ごとに花房をつける。

50 □□□

　一般的なキュウリの接ぎ木の目的について、最も適切なものを選びなさい。
　　①過繁茂にならないように、吸水力を抑える。
　　②病気にかからないように、吸肥力を抑える。
　　③うどんこ病を予防する。
　　④土壌伝染性のつる割れ病を予防する。

51 □□□

　次の写真は、トウモロコシ（スイートコーン）の頂部ですが、Aの部分の名称として最も適切なものを次の中から選びなさい。

①雄穂
②雌穂
③花弁
④絹糸（花柱）

52 □□□

　次のうち汁液を吸う害虫として、正しいものを選びなさい。

①ヨトウムシ
②ウリハムシ
③アブラムシ
④ナメクジ

53 □□□

　次のキュウリの病気として、最も適切なものを選びなさい。

①べと病
②つる枯れ葉
③炭そ病
④うどんこ病

54 □□□

果樹のマルチ（マルチング）栽培の説明として、最も適切なものを選びなさい。
　①果樹をコンテナなどの容器に植えて栽培する方法
　②園地に列状に土を盛り上げ、その上に果樹を植えて栽培する方法
　③果樹の枝を棚に誘引して栽培する方法
　④園地の地表面を通気性不織布や稲わらなどで覆って栽培する方法

55 □□□

赤土の特性として、最も適切なものを選びなさい。
　①火山灰土である。
　② pH は中性である。
　③窒素が不足しやすい。
　④高温で焼成加工したものである。

31 ☐☐☐

周年繁殖動物として、正しいものを選びなさい。
　①ヤギ
　②ヒツジ
　③ウシ
　④ウマ

32 ☐☐☐

幼びなの管理について、最も適切なものを選びなさい。
　①体温を調節する能力が発達するため、保温器は必要ない。
　②尻つつきなどが発生する時期である。
　③体内には栄養になる卵黄があるため、水のみ与える。
　④タンパク質やエネルギーの多い幼びな用飼料を給餌する。

33 ☐☐☐

ニワトリのふ化に関する記述について、最も適切なものを選びなさい。
　①ニワトリが卵を抱いてふ化させることを、人工ふ化という。
　②有精卵のうち、ふ化に使用する卵を種卵という。
　③無精卵と有精卵は、外観で区別がしやすい。
　④卵殻が薄い卵は、ふ化率が高い。

34 ☐☐☐

ニワトリの消化器官の説明として、最も適切なものを選びなさい。
　①飼料をすりつぶすため臼状の歯がある。
　②筋胃の働きは消化液の分泌である。
　③哺乳類に比べ、腸管が長く通過時間が短い。
　④大きく発達した盲腸が２つある。

35 □□□

ニワトリの換羽について、最も適切なものを選びなさい。
　①人為的に過食させるなどして換羽を引き起こさせることを強制換羽という。
　②換羽中は、産卵能力が向上する。
　③成鶏では、冬から春にかけて日長が長くなると、自然換羽が起こる。
　④エストロゲン分泌が減少するなど、卵巣機能が低下することによって、換羽が起こる。

36 □□□

ニワトリが感染する病気として、最も適切なものを選びなさい。
　①ニューカッスル病
　②ケトーシス
　③オーエスキー病
　④口蹄疫

37 □□□

ふ卵中に検卵をする目的として、最も適切なものを選びなさい。
　①ふ化期間を短縮し生産効率を向上させるため。
　②病原菌の増殖を予防し病気の発生を抑えるため。
　③無精卵や発育中止卵を発見し取り除くため。
　④発育中の胚が卵殻膜にゆ着するのを防ぐため。

38 □□□

鶏卵の構造で、ふ化時にヒナとなる部位として、最も適切なものを選びなさい。
　①卵黄
　②カラザ
　③胚
　④卵白

次の図の（A）の名称として、最も適切なものを選びなさい。
①管
②繋_{つなぎ}
③飛節_{ひせつ}
④寛_{かん}

（A）

40 □□□

ブタの伝染病であるトキソプラズマ病の病原体として、最も適切なものを選びなさい。
①ウイルス
②細菌
③寄生虫
④原虫

41 □□□

肉牛のヘレフォード種の原産国として、最も適切なものを選びなさい。
①アメリカ
②オーストラリア
③フランス
④イギリス

42 □□□

次の飼料原料のうち、乾物中の粗タンパク質含量が最も高いのはどれか。
①トウモロコシ
②大麦
③大豆粕
④フスマ

43 □□□

開放型畜舎の利点として、最も適切なものを選びなさい。
①年間を通して一定した環境で家畜を飼育することができる。
②自然光が入り、光熱費を抑えることができる。
③家畜による公害を防ぐことができる。
④病原微生物の侵入を防ぎやすい。

44 □□□

家畜ふん堆肥の特徴として適切なものを選びなさい。
　①成分が安定しており、普通肥料として使われる。
　②各種の有機物、無機元素を含んでいる。
　③土壌改良効果に乏しい。
　④生ごみ堆肥と同様に包装材などの異物が混入している。

45 □□□

ウシの胃について、最も適切なものを選びなさい。
　①第一胃と第三胃を反すう胃という。
　②単胃動物と同様に、セルロースの分解はできない。
　③反すう胃内には、数多くの微生物が生息している。
　④牧草や乾草を与えると、反すう胃に悪影響を及ぼす。

（畜産系）

46 □□□

放し飼い牛舎における適切な飼育方式を選びなさい。
①スタンチョン方式
②タイストール方式
③コンフォート方式
④フリーストール方式

47 □□□

写真中の矢印が示す部位の名称として、最も適切なものを選びなさい。

①寛
②繋
③き甲
④肋

48 □□□

ホルスタイン種の年間平均乳量として、最も適切なものを選びなさい。
①2,000kg
②4,000kg
③8,000kg
④16,000kg

49 □□□

乳房炎と疑われる症状として、最も適切なものを選びなさい。
　①乳汁中の白血球数が低い。
　②乳汁が白色を帯びている。
　③乳汁中に凝固物を含んでいる。
　④乳汁中の塩素濃度が低い。

50 □□□

搾乳について、文章中の（A）、（B）の言葉の組み合わせとして、最も適切なものを選びなさい。

「乳房内に蓄えられた乳は、乳頭を刺激することによって（A）から（B）というホルモンが分泌されることにより排出される。」

	A	B
①	下垂体	オキシトシン
②	卵巣	アドレナリン
③	卵巣	オキシトシン
④	下垂体	アドレナリン

51 □□□

ウシのフリーマーチンの説明として、正しいものを選びなさい。
　①出産後、濃厚飼料の給与量が多くなり、粗飼料が不足すると起きやすい。
　②乳房内に細菌が繁殖し、凝固物を含んだ乳を排出したりする。
　③分娩後の泌乳量の増加で低カルシウム状態となり、起立不能などを起こす。
　④異性双子の雌において子宮や卵巣発育異常を起こす障害。

52 □□□

あるブタが30kgから60kgまで増体したとき、総飼料摂取量は60kgであった。この時の飼料要求率として、最も適切なものを選びなさい。
　①1.0
　②2.0
　③2.5
　④3.0

53 ☐☐☐

牛乳を発酵させた乳製品として、最も適切なものを選びなさい。
①練乳
②ナチュラルチーズ
③アイスクリーム
④脱脂粉乳

54 ☐☐☐

写真の機械の名称として、適切なものを選びなさい。
①フォーレージハーベスター
②ヘイテッダ
③ヘイレーキ
④モーア

55 ☐☐☐

次の写真の機械の名称を、次の中から選びなさい。
①ヘイベーラー
②ラッピングマシン
③テッダレーキ
④ハーベスター

31 □□□

インスタントコーヒー、粉乳などの乾燥に用いられる方法として、最も適切なものを選びなさい。
① 通風乾燥
② 噴霧乾燥
③ 減圧フライ乾燥
④ 自然乾燥

32 □□□

光が当たることにより、食品の表皮が緑化し有害物質が蓄積してしまう植物として、最も適切なものを選びなさい。
① コンニャクイモ
② サツマイモ
③ ジャガイモ
④ レンコン

33 □□□

毒素型食中毒は、食品中で細菌がつくり出した毒素を人が摂取することで発生する。次のうち、毒素型食中毒の原因となる細菌として、最も適切なものを選びなさい。
① サルモネラ
② 腸炎ビブリオ
③ カンピロバクター
④ 黄色ブドウ球菌

34 □□□

　食品による寄生虫症で、「アニサキス」の説明として、最も適切なものを選びなさい。
　　①野菜の生食が感染経路で最終宿主は人である。
　　②イカ・サバの生食が感染経路で最終宿主は人・イルカ・クジラである。
　　③マス・サケの生食が感染経路で最終宿主は人である。
　　④サワガニ・ザリガニの生食が感染経路で最終宿主は人・犬・豚である。

35 □□□

　容器包装リサイクル法は、家庭ごみの減量化を進めることを目的としているが、再商品化する義務があり、その経費を負担しているのは誰か、最も適切なものを選びなさい。
　　①家庭
　　②市町村
　　③再処理業者
　　④事業者

36 □□□

　玄米の中で炭水化物が一番多く含まれ精白米として飯や米麹・もちなどに利用されている部位はどれか。最も適切なものを選びなさい。
　　①果皮
　　②ぬか層
　　③胚乳
　　④胚芽

37 □□□

　小麦粉の成分組成で最も多く含まれる成分として、最も適切なものを選びなさい。
　　①水分
　　②脂質
　　③炭水化物
　　④タンパク質

38 □□□

主な穀類の加工品と加工特性の組み合わせのうち、最も適切なものを選びなさい。

	加工品		加工特性
①	パン類	—	油などの膨張剤の気泡性を利用
②	ビスケット類	—	酵母や乳酸菌などの発酵を利用
③	スポンジケーキ	—	卵白の気泡性を利用
④	うどん	—	油や水分の蒸気を利用

39 □□□

直ごね法によるパンの基本的な製造法として、〔　〕に該当する共通の工程を選びなさい。

原料→仕込み→〔　〕→ガス抜き→〔　〕→分割・丸め→ねかし→
整形・型詰め→〔　〕→焼き上げ

①発酵
②伸展
③殺菌
④放冷

40 □□□

この製造工程に該当する加工品はどれか。最も適切なものを選びなさい。

大豆→洗浄→浸漬→磨砕→（呉）→加熱→圧搾→（豆乳）→凝固→成型→
水さらし→製品

①油揚げ
②きな粉
③しょう油
④豆腐

41 □□□

大豆製品と加工方法の組み合わせとして、最も適切なものを選びなさい。
① きな粉　－　炒る・粉砕
② もやし　－　発芽・乾燥
③ 納豆　　－　磨砕・蒸煮・発酵
④ 豆乳　　－　磨砕・煮沸・凝固

42 □□□

片栗粉の原料として最も適切なものを選びなさい。
　①ジャガイモ
　②サツマイモ
　③コンニャクイモ
　④ヤマノイモ

43 □□□

漬け物の製造原理として、最も適切なものはどれか選びなさい。
　①乳糖・ミオグロビンの生成
　②発酵作用による風味・香味の向上
　③食塩による組織の硬化
　④加熱による微生物の減少

44 □□□

ジャム類を製造する場合、原料をゼリー化する必要がある。ゼリー化に直接関わるものはどれですか。最も適切なものを選びなさい。
　①原料に含まれる油脂類
　②多糖類の一種であるペクチン
　③原料に含まれるアルコール類
　④原料に含まれるカゼイン

45 □□□

果実類を加工する上で最も適切なものを選びなさい。
　①果実の糖酸比は、あまり重要ではない。
　②果実は、成熟に伴ってクエン酸量が増える。
　③果実の加工品は、タンパク質や脂肪の供給源となる。
　④柑橘類やリンゴは、貯蔵中に有機酸が減少する。

（重要！）設問46〜55は、10問のうち５問を選択して解答して下さい。

６問以上解答した場合は、設問46〜55は全て不正解となります。

（食品系）

46 □□□

　スポンジケーキ製造において卵白と卵黄を分けて泡立てる方法を何というか、正しいものを選びなさい。
　　①泡立て法
　　②共立て法
　　③別立て法
　　④中立て法

47 □□□

　この機器の用途として、最も適切なものを選びなさい。
　　①無菌包装
　　②びん詰
　　③真空包装
　　④缶詰

48 □□□

　食肉に熟成が必要な理由として、最も適切なものを選びなさい。
　　①肉を柔らかくするとともに、うま味を出すため。
　　②肉の色を鮮やかにするため。
　　③肉の保水性を増すため。
　　④肉の筋繊維を網目状にして結着性を増すため。

49 □□□

 1羽の鶏から2本とれる、脂肪が少なくやわらかい肉として、正しいものを選びなさい。
　①モモ
　②手羽
　③ササミ
　④ハツ

50 □□□

 牛乳をメスシリンダーに一定量とり、そこに測定器具を入れ数値を読み取った。その後、この値と温度を利用して換算表から正式な値を求めた。最も適切な測定項目を選びなさい。
　①酸度の測定
　② pH の測定
　③脂肪の測定
　④比重の測定

51 □□□

 この製造工程に該当する加工品はどれか。最も適切なものを選びなさい。

 脱脂乳→殺菌・冷却→スターター添加→発酵→凝固→カードの破砕→
 砂糖添加→均質化・殺菌→香料添加→ろ過→充てん→殺菌→
 製品（小規模の加工）

　①ヨーグルト
　②乳酸菌飲料
　③乳糖分解乳飲料
　④酸乳飲料

52 □□□

 バター製造時、クリームを機器に入れ激しくかくはんして、クリーム中の脂肪をバター粒子に変える。この工程を何と言うか。最も適切なものを選びなさい。
　①遠心分離
　②エージング
　③チャーニング
　④ワーキング

53 □□□

鶏卵の加工特性に関する記述として適切なものを選びなさい。
①卵黄の乳化性を利用してマヨネーズが製造される。
②割った卵の卵黄・卵白の高さや広がりを計測すると味がわかる。
③卵白を加熱すると48℃で固まり始め、50℃で完全に凝固する。
④鶏卵中のガラザは、卵黄を卵のすみに保つ働きをしている。

54 □□□

みその製造の後半で、全体をよく混合し、平均に熟成させるための工程として、最も適切なものを選びなさい。
①仕込み
②かい入れ
③おり引き
④切り返し

55 □□□

食品製造室の壁と床との角や、排水溝にアール（R：丸み）をつけている理由として、最も適切なものを選びなさい。
①空気・水などが、汚染作業区域から流れ込まないようにするため。
②昆虫やネズミなどの侵入を防ぎ、異物混入を防止するため。
③清掃しやすい構造にして、製造室内を清潔に保つため。
④作業する人が、交差せず一定方向に動くようにするため。

31 □□□

　図のように平板上の点と地上の測点を一致させようとした場合、下げ振りと地上の測点との間の距離について、最も適切なものを選びなさい。
　　①閉合誤差
　　②水平距離
　　③求心距離
　　④較差

32 □□□

　アリダードで目標を視準するとき、（A）から（B）を見通しながら方向を定めます。（　）内にあてはまる言葉の組合せとして、最も適切なものを選びなさい。
　　　A　　　　　　B
　　①視準糸　　　　視準孔
　　②気ほう管　　　視準糸
　　③視準孔　　　　定規縁
　　④視準孔　　　　視準糸

33 □□□

日本水準原点の現在の高さについて、最も適切なものを選びなさい。
①24.2250m
②24.3900m
③24.4140m
④24.5000m

34 □□□

次の水準測量において No.2と No.4の点の名称として、最も適切なものを選び
なさい。
①後視
②中間点
③もりかえ点
④器械高

35 □□□

図のようにT定規と三角定規を組み合わせた線の引き方について、最も適切な
ものを選びなさい。
①水平線は右から左へ引く
②垂直線は上から下へ引く
③右上がりの斜線は左下から右上に引く
④右下がりの斜線は右下から左上へ引く

次の線の名称として、最も適切なものを選びなさい。
①外形線
②寸法線
③一点鎖線
④寸法補助線

平板測量により以下の測量結果が出た。面積として最も適切なものを選びなさい。
①62.0㎡
②63.0㎡
③64.0㎡
④65.0㎡

ＡＢの距離は１４.０ｍである

次の説明として、最も適切なものを選びなさい。

「ある気候条件のもとで、植物群落が時間と共に次第に変化する現象」

①極相林
②植生遷移
③食物連鎖
④天然林

39 □□□

水準測量で次の意味として、最も適切なものを選びなさい。

「B.M.」

 ①もりかえ点
 ②中間点
 ③基礎点
 ④水準点

40 □□□

次の葉のAの名称で、最も適切なものを選びなさい。
 ①葉身
 ②葉柄
 ③主脈
 ④托葉

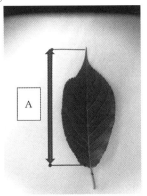

41 □□□

森林の多面的機能のうち次の記述に該当するものとして、最も適切なものを選びなさい。

「土壌は水を蓄え、時間をかけて少しずつ河川に流し、河川の水量を平準化する。」

 ①地球温暖化防止
 ②生物多様性保全
 ③木材生産
 ④水源かん養

2017年度 第2回

42 □□□

「植生の水平分布」の説明として、最も適切なものを選びなさい。
①亜寒帯林はイタジイ、イスノキなどの常緑広葉樹を主としている。
②亜熱帯林はシイ類やカシ類などの落葉針葉樹を主としている。
③暖温帯林（照葉樹林）はモミ類やトウヒ類の常緑針葉樹を主としている。
④冷温帯林（夏緑樹林）はブナ、ナラ、カエデ類などの落葉広葉樹を主としている。

43 □□□

次のうち、常緑樹と落葉樹の組み合わせとして、正しいものを選びなさい。
　　　　常緑樹　　　　　　落葉樹
①シラカシ　　　　　　カラマツ
②ハナミズキ　　　　　イチョウ
③コナラ　　　　　　　ヒノキ
④クヌギ　　　　　　　アカマツ

44 □□□

写真の樹木の名称として、正しいものを選びなさい。
①ヒノキ
②ブナ
③アカマツ
④カラマツ

45 □□□

写真の機械の名称とこの機械を使用した作業として、正しいものを選びなさい。

①刈払機　　　－　伐採
②刈払機　　　－　下刈り
③チェーンソー　－　下刈り
④チェーンソー　－　伐採

選択科目
（環境系）（造園）

※環境系の選択者は、造園、農業土木、林業のうち１分野を、選択して下さい。
（複数分野を選択すると不正解となります）

（重要！）設問46～55は、10問のうち５問を選択して解答して下さい。

６問以上解答した場合は、設問46～55は全て不正解となります。

46 ☐☐☐

次の写真の灯籠の名称として、最も適切なものを選びなさい。
　①織部型灯籠
　②春日型灯籠
　③雪見型灯籠
　④平等院型灯籠

47 ☐☐☐

次の四つ目垣の説明で、最も適切なものを選びなさい。
　①立て子と胴縁では、立て子を先に施工する。
　②立て子と胴縁では、胴縁を先に施工する。
　③親柱と間柱では、間柱を先に施工する。
　④親柱と間柱では、間柱を高く施工する。

48 □□□

次の写真の樹木の名称として、正しいものを選びなさい。
①イヌツゲ
②コナラ
③スギ
④ハナミズキ

49 □□□

次の庭園様式の説明で、最も適切なものを選びなさい。
①茶庭 — 枯山水ともいい池のある広い庭園。
②茶庭 — 花木を多く用いた明るい庭園。
③回遊式庭園 — 茶室に至る道程の広い庭園。
④回遊式庭園 — 大名庭園ともいい広い庭園。

50 □□□

透視図を描くとき一番下の部分の線の名称として、最も適切なものを選びなさい。
①平行線
②基線
③直線
④消点

51 □□□

平板測量で標定の３条件について、正しいものを選びなさい。
①整準　致心　定位
②視準　致心　整準
③整置　定心　座標
④基準　定心　標高

52 □□□

製図に用いる細線：太線の太さの比率で、最も適切なものを選びなさい。

    細線：太線
① 1：2
② 1：3
③ 2：3
④ 3：4

53 □□□

世界で最初に国立公園を制定した国はどこか、最も適切なものを選びなさい。
①アメリカ
②イギリス
③フランス
④ドイツ

54 □□□

次の写真の病害虫の名称について、最も適切なものを選びなさい。
①赤星病
②てんぐす病
③うどん粉病
④チャドクガ

55 □□□

街区公園に関することで、最も適切なものを選びなさい。
①誘致距離   150m
②誘致距離   200m
③誘致距離   250m
④誘致距離   300m

※環境系の選択者は、造園、農業土木、林業のうち１分野を、選択して下さい。
（複数分野を選択すると不正解となります）

（重要！）設問46〜55は、10問のうち５問を選択して解答して下さい。

６問以上解答した場合は、設問46〜55は全て不正解となります。

（農業土木）

46 □□□

ミティゲーションの原則と事例の組合せとして、最も適切なものを選びなさい。
　①回避　　　－自然石等による護岸水路を実施する。
　②最小化　　－湧水池や平地林などを保全する。
　③修正　　　－魚が遡上できる落差工を設置する。
　④軽減／除去－生態系拠点を別の場所に確保する。

47 □□□

土層改良工法で、硬く締まった土層に亀裂を入れ膨軟にし、透水性と通気性を改善する工法として、最も適切なものを選びなさい。
　①客土
　②心土破砕
　③除礫
　④床締め

48 □□□

「密閉された液体の一部に圧力を作用させると、その圧力はそのままで液体の各部分に伝わる。」この静水圧の性質について、最も適切なものを選びなさい。
　　①ベルヌーイの定理
　　②毛管現象
　　③モーメント
　　④パスカルの原理

49 □□□

図のような管水路において、断面 $A_1 = 0.6㎡$、流速 $V_1 = 0.1m/s$、断面積 $A_2 = 0.2㎡$ の時の流速 V_2 として、正しいものを選びなさい。
　　①0.01m/s
　　②0.03m/s
　　③0.1m/s
　　④0.3m/s

50 □□□

次の図のような断面の水路において、$0.4m^3/s$ の流量が流れているときの流速として、正しいものを選びなさい。
　　①0.1m/s
　　②0.5m/s
　　③2.0m/s
　　④10.0m/s

51 □□□

次の図は土粒子の粒径区分を示している。土の粒度を調べる方法として最も適切なものを選びなさい。

0.001mm (1μm)	0.005mm (5μm)	0.075mm (75μm)	2.0mm	75mm
コロイド	シルト	砂	礫	
粘土				

　　①0.005mm（5μm）以下はふるいにより調べる。
　　②0.075mm（75μm）未満は比重浮ひょうにより調べる。
　　③2.0mm 以下はふるいにより調べる。
　　④2.0mm 以上は比重浮ひょうにより調べる。

52 □□□

図のように本を机の上に置いたとき、大きさが等しく逆向きで、同じ作用線上にあるとき、Aの力について適切なものを選びなさい。

①力の合成
②作用
③反作用
④モーメント

53 □□□

ハサミは、てこの原理を利用した道具の一つです。A点の名称として、最も適切なものを選びなさい。

①節点
②作用点
③力点
④支点

54 □□□

図のようにA点に作用する300Nの石を動かすには、B点に何N以上の力が必要か、正しいものを選びなさい。

①60N
②200N
③450N
④500N

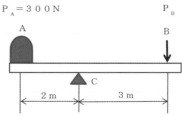

　図のように部材に100kNの外力が作用しているとき、この部材に生じている応力として、正しいものを選びなさい。ただし、この部材の外力に直角の断面の面積は0.4㎡である。

　　①4 Pa
　　②40kPa
　　③100kPa
　　④250kPa

P=100kN

※環境系の選択者は、造園、農業土木、林業のうち１分野を、選択して下さい。
（複数分野を選択すると不正解となります）

（重要！）設問46〜55は、10問のうち５問を選択して解答して下さい。

６問以上解答した場合は、設問46〜55は全て不正解となります。

（林業）

46 □□□

我が国の森林の状況についての説明として、最も適切なものを選びなさい。
① スギ、ヒノキ、カラマツなどの人工林の多くは、戦前から植栽されたものである。
② 木材輸入の自由化により安い外材が大量に輸入されるようになった。
③ 我が国の森林の大部分は整備されており、整備の必要はない。
④ 我が国の国土の約１／４が森林である。

47 □□□

日本で広く分布する代表的な森林土壌として、最も適切なものを選びなさい。
① ポドゾル
② 褐色森林土
③ 赤色土
④ 黄色土

萌芽更新が可能な樹種として、最も適切なものを選びなさい。
　①スギ
　②コナラ
　③カラマツ
　④ヒノキ

「森林の種類」の説明として、最も適切なものを選びなさい。
　①人の手がほとんど入っていない森林を「原生林」という。
　②伐採や山火事などで一度消失した後に再生した森林を「一次林」という。
　③人の手で植林した森林を「天然林」という。
　④スギやヒノキなどを植栽した森林を「雑木林」という。

森林の所有形態のうち「私有林」について、最も適切なものを選びなさい。
　①林野庁が所管しており、日本の森林面積の約3割を占める。
　②私有林は公有林とも言う。
　③市町村が所管している。
　④個人や会社が所有しており、日本の森林面積の約6割を占める。

スギに関する説明として、最も適切なものを選びなさい。
　①日本の湿潤な気候に合っており、現在でも、加工のしやすさやなどから建築材の中心である。
　②耐久性に優れ、古くから重要な建築用材として重用され、特に寺院や神社の建築にも用いられている。
　③材は木炭の原料やシイタケ原木に用いられる。
　④土壌に対する適応力が強く乾燥に強い。強度があり、建築材の梁などに利用される。

52 □□□

次の写真の測定器具として、正しいものを選びなさい。
①測竿
②ブルーメライス
③直径巻尺
④輪尺

53 □□□

森林の更新と保育の作業順序として、最も適切なものを選びなさい。
①地ごしらえ　→　植え付け　→　下刈り
②植え付け　→　下刈り　→　地ごしらえ
③地ごしらえ　→　下刈り　→　植え付け
④植え付け　→　地ごしらえ　→　下刈り

54 □□□

木材生産のための作業に関する次の記述の名称として、正しいものを選びなさい。

「林道の土場等から木材を木材市場や製材所へ運ぶこと」

①運材
②集材
③造材
④伐採

55 □□□

伐採に関する次の記述の名称として、最も適切なものを選びなさい。

「受け口と追い口の間の切り残しの部分」

①つる
②追い口
③受け口
④くさび

編集協力

荒畑　直希

金井　誠治

高橋　和彦

中込　俊二

橋本　夏奈

笛木　元之

安永　福太郎　他

2020年版
日本農業技術検定
過去問題集　3級

令和2年4月　発行

定価：本体1,364円＋税
送料別

編　　日本農業技術検定協会
　　　事務局　一般社団法人 全国農業会議所
発行　　一般社団法人 全国農業会議所
　　　全国農業委員会ネットワーク機構

〒102-0084　東京都千代田区二番町9-8
中央労働基準協会ビル
TEL　03(6910)1131

全国農業図書コード番号　R02-01

2020年版
日本農業技術検定
過去問題集　３級

解答・解説編

2019年度
第1回
度

2019年度
第2回
度

2018年度
第1回
度

2018年度
第2回
度

2017年度
第1回
度

2017年度
第2回
度

2019年度 第1回 日本農業技術検定3級 解答一覧

共通問題 ［農業基礎］

設問	解答	設問	解答	設問	解答
1	①	11	①	21	④
2	④	12	③	22	②
3	①	13	③	23	②
4	③	14	②	24	③
5	③	15	①	25	②
6	①	16	②	26	①
7	④	17	②	27	①
8	③	18	④	28	③
9	①	19	②	29	①
10	④	20	④	30	②

選択科目

［栽培系］		［畜産系］		［食品系］		［環境系］	
設問	解答	設問	解答	設問	解答	設問	解答
31	①	31	③	31	②	31	①
32	②	32	②	32	①	32	④
33	②	33	④	33	③	33	④
34	③	34	③	34	①	34	①
35	①	35	②	35	④	35	①
36	④	36	①	36	①	36	④
37	②	37	③	37	③	37	②
38	③	38	①	38	④	38	①
39	③	39	②	39	④	39	④
40	①	40	③	40	④	40	②

［栽培系］		［畜産系］		［食品系］		［造園］		［農業土木］		［林業］	
41	②	41	③	41	①	41	①	41	①	41	④
42	②	42	④	42	④	42	④	42	③	42	④
43	②	43	①	43	③	43	④	43	①	43	①
44	③	44	④	44	①	44	②	44	④	44	①
45	②	45	①	45	④	45	①	45	③	45	②
46	①	46	②	46	④	46	④	46	②	46	①
47	④	47	②	47	④	47	②	47	④	47	③
48	④	48	①	48	③	48	①	48	③	48	①
49	②	49	③	49	②	49	②	49	④	49	④
50	④	50	②	50	④	50	③	50	③	50	③

2019年度 第2回 日本農業技術検定3級 解答一覧

共通問題 ［農業基礎］

設問	解答	設問	解答	設問	解答
1	①	11	③	21	③
2	④	12	①	22	④
3	①	13	③	23	①
4	②	14	②	24	③
5	②	15	④	25	④
6	③	16	③	26	④
7	③	17	①	27	②
8	②	18	③	28	③
9	②	19	④	29	①
10	③	20	①	30	④

選択科目

［栽培系］		［畜産系］		［食品系］		［環境系］	
設問	解答	設問	解答	設問	解答	設問	解答
31	①	31	④	31	②	31	①
32	④	32	②	32	③	32	②
33	③	33	①	33	①	33	②
34	④	34	③	34	④	34	③
35	③	35	①	35	②	35	①
36	④	36	③	36	③	36	④
37	③	37	②	37	③	37	②
38	④	38	②	38	②	38	④
39	④	39	④	39	①	39	③
40	②	40	②	40	①	40	①

						［造園］		［農業土木］		［林業］	
41	③	41	①	41	④	41	①	41	③	41	③
42	①	42	④	42	②	42	②	42	④	42	④
43	④	43	①	43	③	43	①	43	②	43	②
44	①	44	④	44	①	44	④	44	④	44	①
45	②	45	③	45	①	45	③	45	②	45	④
46	①	46	④	46	②	46	④	46	④	46	②
47	②	47	③	47	①	47	②	47	①	47	④
48	④	48	④	48	③	48	①	48	③	48	②
49	①	49	④	49	③	49	②	49	③	49	④
50	②	50	②	50	④	50	①	50	①	50	②

2018年度 第1回 日本農業技術検定3級 解答一覧

共通問題　[農業基礎]

設問	解答	設問	解答	設問	解答
1	①	11	②	21	③
2	③	12	②	22	③
3	④	13	④	23	①
4	②	14	①	24	③
5	①	15	④	25	③
6	④	16	②	26	②
7	①	17	②	27	②
8	②	18	②	28	①
9	②	19	①	29	①
10	④	20	④	30	①

選択科目

[栽培系] 設問	解答	[畜産系] 設問	解答	[食品系] 設問	解答	[環境系] 設問	解答
31	④	31	④	31	③	31	③
32	①	32	③	32	③	32	③
33	③	33	④	33	①	33	②
34	③	34	①	34	②	34	②
35	①	35	④	35	④	35	②
36	①	36	②	36	②	36	①
37	①	37	③	37	②	37	③
38	②	38	④	38	③	38	③
39	①	39	②	39	②	39	①
40	④	40	①	40	④	40	②
41	①	41	③	41	③	41	②
42	③	42	①	42	④	42	②
43	④	43	①	43	②	43	①
44	②	44	①	44	①	44	①
45	①	45	②	45	④	45	③

設問	解答	設問	解答	設問	解答	[造園] 設問	解答	[農業土木] 設問	解答	[林業] 設問	解答
46	②	46	②	46	④	46	③	46	③	46	④
47	③	47	①	47	①	47	③	47	③	47	②
48	①	48	②	48	①	48	④	48	③	48	③
49	②	49	②	49	③	49	④	49	④	49	④
50	④	50	③	50	④	50	①	50	④	50	①
51	④	51	①	51	④	51	③	51	④	51	①
52	①	52	②	52	③	52	④	52	④	52	①
53	①	53	④	53	①	53	③	53	②	53	③
54	②	54	②	54	①	54	④	54	③	54	②
55	④	55	③	55	④	55	④	55	④	55	③

2018年度 第2回 日本農業技術検定3級 解答一覧

共通問題　[農業基礎]

設問	解答	設問	解答	設問	解答
1	④	11	④	21	③
2	④	12	③	22	②
3	①	13	②	23	③
4	①	14	②	24	②
5	③	15	①	25	④
6	①	16	③	26	③
7	①	17	③	27	①
8	④	18	③	28	①
9	③	19	④	29	③
10	③	20	④	30	①

選択科目

[栽培系] 設問	解答	[畜産系] 設問	解答	[食品系] 設問	解答	[環境系] 設問	解答
31	②	31	②	31	②	31	①
32	④	32	①	32	①	32	②
33	③	33	③	33	④	33	①
34	④	34	③	34	②	34	①
35	④	35	④	35	③	35	④
36	①③	36	①	36	③	36	④
37	①	37	④	37	④	37	③
38	④	38	①	38	②	38	④
39	③	39	①	39	②	39	②
40	①	40	③	40	④	40	②
41	③	41	①	41	①	41	①
42	②	42	③	42	②	42	③
43	③	43	①	43	②	43	①
44	③	44	①	44	④	44	④
45	①	45	②	45	②	45	③

栽培系	解答	畜産系	解答	食品系	解答	[造園]	解答	[農業土木]	解答	[林業]	解答
46	②	46	④	46	①	46	②	46	②	46	①
47	③	47	②	47	①	47	①	47	①	47	④
48	②	48	③	48	③	48	②	48	①	48	①
49	④	49	②	49	②	49	②	49	③	49	①
50	③	50	①	50	④	50	④	50	③	50	①
51	②	51	②	51	③	51	②	51	②	51	①
52	④	52	③	52	①	52	③	52	③	52	①
53	①	53	③	53	④	53	③	53	④	53	④
54	④	54	①	54	③	54	①	54	④	54	①
55	①	55	①	55	④	55	③	55	②	55	②

2017年度 第1回 日本農業技術検定3級 解答一覧

共通問題　[農業基礎]

設問	解答	設問	解答	設問	解答
1	②	11	④	21	②
2	②	12	①	22	④
3	②	13	④	23	④
4	②	14	③	24	①
5	①	15	④	25	①
6	②	16	②	26	④
7	③	17	③	27	①
8	①	18	①	28	①
9	④	19	③	29	①
10	③	20	④	30	②

選択科目

設問	[栽培系] 解答	[畜産系] 解答	[食品系] 解答	[環境系] 解答
31	②	①	②	②
32	③	②	④	①
33	②	①	②	①
34	④	③	①	③
35	①	①	②	①
36	①	③	①	③
37	②	①	③	②
38	③④	②	③	①
39	②	①	④	②
40	③	②	④	②
41	②	②	③	③
42	③	③	②	②
43	②	④	①	③
44	①	②	②	②
45	②	③	④	④

設問	栽培系	畜産系	食品系	[造園]	[農業土木]	[林業]
46	②	③	①	④	④	②
47	②	④	③	④	①	①
48	③	②	①	③	③	①
49	④	②	④	④	④	④
50	②	①	②	②	①	③
51	②	②	④	④	②	③
52	①	②	①	④	①	③
53	①	③	②	④	④	③
54	③	①	②	④	④	③
55	④	③	④	③	③	④

2017年度 第2回 日本農業技術検定3級 解答一覧

共通問題 ［農業基礎］

設問	解答	設問	解答	設問	解答
1	④	11	④	21	②
2	④	12	②	22	②
3	④	13	③	23	③
4	③	14	①	24	③
5	④	15	②	25	①
6	③	16	④	26	①
7	②	17	①	27	①
8	②	18	①	28	①
9	③	19	④	29	①
10	③	20	②	30	③

選択科目

［栽培系］		［畜産系］		［食品系］		［環境系］	
設問	解答	設問	解答	設問	解答	設問	解答
31	③	31	③	31	②	31	③
32	④	32	④	32	③	32	④
33	④	33	②	33	④	33	②
34	④	34	④	34	②	34	③
35	①	35	④	35	④	35	③
36	①	36	①	36	③	36	④
37	③	37	③	37	③	37	②
38	④	38	③	38	③	38	②
39	③	39	③	39	①	39	④
40	②	40	④	40	④	40	①
41	①	41	④	41	①	41	④
42	②	42	③	42	①	42	④
43	②	43	②	43	②	43	①
44	①	44	②	44	②	44	②
45	①	45	③	45	④	45	④

［栽培系］		［畜産系］		［食品系］		［造園］		［農業土木］		［林業］	
46	③	46	④	46	③	46	①	46	③	46	②
47	④	47	③	47	④	47	②	47	②	47	②
48	①	48	③	48	①	48	①	48	④	48	②
49	③	49	③	49	③	49	④	49	④	49	①
50	④	50	①	50	④	50	②	50	②	50	④
51	①	51	④	51	④	51	①	51	②	51	①
52	③	52	②	52	③	52	①	52	③	52	④
53	④	53	②	53	①	53	③	53	④	53	①
54	④	54	②	54	④	54	①	54	②	54	①
55	①	55	②	55	③	55	③	55	④	55	①

2019年度 第1回 日本農業技術検定3級　解説

（難易度）★：やさしい、★★：ふつう、★★★：やや難

共通問題［農業基礎］

1　解答▶①　　　　　　　　★

写真はトウモロコシである。トウモロコシはイネ科の一年生植物で雌雄異花同株。頂部の雄穂で作られた花粉が雌穂の絹糸（馬の尾状）のひとつひとつに受粉、結実する。青果用は子実（雌穂に実ったひとつひとつの実）が完熟する前の糊熟期に収穫する。C４植物で光合成能力が高くイネ、コムギと合わせて世界三大穀物と呼ばれる。また、近年は食料や飼料だけでなくバイオエタノールの原料としても重要である。

2　解答▶④　　　　　　　　★

写真はトマト。トマトは、ナス科の熱帯性植物で日本では１年生野菜として扱われるが、原産地等では多年生野菜として扱われる。ナス科の野菜にはナスやトマト、トウガラシ、ピーマンなど果実を食用にする種が多く、ほかにジャガイモやタバコ、ホオズキやペチュニアなど草花もある。

3　解答▶①　　　　　　　　★

作物の生育期間の長短を示す特性を早晩性という。生育期間が短い品種を早生種という。一般的に早生品種は、小型で収量や糖度などの品質が劣る場合が多い。生育期間が長い品種を晩生種という。晩生種は、生育期間が長くなるので早生種に比較して収量が多く品質も高くなる事が多い。また、生育期間が中間の品種を中手種という。品種の早晩性を組み合わせることで収穫期を長くしたり、台風や霜等の気象災害のリスクを低減する作付けが可能となる。

4　解答▶③　　　　　　　　★

ウリ科野菜にはスイカやカボチャ、キュウリ、ヘチマ、ヒョウタンなどがある。ウリ科野菜は雌雄異花同株が多い。また、スイカの産地では連作障害やつる割病対策が課題となっており病害防除としてユウガオやカボチャなどを台木に用いる接木栽培が多く行われている。

5　解答▶③　　　　　　　　★

野菜の分類は来歴に注目したものやカロテン含有量に注目した分類等いくつかあり、設問の野菜の利用部位（可食部）による分類は、根菜類：根を食用部位とする（ゴボウ、ダイコンなど）、葉菜類：葉や葉柄を食用部位とする（レタス、ハクサイなど）、果菜類：未熟果や熟果を食用部位とする（トマト、ピーマンなど）の３つに分類されることが多かったが、近年はこれに加えて、茎菜類：地下あるいは地上の茎を食用部位とする（アスパラガス、タマネギなど）、花菜類：花序や花弁を食用部位とする（ブロッコリー、ミョウガなど）5つに分けられる事が多い。

6　解答▶①　　　　　　　★★

果樹の栽培状況を比較する場合、面積と収穫量の比較が多いが、農業面から見ると、生産額（出荷額）が現実的である。農林水産省の平成27年度（2015年）統計では、１位がウンシュウミカン1,505億円、２位リ

ンゴ1,494億円であるが、その差は
わずかである。ブドウ1,144億円は
面積・収穫量共に第5位であるが、
出荷額は3位であり、栽培が盛んで
あることを示している。

7 解答▶④ ★★
　イネ、トウモロコシ、トマトは有
胚乳種子。発芽時に必要な養分が胚
乳に蓄えられる種子を有胚乳種子と
いいデンプンを多く含むイネ科種子
（ムギ・トウモロコシなど）やカキ科
種子がある。発芽に必要な養分を種
子の成熟期に子葉が吸収し胚乳が発
達しない種子を無胚乳種子といいマ
メ科やアブラナ科種子の他にクリな
ど多くの植物が無胚乳種子である。

8 解答▶③ ★
　写真左がキャベツ、右がハクサイ
であり、アブラナ科に分類される。
マメ科には、ダイズなどがあり、ウ
リ科には、キュウリ、スイカなどが
あり、ナス科には、トマト、ナスな
どがある。

9 解答▶① ★
　ホウレンソウは酸性土壌において
生育不良となりやすいが、サトイモ、
スイカ、ダイコンは比較的酸性土壌
でも生育する野菜である。キュウ
リ、ハクサイなど多くの野菜の好適
土壌酸度はpH7.0〜6.0となるが、
ホウレンソウは弱アルカリ性土壌が
好適とされている。土壌酸度の調整
には、土壌改良材を投入するが酸性
土壌を中和するには消石灰やカキ殻
など有機石灰を施しアルカリ性土壌
を中和するにはピートモスや硫安を
施すが一般にアルカリ性土壌の酸度
を低下させるのは酸性土壌の酸度を
上げるのに比較して難しいので石灰
質資材の過剰使用には注意が必要と
なる。

10 解答▶④ ★★
　いもち病はイネ特有の病気で発生

すると食味や収量が大幅に低下する
事が知られている。また、コシヒカ
リなど食味良好品種の抵抗性が低
い。いもち病の対策は予防と防除と
もに薬剤の使用があるが、近年は広
範囲に使用されている薬剤に対する
抵抗性を持つ病原菌も報告されてい
る。病斑が菱形で中が白くなってい
るのが特徴である。

11 解答▶① ★★
　写真はイラガの幼虫であり、成虫
は蛾（ガ）である。1cm程のウズ
ラ模様の卵であり、集団でふ化した
幼虫は周辺のカキやサクラ、リンゴ
の葉を食べて成長する。幼虫はトゲ
の生えた突起があり触れると激しい
痛みに襲われる。

12 解答▶③ ★★
　物理的な手段による病害虫防除方
法である。昆虫には、黄色または青
色資材に強く誘引される色彩反応が
ある。この性質を利用して粘着剤を
塗布し、誘殺する。ナス・トマトの
コナラジミには黄色のシートが効果
的である。

13 解答▶③ ★
　土の中には塩類が溶け込んでいる
が、植物に利用されなかった場合土
に蓄積され、水分の蒸発とともに土
の表層に集積し、作物の生育が阻害
される。塩類集積を改善する方法に
は、大量の水で塩類を流す方法や、
クリーニングクロップを栽培し塩類
を吸収させる方法がある。

14 解答▶② ★
　有機質肥料は他に、魚かす、骨粉、
鶏ふん、米ぬか、木灰、草木灰など
がある。一般に有機質肥料は、化学
肥料と異なり土壌中の微生物に分解
されて肥料として有効となるため即
効性はないがその効果は比較的持続
する。また、有機質肥料は土壌中の
微生物の餌となるので、その種類が

増えるとともに分解されなかった有機物が土壌中に残ることで土壌の物理性（通気性や保水性など）が改善されるなど土壌改良材としての効果もある。

15　解答▶①　　　　★★
　粘土質の多い順は、しょく土＞埴壌土＞壌土＞砂壌土＞砂土の順である。粘土質が多いほど水分や肥料の保持能力が高くなる。しょく土は粘土質が25〜45％含まれるもので保水、保肥性に優れるが地形によっては暗きょなど排水対策が必要となる土質である。壌土は、土壌の粘性で中間的な土壌で粘土質が0〜15％含まれる。

16　解答▶②　　　　★
　ピートモスは強酸性を示す。鹿沼土も弱酸性用土である。硫安はアンモニアが吸収された後は硫酸根が残り土壌は酸性になる（生理的酸性肥料）。苦土石灰は酸度矯正のために施用される。

17　解答▶②　　　　★
　①は遅効性肥料、③緩効性肥料は施肥直後から肥効が緩やかに表れ、長期に持続するものを言う。そのためには粒状構造に特徴を持たせたり、水に溶けにくくする場合もある。

18　解答▶④　　　　★★★
　写真はデュロック種の雄ブタ。デュロック種はアメリカで改良されたブタである。大ヨークシャー種及びバークシャー種はイギリス原産、ランドレース種はデンマークで改良された品種である。

19　解答▶②　　　　★
　①は黒と白の斑紋がある品種で、日本の乳牛の大部分を占める品種。③は肉用種。④は豚の品種である。

20　解答▶④　　　　★
　アニマルアシステッド‐セラピー（animal assisted therapy）。動物との交流による心理療法。病院や介護施設、障害者施設などで、動物とのふれあいによる精神的影響を治療に役立てること。③はイヌなどの毛なみなどを綺麗にするもの。

21　解答▶④　　　　★★
　硫安は、施用された後に速やかに分解され吸収されるため速効性である。油かすは、微生物によって分解されて無機化した後に吸収されるため、遅効性肥料である。N、P、Kの合計含量が30％以上のものが高度化成肥料である。肥効が緩やかに長時間持続するものを緩効性肥料という。

22　解答▶②　　　　★
　日本食品標準成分表2010によれば、サツマイモのタンパク質1.2％、国産大豆35.3％、米国産大豆33.0％、国産小麦10.6％、輸入軟質小麦10.1％、輸入硬質小麦13.0％、ごま19.8％である。

23　解答▶②　　　　★
　一般に、タンパク質が多い小麦粉ほどグルテン含量も多く、強い粘弾性を出すことができる。強力粉・準強力粉は、生地のグルテン形成が重要な製パンに使い、中力粉はめん類の製造に使用する。薄力粉は、グルテンの形成をおさえた菓子類の製造に適する。④のデュラム粉はグルテン含量は多いが粘弾性が弱い。

24　解答▶③　　　　★
　トウモロコシは、穀類として人間の食料や家畜の飼料となるほか、デンプンや油・バイオエタノールの原料になる。デンプンやエタノールの材料として栽培される品種はスイートコーン（甘味種）ではなく、デントコーン（馬歯種）である。この品種は熟すと子実に含まれる糖分がほとんどデンプンに変わるため甘味が少なく通常食用にはしない。

25　解答▶②　★★

　GAP（Good Agricultural Practice：農業生産工程管理）とは、欧州で始まった農業生産における食品安全、環境保全、労働安全等の持続可能性を確保するための生産工程管理の取り組みのこと。第三者機関で定められた基準を満たす取り組みで認証される制度がある。GLOBALG.A.P や ASIAGAP、JGAP（日本発の GAP 認証制度）などの認証制度がある。①は「世界食糧農業機関」③は「危害要因分析・重要管理点」④は「世界貿易機関」。

26　解答▶①　★★★

　②販売農家は経営耕地30a 以上又は農産物販売額50万円以上の農家、③は「農地を所有できる法人の名称のこと、④は「集落単位で、機械や施設の共同利用や作業分担などを行って農業を営む組織のことである。

27　解答▶①　★

　経営ビジョンの策定は、経営者の職能。分業の利益は、分業によって労働生産性があがること。経営継承は、家族経営等を受け継ぐこと。

28　解答▶③　★

　②〜④は生物。生態系の生物部分は大きく、生産者、消費者、分解者に区分される。光合成によって最初の有機的生産を行う植物を生産者という。植物を食べる動物などを消費者という。遺体や排泄物などをえさにする菌類や微生物などを分解者という。

29　解答▶①　★★★

　2017年現在、196の国と地域等によって締約されている。条約は、生物多様性の保全、生物多様性の構成要素の持続可能な利用、遺伝資源の利用から生ずる利益の公正かつ衡平な配分を目的としている。また、特定の行為や特定の生息地のみを対象とするのではなく、地球上の生物の多様性を包括的に保全することが重視されていることや生物多様性の保全だけでなく、「持続可能な利用」を明記したことも特色である。

30　解答▶②　★

　グリーンツーリズムは農村での体験活動・交流等であり、「農泊」も同じ意味で用いられている。①集落営農は、地域の農地や農業・生活を維持していく活動、③ビオトープはため池などの生物の住む場所、④都市住民等が小さな土地を借りて農業を楽しむ農園。

選択科目 ［栽培系］

31 解答▶① ★★

　田植え後の水管理は活着するまでは苗が水没しない範囲で深水（特に春が寒い地域では）にして、苗を寒さと風から保護する。また、活着後は浅水にして分げつを促す。最高分げつ期のころになったら、5〜7日落水して中干しを行い、土に酸素を供給して根を健全にしたり、無効分げつの発生を抑制したり、土中の有害物質を除く管理を行うのが一般的である。

32 解答▶② ★★

　①ダイズは無胚乳種子で種子の内部の90％は子葉である。覆土は2〜3 cmをめやすに行い、覆土の厚さに差が出ないようにする。差があると出芽が不揃いになる。覆土が厚いと胚軸が長く伸び、その後の生育が悪くなったり、浅いと表土の乾燥で発芽不良や鳥害を受けやすくなる。③発芽適温は25〜30℃で10℃以下では発芽不良となる。④発芽には水や酸素と温度が必要。

33 解答▶② ★★

　ジャガイモは収穫後、①氷点下になるような寒冷地では外気に触れさせず、凍害に注意して越冬させる。②の環境が貯蔵に適する。③光に当たると表皮が緑化するので、光は必ず遮断する。④貯蔵中の酸素が不足すると黒色心腐れが発生するので風通しを良くする。

34 解答▶③ ★★

　①のトマトの原産地はアンデス地方で、熱帯の高地に生育していたため、日中の高い気温と強い光を好むが35℃以上で高温障害を起す。②ナス科の植物である。③花房は本葉3枚毎につき、④開花後40〜60日で収穫する。

35 解答▶① ★★★

　写真はトマトの①葉かび病である。葉かび病は施設栽培で多発する。多湿、密植、肥料切れなどにより草勢が弱ると発生しやすい。防除対策として、抵抗性品種の導入、過度のかん水や密植を避ける、施設内の湿度を下げる、適用のある薬剤を用いて防除する。②ウイルス病の代表はモザイク病で症状としては葉が縮れる。③疫病は病斑上に白色のかびを生じ、乾燥すると破れやすくなる。④灰色かび病は地上部のあらゆる部位に発生するが、特に果実の被害が最も大きい。

36 解答▶④ ★★★

　写真は④コナガの幼虫である。幼虫は葉の表皮を残して葉肉部を食害する。薬剤抵抗性が発達しやすい害虫として知られている。薬剤抵抗性の発達を回避するため、同一系統の薬剤の使用は避け、ローテーション散布を行う。

37 解答▶② ★★

　①植え付けは地温が18℃以上の時期に活着が良い。③斜め植えはマルチ栽培では作業が早い。④水平植えは塊根数を確保しやすく、サイズがそろう。

38 解答▶③ ★★★

　田土は粒子が最も小さい粘土でできているため、気相の割合は最も小さい。

39 解答▶③ ★

　キュウリはつる割れ病対策や低温期の根の伸びをよくし、またブルームレスキュウリを作るためにつぎ木苗が使われる。

40 解答▶① ★★

　さし芽はさし穂を採取した後、30分ほど水に浸し、葉は3枚ほど残して、排水のよい清潔な用土にさす。④さした芽は、よしずや寒冷紗で7

日間ほど日よけをする。

41　解答▶②　★★★
　チューリップは秋植え球根、パンジーは夏〜秋まき一年草、キクは宿根草である。

42　解答▶②　★
　秋から冬の花壇や寄せ植えに用いられるのは、耐寒性をもつハボタンである。アサガオ、ヒマワリ、ニチニチソウは春まき一年草なので、秋から冬の花壇には用いない。

43　解答▶②　★★★
　サルビアはブラジル原産の一年草で耐寒性はあまりない。シソ科の草花である。

44　解答▶③　★★
　カーネーションは宿根草、ファレノプシスはラン類、インパチェンスは春まき一年草、グラジオラスは南アフリカ原産で球根類に分類される。

45　解答▶②　★
　黒マルチは雑草抑制、土壌水分保持、地温上昇等の効果がある。①雨（水滴）は通さないが、土壌からの水蒸気は通す通気性のあるマルチがあり、ウンシュウミカンなどで利用される。③アブラムシの発生の軽減に適するのはシルバーマルチである。④地温を低下させる特殊なポリマルチもあるが、基本的には刈草やワラなどをマルチした場合に地温低下が見られる。

46　解答▶①　★★★
　ブルームはブドウなども含め、果実の表面にある白い果粉（主成分はケイ酸）である。ブルームの役割は、果実を病気から守り、水分の蒸散を防ぎ、鮮度の保持を良くすることである。しかし、キュウリでは農薬等と間違われたりして、ブルームの無いもの（ブルームレス）を消費者が求め、現在はほとんどがブルームレ

スとなっている。

47　解答▶④　★
　①は発育枝をつけ根から取り去る作業。②は成長しつつある発育枝の先端部を摘み取る作業。③は花が咲く前のツボミの時に、ツボミを摘み取る作業のことである。

48　解答▶④　★★
　写真はビワである。果樹を樹の性質で分類すると、ビワは常緑果樹に分類される。常緑果樹には、ビワ以外にカンキツ類、オリーブおよび熱帯果樹などがある。

49　解答▶②　★★
　写真はリンゴの開花である。リンゴは国内の代表的な落葉果樹の一つであり、ナシと同様に仁果類に分類される。

50　解答▶④　★★
　酸性土壌に強い作物にはジャガイモやスイカなどがある。

選択科目 ［畜産系］

31 解答▶③ ★★

ニワトリは、エサと一緒に食い込んだ小石（グリット）を筋胃の中にたくわえておき、これを使って飼料をすりつぶしている。

32 解答▶② ★★

転卵は自然ふ化の場合、雌鶏があしやくちばしで行う。ふ卵器では一定時間ごとに自動で1日10回程度行われる。これは胚が卵殻膜にゆ着しないようにするためと、卵に温度や湿度をまんべんなく与えるためである。

33 解答▶④ ★★

エストロゲン（雌性ホルモン）は肝臓に作用して卵黄成分の合成を促進したり、卵管の発達や卵殻形成を促進させたりする。プロゲステロンは黄体ホルモン、アンドロゲンは雄性ホルモン、下垂体後葉ホルモンのバソトシンは子宮から放卵を促す。

34 解答▶③ ★★

ひなの選別にあたっては、活力があり、からだが小さ過ぎず、へそのしまりがよいもの、奇形や異常のないもの、羽毛の成長が順調なもの、などを選ぶ。初生びなの体重は平均35gである。

35 解答▶② ★★

食鶏の分類では、3か月齢未満のものを若鶏という。3か月齢以上5か月齢未満の食鶏を肥育鶏、5か月齢以上の食鶏の雌を親雌、雄を親雄と呼ぶ。肉用鶏（ブロイラー）は、早いもので6週齢、通常は8週齢くらいで出荷される。

36 解答▶① ★★

マレック病はウイルスが原因で起こる。おもに120日齢未満のものに発生し、空気・羽毛・敷きわらから感染する。症状は呼吸困難・緑便・全身まひ・貧血・発育不良や内臓に腫瘍が形成されることもある。死亡率は3〜50％である。予防にはワクチンの接種を行う。

37 解答▶③ ★

「L」はランドレース種、「B」はバークシャー種、「H」はハンプシャー種、「Y」は中ヨークシャー種の略号である。大ヨークシャー種はラージホワイトと呼ばれることから、略号はホワイトの頭文字をとって「W」である。

38 解答▶① ★★★

（ア）子宮角、（イ）卵巣、（ウ）子宮体、（エ）ぼうこうである。卵子と精子の受精部位は卵管で、受精卵の着床・胎子の発育が行われる部位は子宮角である。

39 解答▶② ★

①は豚などが単胃動物である。③は第4胃についての説明。④は第2胃についての説明である。第1胃、第2胃のことを反すう胃という。

40 解答▶③ ★★★

アバディーンアンガス種の原産地はイギリスのスコットランド北東部である。アバディーンアンガス種の特徴は、被毛は短く全身黒色で雌雄ともに無角である。放牧による増体も優れている。無角和種の作出に用いられた。

41 解答▶③ ★★★

乳牛の泌乳期間は、305日程度である。この間の乳量を305日乳量（目標数値）と呼ぶ。

42 解答▶④ ★

発情とは、雌が雄を交配のために許容する行動である。日本の酪農経営では種雄牛による自然交配はほとんどなく、凍結精液を用いた人工授精によって交配を行う。

43 解答▶① ★

品種によっては角がないウシもい

るが、雌牛も雄牛も角が生える。一般的に乳牛として飼育されている雌牛は、除角している。反すう動物は、上あごに切歯がない。胃は第1胃から第4胃までで構成される。

44　解答▶④ ★

写真の器具はウシに給水する装置である。

45　解答▶① ★★

尻長で「きゅうちょう」と呼ぶ。

46　解答▶② ★★★

①は多胎で雌雄の胎子が共存するときに起きる雌の生殖器異常のこと。③は寄生虫が原因の病気。④も代謝病であり、乳熱とも呼ばれる。分娩等が原因であるが、体内のカルシウムが乳汁中に急速に移行し、体温低下、起立不能になる病気である。

47　解答▶② ★★

バンカーサイロは、3面がコンクリート製などの壁になっていて、傾斜面や平地に設けた箱型のサイロである。①は垂直・塔型のサイロであり、③はロールベールにしてラップフィルムで覆うサイロ。④は地上に材料を堆積させ上をシートで覆うサイロ。

48　解答▶① ★★

②トウモロコシ等の穀類は消化される成分の含量が高く濃厚飼料の一種である。③牧草は粗飼料の一種であり成分含量は比較的少ない。④牛は反すうを行うため粗飼料が重要になる。

49　解答▶③ ★★★

ワクチンの種類には不活化ワクチンと生ワクチンがある。不活化ワクチンは死んだ病原体の細胞などを原材料として作られたもので、生ワクチンは毒力を弱めた病原体を生きたまま接種するワクチンのことをいう。

50　解答▶② ★★

$225 \div (107 - 32) = 3.0$

選択科目［食品系］

31 解答▶② ★

　食品はそのままの形で長期間にわたって品質を保つのは困難である。そのため、食品素材を乾燥・塩漬け・ビン詰・缶詰・冷蔵・冷凍など、さまざまに加工して貯蔵性を高める工夫を行ってきた。貯蔵性がよくなることにより、腐敗によるむだや危険性を少なくすることが可能になる。

32 解答▶① ★

　糖質には果実に含まれる①のブドウ糖、はちみつに多く含まれる果糖、砂糖として利用されるショ糖、穀類やいも類に多く含まれるデンプンなどがあり、消化・吸収されて、主にエネルギー源となる。②のセルロース・ペクチン・③のグルコマンナン・④のアルギン酸はほとんどエネルギーにならないが食物繊維として、消化管の働きを助ける。

33 解答▶③ ★★

　③の再商品化とは、市町村により分別収集されたガラスびんやペットボトルなどを原材料や製品として他人に売れる状態にすること。再処理事業者は再商品化を行うことが役割となっている。消費者の役割として①分別排出、市町村の役割として②分別収集。

34 解答▶① ★

　食品の加工工程で毛髪が混入するのを防止するため、①の作業時に帽子や頭巾を着用する。微生物による食中毒を防止するため、②の食品の中心部分が1分以上75℃になるように加熱する、③の材料ごとにまな板と包丁を変える、④の冷凍保存は－15℃以下とするなどが要件になる。

35 解答▶④ ★

　食品表示の目的には、食品表示の目的には消費者が食品を購入するときに必要な④の情報を提供する。食品衛生上の事故があった場合に④の責任の所在を明らかにし、速やかな対応を行う。賞味期限・消費期限などを表示することで衛生管理を徹底するなどがある。

36 解答▶① ★

　経口感染症とは、感染性の強い、赤痢・コレラ・腸チフスなどの病原体が、飲食物や手指などを通して体内に入って引き起こす感染症のこと。②は寄生虫症、③はじんま疹・湿疹・嘆息・腹痛などを発症するアレルギー、④は感染型食中毒である。

37 解答▶③ ★★

　①は野菜の生食。②はイカ・サバの生食。④はサワガニ・ザリガニの生食である。寄生虫症は、魚介類や野菜を生食することが多い日本では、寄生虫卵に汚染された野菜・魚介類・食肉などの摂取による感染の機会が多い。トキソプラズマ回虫・アニサキス・吸虫類・条虫類などの寄生虫が知られている。

38 解答▶④ ★

　④のプラスチックは透明、軽量、酸・アルカリに比較的安定という利点があるが、強度が低く、気体の通過を完全に遮断できないという欠点がある。①のガラス容器は化学的に安定だが、重量が重い特性がある。②の金属容器は透明ではないが酸・アルカリに比較的安定、気体の通過を完全に遮断できるという特性がある。③の紙はプラスチックを貼ることで、透明ではないがプラスチックと同等以上の利点が得られている。

39 解答▶④ ★

　①のパン類は、酵母の発酵により生地を膨らませる。②のシュークリームは、シューペーストの水分を高温加熱して出る蒸気で膨らませる。③のビスケットは、膨張剤によって

膨らませたものである。小麦粉の加工は、非常に歴史が古く、その加工法は世界各地でさまざまである。日本の小麦粉の用途別生産割合は、パン用が最も多く、めん類・菓子用と続いている。

40 解答▶④ ★★★

トウバンジャンは、吸水させた脱皮ソラマメを蒸さずにこうじとし、塩漬けにして発酵させたものである。①落花生は豆菓子やキョコレート菓子などの原料として利用されている。②は和菓子に使用するあんに用いる。③は青・赤・白の３種類がある。未熟の青豆がグリーンピースで煮豆に、赤褐色のものはみつ豆やゆで豆に、白色のものは製あんなどに用いられる。

41 解答▶① ★★★

こんにゃくの原料は、コンニャクイモである。これは、サトイモ科の多年生植物を３〜５年栽培し、収穫した球茎である。コンニャクイモに含まれるグルコマンナンは、吸水性が大きく、アルカリ性になると凝固する。この性質を利用して①の石灰水を使用してこんにゃくを製造する。

42 解答▶④ ★★★

①千枚漬（京都府）はカブ、②野沢菜漬（長野県）はノザワナ、③つぼ漬（鹿児島県）はダイコン、④守口漬（愛知県）はダイコンが原料野菜として用いられ、収穫後直ちに塩漬けにし、脱水した後に酒粕に何度も漬け込まれ、２年余りかけてじっくりと熟成させる。

43 解答▶③ ★★

酒石酸は、酸味のある果実、特にブドウに多く含まれている有機化合物である。①のリンゴは、リンゴ酸量が、70〜95％含まれている。②の温州ミカンは、クエン酸が90％。③のブドウは、酒石酸が40〜60％。④のパイナップルは、クエン酸が85％含まれている。

44 解答▶① ★★

肉の加工では肉の保水性と結着性を高めるために塩が用いられる。加工後にどれだけ水分を保てるかを示す能力が保水性、肉に水や脂肪などを加えて練り合わせるさい、各原料が互いに接着する性質を結着性という。ひき肉に塩を加えて、練ると、肉のタンパク質が溶けて、細かい糸状の構造から網目状の構造となり、肉のうまみを閉じ込め、独特の食感を形成する。

45 解答▶④ ★★

味噌・しょうゆは、かび・酵母・細菌が関わらないと製造できない食品である。①のテンペは、細菌とかび。甘酒は、かび。②の納豆は細菌。塩辛は、細菌など。③のビールとワインは、酵母が関わる。

46 解答▶④ ★★

果実中の赤色や黄色の色素は、カロチノイドやアントシアンである。①タンパク質や脂質は少ない。②果実中の酵素の作用で、風味や色調に変化が現れる。③成熟にともなって糖分が増加し、有機酸は減少する。

47 解答▶④ ★★

①のエメンタールチーズや②のゴーダチーズは細菌熟成、③のカマンベールチーズはかび熟成である。イタリアの④のモッツァレラチーズは熟成しないフレッシュチーズであり、本来、水牛の乳を原料としてつくられるが、牛乳で代用したものもある。

48 解答▶③ ★★

卵白は、90％近くが水分で、残りは主にタンパク質を約10％含んでいる。この卵白が古くなると濃厚卵白が減少し、水様卵白が増加する。ま

た、卵殻の気孔を通し、空気や水分が入れ替わり、古い卵ほど内部の気室が大きくなる。

49　解答▶②　　　★★★

①はクリームをバターチャーンに入れ、激しく撹拌して、クリーム中の脂肪をバター粒子に変える。②はバター粒子を集めて、均一に練り合わせる。食塩や水分を均一に分散させ、安定した組織のバターを形成する。③は冷水を加え、バター粒子の表面に付着しているバターミルクを洗い流す。④は殺菌・冷却されたクリームを5℃前後のタンクで8～12時間、低温保持する。

50　解答▶④　　　★★★

HACCPとは、危害分析重要管理点（Hazard Analysis and Critical Control Point）の略で、原材料から製品製造や出荷までの各工程で、重要管理点を定め、危害の発生を防止する手法である。①・③は、国際標準化機構（ISO）のことで、国際的に通用する規格や基準を制定している。②は、従来の手法である。

選択科目［環境系］

31　解答▶①　　　★★

木材価格の低迷等で管理が放棄された森林の増加が目立っており、土砂災害防止等の森林の公益的機能の発揮が危ぶまれている。②日本の森林率は約70％であり先進国の中では第3位となっている。③日本の人工林率は約40％と世界第2位（2010年）であり、豊かな森林を有している。④森林の蓄積量は年々増加しており、利用拡大が望まれている。

32　解答▶④　　　★★

①樹木は大気中の二酸化炭素を取り込んで光合成をしている。②大気中の二酸化炭素を吸収・固定している。③樹木を構成する有機物の主な成分は炭素。

33　解答▶④　　　★

求心器の下部に取り付けて、平板上の点と地上の測点の位置を一致させる器具で、下げ振りという。

34　解答▶①　　　★★★

造園は土木や建築など多くの分野と関連しており、土木や建築の記号表示を準用することが多い。図は水である。

35　解答▶①　　　★★

東京都千代田区永田町1丁目1番2地内である。この水準点の高さが、全国各地の標高のもとになっている。東京湾平均海面上を0mとして、標高24.39m。

36　解答▶④　　　★★

水準測量の誤差には、器械誤差、自然誤差、個人誤差がある。鉛直とは糸の先に重りを垂らしたときの、糸の方向。①は器械誤差。②③は自然誤差。誤差への対応は、標尺を前後に傾け最小目盛を読み取る。

37　解答▶②　　　★

ブナは、落葉広葉樹で日本の温帯

林を代表する樹木。樹皮は灰白色で
きめ細かい。世界遺産に登録された
白神山地のブナ林など天然林として
残っている。

38 解答▶④ ★★
　目標物を視準する地点より、視準
孔から視準糸を見通し方向を定め
る。

39 解答▶④ ★★★
　①寸法補助線…細い実線。②中心
線…細い一点鎖線。③切断線…細い
一点鎖線。

40 解答▶② ★★★
　①辺の長さ寸法。③角度寸法。④
弧の長さ寸法。

選択科目〔環境系・造園〕

41 解答▶① ★★
　葉の形が特徴的で扇形である。陽
樹。新葉や秋の黄葉が美しい。街路
樹に多く用いられ、雌雄異株。種子
（ギンナン）は食用とするが実には
悪臭があるうえ触れるとかぶれるこ
とがあり、雄木の植栽が増加してい
る。

42 解答▶④ ★
　公園設計コンペに入賞したオルム
ステッドらの自然風の都市公園であ
る。この公園の特徴は、建物周辺以
外は自然風景を保存し、中心には広
い芝生や建物を置き、周辺部の植栽
には、その土地の植物を使用すると
いうものであった。

43 解答▶④ ★★
　17世紀にはいり江戸時代になる
と、江戸屋敷の邸内や自国の城内な
どにそれまでの造園様式の要素を組
み合わせ、それらを園路でつなぎ、
池、築山、茶室、四阿（あずまや・
東屋）など歩きながら移り変わる景
観を鑑賞するように作られた。

44 解答▶② ★★
　都市公園法では「主として街区内
に居住する者の利用に供することを
目的とする公園で、誘致距離250m
の範囲内で1カ所当たり面積
0.25haを標準として配置する」と
されている。

45 解答▶① ★★
　チョウ目ドクガ科の昆虫。ツバキ
類、サザンカ、チャノキ等に時々異
常に発生する。幼虫は頭部をそろえ
横に並んで食害し、毒毛がありこれ
に触れると激しいかゆみや発疹等の
症状が出る。

46 解答▶④ ★★★
　日本の寸法は1尺（30.3cm）を基
準としており、竹垣の制作での柱と

柱の間隔は180cm 6尺（1間）である。日本建築でも柱と柱の間は1間（正確には1.818m）である。また、畳の寸法基準は、3尺×6尺（1間）である。

47 解答▶② ★★

ある区域を真上から見て、植栽や施設などの位置を正確に表示する図面。施工者が担当部分の位置と隣接部分との関連を確認するために重要な役割をもつ図面。

48 解答▶① ★★★

石灯籠の種類はたくさんあるが、上部の部位より宝珠、笠、火袋、中台、竿、基礎などの構成部分が春日灯籠のようにそろっているものを基本形、構成部分を省略したものを変化形、最初の作者名をとった人名系などに大別することができる。

49 解答▶② ★

同じ部分から対になって葉が出る。①茎の一つの部分から一枚の葉が出る。③種子を播いて発芽させて育成する繁殖方法。④一定の部分から輪になるように並んで葉が出る。

50 解答▶③ ★★

八つ掛けをする余地の少ないところ、交通の妨げとなる場合などに用いられる。①八つ掛けは高木で植栽の敷地が広い場合に用いる。②布掛けは寄せ植えや、一直線状に植栽する場合に、丸太や竹を地面より3分の2位の位置で水平に渡し連ねて結束する方法。④脇差しは傾いた樹木などを1本の丸太などで斜めに取り付ける方法である。

選択科目
［環境系・農業土木］

41 解答▶① ★

②混層耕の説明、③心土破壊の説明、④不良土層排除の説明。

42 解答▶③ ★

作土をいったん取り去り心土を突き固めてから作土を敷きなおす方法と、作土の上からそのまま固める方法がある。

43 解答▶① ★★★

②最小化の説明、③軽減／除去の説明、④代償の説明。

44 解答▶④ ★★★

①事業実施範囲からの除外、②工種の選定制限による工事、③環境の回復等を目的とした工事。

45 解答▶③ ★

$R_A = 10 \times 8 ／ 10 = 8N$

$M_C = 8 \times 2 = 16N・m$

46 解答▶② ★★★

①ポアソン比…軸方向のひずみと軸と直角方向のひずみとの比、③弾性範囲における応力とひずみの比例関係を表す係数、④ある範囲内であれば軸方向応力とひずみは比例の関係。

47 解答▶④ ★

力の3要素は、力の大きさ、力の向き、力の働く点（作用点）である。

48 解答▶③ ★★★

$Q = A \times V$　$V = Q ／ A$

$V = 0.016／0.04 = 0.4m/s$

49 解答▶④ ★★★

①粘土 0.005mm 以下、②砂 0.075mm～2.0mm、③礫2.0mm～75mm

50 解答▶③ ★★

静水圧におけるパスカルの原理についての説明。

選択科目［環境系・林業］

41　解答▶④　★

　私たちは森林からさまざまな恩恵を受けており、これを総合して「森林の公益的機能」という。①土砂流出防止機能、②水源かん養機能、③地球温暖化防止機能。

42　解答▶④　★★

　森林法では、特定の公共的な役割をもつ森林を保安林としている。①保安林の面積で一番多いのは水源かん養保安林であり、7割以上を占める、②保安林の面積は年々増加している、③保安林の種類は17種類に上る。

43　解答▶①　★

　②戦後日本はスギ、ヒノキ等を植栽し人工林化を進めた、③南北に長い日本列島では、気温等気候の違いによって森林が変化する（水平分布）、④標高によって植生が変化する（垂直分布）。

44　解答▶①　★★

　林木を伐採した跡地に次世代の林木を育てることを更新という。②人の手によって苗木を植えたりして次世代の森林を育てること、③20年生くらいのナラ類などの広葉樹を伐採し、切り株から発生させる更新。

45　解答▶②　★

　①一度消滅した後に再生した森林は「二次林」である、③木材生産のためなど人の手でスギ、ヒノキなどを植林した森林は「人工林」である、④天然林の説明。天然林は人間活動の影響をほとんど受けない森林。

46　解答▶①　★★

　コナラは伐採後、萌芽更新が可能な樹種で主にシイタケ原木に使われている。②はアカマツやクロマツ、③はスギ、④はヒノキ。

47　解答▶③　★★★

　森林経営管理法により、適切に管理されていない森林は、市町村が森林所有者から経営管理を委託され、その森林のうち、林業経営に適した森林は、意欲と能力のある森林経営者に再委託される。林業経営に適さない森林は市町村が自ら管理する。

48　解答▶①　★★★

　木材生産のための作業の順序として、まず樹木を伐採し、枝払いや玉切りを行う（造材）。3mなどに玉切りした木材をフォワーダ等により土場まで集めて（集材）、運搬車に積み込み、森林から運び出す（運材）。

49　解答▶④　★★

　樹木の太さは地面から1.2mの位置（胸高）での直径（胸高直径）を輪尺により測定する。測竿は、樹木の高さ（樹高）を測定する機器。

50　解答▶③　★★

　図はタワーヤーダで架線を使って集材する自走式機械。ハーベスタは立木の伐倒、枝払い、玉切り、集積を一貫して行う。運材とはトラック（運搬車）により木材を市場や製材工場へ運ぶこと。

2019年度 第2回 日本農業技術検定3級 解説

（難易度）★：やさしい、★★：ふつう、★★★：やや難

共通問題 ［農業基礎］

1　解答▶①　　　　　　　★★

　生物の活動が昼の長さ（明期）と夜の長さ（暗期）の変化に応じて生物が示す現象を光周性といい植物だけでなく昆虫の休眠など動物でもみられる。光周性により植物を分類することがある。長日性植物：一日の日長が一定時間（限界日長）より長くならないと花芽形成ができない（アブラナ、ホウレンソウ、コムギなど）。短日性植物：一日の日長が一定時間（限界日長）より短くならないと花芽形成ができない(アサガオ、キク、コスモスなど)。中性植物：花芽の形成に一日の日長（暗期）が影響されない（トウモロコシ、キュウリ、トマトなど）この性質を利用して開花時期を調節することをそれぞれ短日、長日処理という。

2　解答▶④　　　　　　　★

　マルチフィルムには、透明、黒色、銀黒、銀、緑等各種ある。それぞれ光の透過率による地温上昇効果や雑草の抑制効果が異なる。また、害虫忌避効果を目的としたものもある。黒色は光の透過率が約1％で雑草の抑制効果が高いが地温上昇効果は透明に劣るので地温が低下していく秋冬野菜の露地栽培では透明フィルムが適する事が多い。作目や栽培方法に応じた種類を使用する事が大切である。

3　解答▶①　　　　　　　★★★

　①ナス科に属する作物・野菜（ナス、トマト、ジャガイモ）の組み合わせ。②サツマイモは、ヒルガオ科、③キュウリは、ウリ科、④スイートコーンは、イネ科。

4　解答▶②　　　　　　　★

　写真はダイコンの発芽と収穫時の写真である。ダイコンはアブラナ科に属し、ハクサイ、キャベツなどもアブラナ科に属する。

5　解答▶②　　　　　　　★

　肥料袋に記載されている「10－12－8」は、順に「窒素、リン酸、カリ」の成分量（％）を示す。肥料10kg当りの窒素成分量は10kg×10％＝1kgなので、10aの畑に成分量で10kg施すには、その10倍の100kgの肥料を施せばよい。

6　解答▶③　　　　　　　★

　①は光合成、②は呼吸のはたらき。蒸散は、日中水分が不足し、作物がしおれるような状態の時は葉の気孔を閉じ、気体の出入りがおこらなくなり、光合成にも支障をきたす。光合成と蒸散には密接な関係があるため、湿度や水分の管理は適切に行う必要がある。

7　解答▶③　　　　　　　★★

　写真はECメーターであり、電気伝導度から土壌中の肥料濃度がわかる。EC（電気伝導度）は、土壌中の水溶性塩類の総量を示し、塩類濃度を（mS/cm：ミリジーメンス）で表し土壌中の硝酸態窒素含量を推定できる。土壌中に硝酸態窒素が多いと、pHが低下して塩基成分が溶出しやすくなるためECが高くなり土

壌中に過剰な肥料が施されたと判断でき塩類障害を生じやすくなるのでECを高めすぎない施肥管理が重要になる。また、ECが低すぎると土壌中の肥料成分が不足していると判断できる。

8 解答▶② ★

植物の成長に必要な元素を必須16元素と呼ぶが、その中で多量に必要な以下の元素を10大元素（多量元素）と呼ぶ。窒素（N）、りん（P）、カリウム（K）、酸素（O）、水素（H）、炭素（C）、カルシウム（Ca）、マグネシウム（Mg）、硫黄（S）鉄（Fe）。そして、多量ではないが、不足すると生育障害等が生ずる以下の元素を微量元素と呼ぶマンガン（Mn）、ほう素（B）、亜鉛（Zn）、モリブデン（Mo）、銅（Cu）、塩素（Cl）。また、けい素（Si）、ナトリウム（Na）は植物の成長を助ける元素で有用元素という。
＊近年は多量元素のうち鉄（Fe）を微量元素とする考え方もある。

9 解答▶② ★★★

有機質肥料は微生物によって分解され、無機化されてから吸収される。したがって肥効が表れるのに時間がかかる。有機質肥料の大きな特徴は、施肥効果だけではく投与することで有機質肥料は土壌中の微生物により分解され無機化して肥料として機能する。その際、副産物として微生物が分泌した物質や分解されなかった有機物が土壌の団粒化を促進する「土壌改良効果」である。有機質肥料は土壌の保水性や透水性の改善に効果がある。

10 解答▶③ ★★

ロードアイランドレッド種は卵肉兼用種。茶褐色の体毛で卵も赤い。アメリカのロードアイランド州で品種改良されたニワトリ。標準で年間200個以上を産卵するといわれてい

る。日本国内での飼育数少ないが品種改良の交配親として利用され比内地鶏の雌親として知られている。

11 解答▶③ ★★★

「Y」は中ヨークシャー種、「B」バークシャー種、「W」は大ヨークシャー種、「D」はデュロック種、「L」はランドレース種である。

12 解答▶① ★

反すうとは、一度飲み込んだ食べ物を再び口の中に戻して、再咀嚼（そしゃく）することをいい草食動物であるウシ、ヤギ、ヒツジなどが反すう動物である。反すう動物の最大の特徴は、四つの胃（第一胃、第二胃、第三胃、第四胃）を持つことである。第一胃は、ルーメンと呼ばれ、多種多様な微生物が生息しており咀嚼した繊維質の約50〜80％が分解される。同じ草食動物のウマ（胃が一つ後腸発酵動物）にも同様の微生物が盲腸に生息しているが、繊維質の分解率は30〜50％といわれ反すう動物の分解率の高さがわかる。

13 解答▶③ ★★

繁殖行動が活発になる季節を繁殖季節という。繁殖季節のある動物を季節繁殖動物といい、ウマ、ヤギ、ヒツジが含まれる。また、繁殖季節がない動物を周年繁殖動物といい、ウシやブタが含まれる。季節繁殖動物の生殖腺の活動は，繁殖季節が終わると低下し、次期まで停止する。一般に家畜化された動物は、生息環境の季節変化が小さくなり繁殖能力の高い個体が人為的に選抜されるので繁殖行動の季節性は次第に低下していくことが多くなり繁殖可能期間が長くなる。

14 解答▶② ★

主に肉類中にはアクトミオシン、大豆中にはグリシン、乳中には、カゼインなどのタンパク質が含まれて

いる。体内に摂取したタンパク質は、消化されアミノ酸となって、筋肉や皮膚・血液・酵素などに再構成される。

15　解答▶④　★★★

①のグリコーゲンは、肉類に含まれる多糖類、ショ糖類などが該当する。②果実中の水分は80～90％である。③の果実の赤色～黄色を示す色素は、カロチノイドとアントシアンである。クロロフィルは、緑色である。

16　解答▶③　★★★

我が国で生産されているジャガイモの約35～40％はデンプン原料用で、片栗粉として家庭料理で利用されるほか、かまぼこなどの水産練製品や製紙製造の添加物として利用されている。

17　解答▶①　★★

デンプンや小麦粉より粒子が大きく、水でこねても粘りが出にくく、独特の歯ごたえがある。柏餅・団子などに加工される。②は白玉粉。③は乳児粉、④は道明寺粉。

18　解答▶③　★★

写真はカメムシであり、春から秋にかけてダイズなど様々な植物の子実を吸汁し、収量や品質を低下させる。

19　解答▶④　★

写真は赤色防虫ネットによる④物理的防除法である。赤色のネットは、アザミウマ類（スリップス）などの微小な害虫には、赤色光の波長が認識できず、黒い障壁に見えるため、侵入しづらくなると考えられている。

20　解答▶①　★★★

キュウリのべと病は、①糸状菌によって起こり、伝染性の病気である。糸状菌とは、一般的には「かび」と呼ばれ、病害の８割は「糸状菌」が

原因だと言われている。

21　解答▶③　★★

写真はカヤツリグサ。水田や畑地など本州から九州にかけて広く分布し比較的湿地を好む。草丈30～50cm程度の一年草で繁殖力が極めて旺盛で除草後の残根からも萌芽して繁殖する。駆逐困難な雑草の一つである。

22　解答▶④　★★

種子の発芽には温度、水、酸素の三条件が必要である。発芽しないように保存するには、暗く、冷たく、乾燥した冷暗所で、種子袋を密閉して保存すると良い。冷蔵庫はこの条件に適する。

23　解答▶①　★★

緑肥とは収穫が目的でなく、植物を土中にすきこみ、肥料としたり、土の構造が良くなるために栽培するものである。その中で、マメ科植物は根に共生する根粒菌が大気中の窒素を土中に取り入れるため、土が肥沃となる。マメ科の緑肥としてはクローバー、レンゲなどが有名である。

24　解答▶③　★★

一般に、クリーニングクロップとは、土壌中の肥料成分（塩類濃度）が高いとき、塩類を吸収するために栽培される作物をいう。トウモロコシやソルガム等イネ科の生育旺盛で高い吸肥性をもつ作物が使われることが多い。クリーニングクロップとして栽培する場合は、畑にすき込むのではなく、刈り取って外に持ち出さなければならない。

25　解答▶④　★★

「中食」は、レストラン等へ出かけて食事をする「外食」と、家庭内で手づくり料理を食べる「内食」の中間にあって、市販の弁当や総菜、家庭外で調理・加工された食品を家庭や職場・学校等で、そのまま（調理

加熱することなく）食べること。

26 解答▶④ ★★★

固定資本は、一年以上の長期にわたって繰り返し農業生産に利用される資本。流動資本は一回の農業生産（一年以内の短期間）で利用されつくされる資本。

27 解答▶② ★★

第2種兼業農家は、世帯員のなかに兼業従事者が1人以上おり、かつ兼業所得が農業所得よりも多い農家。専業農家は、世帯員のなかに兼業従事者が1人もいない農家。準主業農家は、農外所得が主で、1年間に60日以上農業に従事している65歳未満の者がいる農家。

28 解答▶③ ★★

生物が体内に取り込んだ多くの物質は、いずれ代謝によって体外に排泄される。しかし、有機塩素化合物や有機水銀化合物、ふぐ毒の原因物質は、いったん体内に取り込まれるとほとんど体外に排泄されずに、長期にわたって体内に蓄積される。体内に蓄積された物質が食物連鎖によって上位の捕食者に移動していくと、上位の捕食者ほど蓄積した物質の濃度が高くなっていく。このような現象を生物濃縮という。有害物質が食物連鎖の高次消費者（ヒト）に蓄積され被害となり社会問題となったこともあった。

29 解答▶① ★

バイオマスとは、生物の資源（bio）の量（mass）を表す概念で生物に由来する資源を意味する。バイオマスを用いた燃料は、バイオ燃料、エコ燃料と呼ばれる。バイオマスの特徴はカーボンニュートラルであることで地球温暖化の原因物質である二酸化炭素を増加させない。また、再生可能エネルギーであることである。

30 解答▶④ ★

①農協や社会福祉法人の取組もある。②農業経営者も直接雇用できる。③加工・販売分野での取組も多い。

選択科目［栽培系］

31　解答▶①　★★★

種皮が硬いため、一晩水に浸すことで発芽しやすくなる種子は硬実種子である。アサガオ、スイートピーなどは硬実種子である。

32　解答▶④　★★

根に感染した根粒細菌が根粒を形成し、空気中の窒素を取り込んで固定するので、マメ科の植物は少ない窒素施肥で栽培することができる。また、マメ科作物を栽培した後の圃場で栽培された作物は、生育が良い傾向になる。

33　解答▶③　★

ダイズは播種後7日くらいで地上に子葉が出る。その後、子葉の向きとほぼ直角に2枚の初生葉が対生して発生する。初生葉の発生から7〜10日後には3枚の小葉からなる複葉が互生で2〜3日に1枚の割合で発生する。

34　解答▶④　★★

イネの小穂は①やく、②柱頭、③内えい、④子房のほか、護えい（包えい）、外えい、りん皮、小穂軸、小枝こうなどから成っている。

35　解答▶③　★★

①はジニア、②はペチュニア、④はトルコギキョウである。

36　解答▶④　★

ヒマワリはキク科であるが大粒の硬実種子である。

37　解答▶③　★★★

写真の花はダリアであり、球根の基部にクラウンを有する。

38　解答▶④　★★

アザレアは春、シロタエギクは秋、カンナは夏の季節に咲く。カーネーションは温度と日照が与えられれば年中開花可能である。

39　解答▶④　★★★

ネクタリンは果皮に産毛（うぶげ）がなく、スモモのような外見であるが桃である。①の西洋スモモはプルーンであり、②のスモモは漢字では李と書く。③は皮ごと食べる小さなカンキツである。

40　解答▶②　★★★

ナシやリンゴは収穫時に手で軽く斜め上方に持ち上げるようにすれば、果柄（かへい、軸）が外れて収穫できる。収穫は簡単であるが、風によって揺れると落果するため、ナシでは棚栽培が行われている。

41　解答▶③　★

芽かきは、新梢を枝のもとからかき取る作業。摘心は成長しつつある新梢の先端をつみ取る作業。摘らいは花が咲く前のツボミをつみ取る作業のことである。摘果は、商品性の高い果実生産と毎年安定した収量を確保するうえで大切な作業である。

42　解答▶①　★★

ポストハーベスト技術とは収穫後に収穫物に対して行われる、キュアリングや追熟処理などの技術である。

43　解答▶④　★★

リンゴ、カボチャ、スイカは他家受粉を行う植物。

44　解答▶①　★★

写真はニホンナシの開花と結実である。ナシは国内の代表的な落葉果樹の一つで、台風による落果を防ぐ目的で棚栽培が行われている。

45　解答▶②　★★

①はキウイフルーツ、②はウンシュウミカン、③はウメ、④はリンゴである。ウンシュウミカン以外は、すべて冬季に葉が落葉する落葉果樹である。

46　解答▶①　★★★

トマトは多くの花が集まって着生

しているため、花房という。一般には第7～9葉の付近で、主茎から直接、花房として発生する。その後は、3葉ごとに花房がつく。栽培法によって異なるが、数花房着生すると、それ以後は摘心によって止める。また、側枝にも同じように花房がつく。

47　解答▶②　★★

Aは雄穂である。トウモロコシは雌雄異花であり、雄穂から花粉が飛散し、雌穂の先端につき受精する。

48　解答▶④　★★

F_1品種は両親よりも生育が旺盛で、形質が優れ、個体がよくそろう場合が多い（雑種強勢）。F_2では形質がばらばらになり、個体によるばらつきも大きくなる。

49　解答▶①　★★

球茎はサトイモ、コンニャクイモ、塊根はサツマイモ、鱗茎はユリなど。

50　解答▶②　★

トラクタには乗用と歩行があり、写真の正式名は乗用トラクタである。

選択科目［畜産系］

31　解答▶④　★★

ニワトリは筋胃の中にエサと一緒に食い込んだ細かい石（グリット）をたくわえておき、飼料をすり潰している。（ア）は胆のう、（イ）は素のう、（ウ）は腺胃、（エ）は筋胃である。

32　解答▶②　★★★

漏斗（ろうと）部で卵黄の表面にカラザが形成される。

33　解答▶①　★★

雌鶏が21日間続けて受精卵（種卵）を抱卵することで、胚は細胞分裂してひなになる。

34　解答▶③　★★

写真はニワトリの立体飼い（ケージ）である。この他に、ニワトリは平飼いで飼育することもある。②④は乳牛の飼育方式である。

35　解答▶①　★

ニューカッスル病はウイルスが原因で起こる法定伝染病である。全日齢に発生し、感染鶏から鼻水、涙、排せつ物にウイルスが排せつされて鶏群内で伝播する。

36　解答▶③　★★

写真はランドレース種の雌ブタ。特徴は、白色大型で、鼻が長く、耳は大きく前方に傾斜し顔面をおおっている。体型は胴伸びがよく、流線型を呈している。

37　解答▶②　★★

ウイルスにより起こる。平成4年（1992年）の発生を最後に、平成5年以降わが国では発生がないことから、ワクチンを用いない防疫体制の確立による清浄化を目指し、平成8年（1996年）からは5ヶ年計画で「豚コレラ撲滅体制確立対策事業」によって自衛防疫によるワクチン接種の中止が図られた。しかし、令和元

年の伝染病発生が抑えられないことから、ワクチン接種に踏み切った。農林水産省は令和元年（2019年）12月24日、家畜伝染病「豚コレラ（CSF）」の法律上の名称を「豚熱（ぶたねつ）」に変更すると発表した。

38 解答▶② ★★★

WCSはホールクロップサイレージの略である。①は粗飼料と濃厚飼料・必要微量成分を全て含む全混合飼料。③は食品残さを利用したもので環境を配慮した飼料。④は飼料と水を同時に給与する飼養法のこと。

39 解答▶④ ★★

堆肥化には、微生物、有機物、酸素が必要である。さらに好気性発酵に適した水分状態にあることが重要である。

40 解答▶② ★★★

①及び③は寒地型のイネ科牧草で、②がマメ科牧草。④は青刈り作物に分類されるイネ科植物であるが、近年ではサイレージ利用が多い。

41 解答▶① ★★★

不活性化ワクチンは病原微生物を薬剤などにより物理的に殺し、感染力や毒性をなくした病原体から、免疫をつくるのに必要な成分を取り出して作られたワクチンである。副反応は少ないが、免疫の続く期間が短く、複数回接種が必要なものが多い。

42 解答▶④ ★

踏み込み消毒槽といい、靴底を消毒することで畜舎内への病原体の持ち込みと畜舎外への持ち出しを防ぐ。

43 解答▶① ★★★

プラウは土壌の反転・深耕等を行う機械。②はハロー、③マニュアスプレッダ、④はローラを主に使用する。

44 解答▶④ ★★

①飲用に供する目的で販売する牛乳を市乳という。②カッテージチーズは発酵させないフレッシュタイプのチーズである。③練乳は原料乳を濃縮したもの。④プロセスチーズはナチュラルチーズを加熱して保存性を高めたもので、ナチュラルチーズは乳を発酵させて製造する。

45 解答▶③ ★★★

ガーンジー種はイギリスのガーンジー島原産である。ホルスタイン種よりやや小柄な体格で、毛色は薄茶色と白色の斑紋がある。ジャージー種ほど神経質ではなく、環境への適応性が高い。ただし、日本での飼育頭数は少ない。乳用五大品種は、毛色や体型で見分けることができる。

46 解答▶④ ★

写真は、畜舎（床：バーン）で発生する糞尿等を溝に落とし込み、パドルをチェーンで回転させて搬送する機械である。①は堆肥等を散布する機械。②は繋ぎ飼い牛舎の飼養形態で牛を繋留する施設。③は除糞や堆肥切り返し等に使用する機械。

47 解答▶③ ★★

①ホルスタイン種の妊娠期間は約280日。114日はブタの妊娠期間である。②ホルスタイン種では、分娩後約40～60日で卵巣が通常の周期を示すようになる。④ウシの産子数は普通、1頭である。

48 解答▶④ ★★★

①は乾物摂取量、②は可消化養分総量、③は可消化粗タンパク質のこと。BCSはボディコンディションスコア（体型のやせすぎや肥りすぎなどを示す基準）を指す。

49 解答▶④ ★★

つなぎ（繋）は蹄と副蹄の間を指す。

50 解答▶② ★★

$232 \div (107 - 27) = 2.9$

選択科目［食品系］

31 解答▶② ★★

イモ類・野菜類・果実類に多く含まれるのは、②のビタミンＣである。時間により異なるが、加熱操作では、約50％。洗浄や混合では、30％程度は、減少するという報告もある。そのため、製造・調理によって最も減少しやすいビタミンと言える。①のビタミンＡは、レバー、うなぎ、卵黄。③のビタミンＤは、魚類に多く、④のビタミンＥは、胚芽・植物油などに多い。

32 解答▶③ ★★

組み立て食品のうち、はじめから対象となる食品を設定し、これと似た食品を作り上げたものをコピー食品といい、かに風味かまぼこやホイップなどが相当する。原料の幅が広く，各成分を有効に利用でき，栄養調整が容易なため用途別商品をつくりやすい利点がある。マーガリンの他，近年は脱脂大豆のタンパク質を利用した畜産加工食品に似せた食品もつくられている。

33 解答▶① ★★★

①の炭水化物は、デンプンなどの糖質とセルロースやペクチンなどの食物繊維に分かれる。セルロースは、植物の細胞壁の主要構成要素で、野菜など植物性食品から多く得られる。ペクチンは、植物の細胞壁における細胞間接着物質で果物に多く含まれる。これらは、腸内環境の改善にも役立っている。他の成分には、セルロースのような成分はない。

34 解答▶④ ★★★

食品の乾燥法には自然乾燥法と人口乾燥法がある。自然乾燥法は太陽熱や風を利用した安価な乾燥法であるが、天候に左右され、乾燥に長時間を必要とする。人口乾燥法は自然乾燥法に比較し、装置や熱源等に経費が必要となるが、乾燥時間が短縮され、製品品質が安定する。人口乾燥法には常圧・加圧・減圧・真空に加え、加温・加熱など多様な方式がある。ライフパフとはポン菓子などのこと。

35 解答▶② ★★

サルモネラ菌は、主に馬・牛・鶏などの腸管内に広く分布し、この菌に汚染された食肉や鶏卵、それらの加工品の生食や調理不十分な状態での摂取によって起こる。予防法として肉や卵は、冷蔵庫で保存し、十分に加熱すること。また卵を生食する時は、新鮮で殻にヒビがないものを冷蔵庫に保管し、期限表示内に食べることなどがある。

36 解答▶③ ★★

膨脹剤は、炭酸ガスやアンモニアガスを発生させて、蒸し菓子や焼き菓子をふっくらと膨脹させるために使用される重曹や炭酸水素Na、重炭酸Naが該当する。①の保存料としては、ソルビン酸が該当する。チーズ、魚肉ねり製品、食肉製品食品の腐敗や変敗の原因となる微生物の増殖を抑制する。②の発色剤としては、肉の発色のため亜硝酸ナトリウムが使用される。④の増粘剤としては、ペクチン・カラギナン等がある。

37 解答▶③ ★

③の特定保健用食品とは、2001年4月に施行された保健機能食品制度に、国が安全性や有効性などを考慮して設定した規格基準等を満たす保健健康食品のうち、特定の保健の目的が期待できる食品として、規定されている。

38 解答▶② ★

第二発酵終了時に生地に押した指跡がそのまま残れば、発酵完了の目安となる。指跡が戻る場合は、発酵

不足。指を指した部分がゆるむようでは、発酵過多である。フィンガーテストとも言われる。

39 解答▶① ★

乾いた①のダイズを摩砕したものが、きなこである。②のソラマメは、あんや豆板醤に加工され、③のはるさめは、緑豆から作られる。きな粉には、多くのタンパク質が含まれまた、食物繊維も多く含み、便を軟化させる栄養素を持つため、便秘改善に役立つ。粉にすることで消化が良くなり、大豆の栄養素を効率的に摂取できる。

40 解答▶① ★★★

カリカリ梅漬けは歯切れのよさを特徴とするが、果肉の硬化を促進するためカルシウム処理として水酸化カルシウムの添加がなされている。これにより、ウメ果肉に含まれるペクチンがカルシウムと結合し、果肉が硬化される。

41 解答▶④ ★★

④の仁果類は、種子が果実の中心にあるもので、リンゴやナシが相当する。

①の核果類は、モモやオウトウ・ウメ・スモモ等。②堅果類は、クリ・クルミ等。③のしょう果類は、ブドウ・イチジク・ザクロ・キウイフルーツなどである。

42 解答▶② ★

有機酸とは、酸性を示す有機化合物の総称で、②のクエン酸が多いのは写真にあるようにかんきつ類。①のリンゴ酸が多いのはリンゴ・ナシ。③のフマル酸は、柑橘類では、少量である。④の酒石酸は、ブドウに多く含まれている。

43 解答▶③ ★★

ジャム類を製造する場合、ペクチンの性状や量・糖量・有機酸量（pH）がゼリー化の3要素として直接関わ

る。コップテストの確認では、濃縮適度であれば、③のように水面で2〜3粒に分かれる。①は、濃縮不足。④は、濃縮過度である。

44 解答▶① ★

①のウィンナーソーセージが一番多く推移している。日本ハム・ソーセージ工業協同組合調べの年次食肉加工品生産数量（H30）では、①のウィンナーソーセージが238,921.0t。②のロースハムが77,665.6t。③のベーコンが92,145.7t。④のフランクフルトソーセージが36,098.8tであった。

45 解答▶① ★

①のバターは、「乳及び乳製品の成分規格等に関する省令」により、「生乳、牛乳又は特別牛乳から得られた脂肪粒を練圧したもの」で、成分は乳脂肪分80.0%以上、水分17.0%以下と定められている。④のファットスプレッドはマーガリンの一種。

46 解答▶② ★★

日本農林規格ではマヨネーズの原料は、食用植物油脂、食酢若しくはかんきつ類の果汁、卵黄、卵白、たん白加水分解物、食塩、砂糖類、はちみつ、香辛料、調味料（アミノ酸等）及び香辛料抽出物で、特に②の食酢に含まれている酢酸が強力な殺菌力を持っている。

47 解答▶① ★★★

かび・細菌・酵母が関与する発酵食品は、①のみそ・しょうゆで、他に清酒等がある。②のワイン・パンは酵母。③の納豆・ヨーグルトは細菌。④のチーズ・テンペは、細菌・カビが関与している。

48 解答▶③ ★★

醸造では、③のコウジカビ（麹菌）を接種して麹を作る。麹が産生する酵素により、デンプンがブドウ糖や

麦芽糖に変えられる。これを糖化という。①のリゾープス ストロニフェルは、腐敗の原因菌となる。②のレンチヌラ エドデスは、シイタケのこと。④のサッカロミセス セレビシエは、酵母のこと。

49 解答▶③ ★★
　製造工程での汚染の要因は「人」「物」「空気」の三つに代表される。人の作業動線や原料、仕かかり品、器具、洗浄水、製品などの物の動く経路、空調機器や出入口による空気の流れに留意し、汚染されているものと清潔なものが交差しないようにする。また、壁際や排水溝は丸みをつけて清掃しやすい構造にすることも必要である。

50 解答▶④ ★★
　①の ISO は、国際的に通用する規格や基準を制定する国際機関である。②の GAP は、適正農業規範（農業生産工程管理）のことである。③の SDGs とは「Sustainable Development Goals（持続可能な開発目標）」の略称。④の HACCP は、安全な食品を製造する手法のことでハサップと呼ばれる。

選択科目［環境系］

31 解答▶① ★★
　縦線を太く横線（水平）を細くして直線化してある。横線の右側と曲がり角の右肩に三角形の山（ウロコという）がある。新聞、書籍などの大部分がこの書体を使用している。

32 解答▶② ★★
　製図用紙の規格（JIS 規格）にはA・B版がある。A０版は約 1 m^2、B０版は約1.5m^{2}の面積である。B０の半分がB１で、B２はB１の半分と番号が大きくなればその前の半分の寸法となる。

33 解答▶② ★★★
　①半径（R）。③球の半径（SR）。④球の直径（S φ）。

34 解答▶③ ★
　①アリダードは、平板の標定の整準と定位に使用される。②６種類の縮尺をもつ、縮尺定規である。また描かれた図面から寸法を読み取る。④測点の明示、測線方向の決定などに用いられる。20cm ごとに赤・白に塗り分けしてある。

35 解答▶① ★★
　②日本水準原点。③仮水準点。③電子基準点。

36 解答▶④ ★★★
　水源涵養保安林は約920万 ha。①土砂流出防備保安林は約260万 ha、②保健保安林は約70万 ha。③水害防備保安林は0.1万 ha。

37 解答▶② ★★
　①針葉樹は垂直に伸びた幹から枝が周囲に広がって三角すいの形をしている場合が多い。盆栽のマツの幹は意図的に曲げている。③常緑樹のこと。④常緑樹はスギやヒノキなど針葉樹に多いが、カラマツは落葉樹。

38 解答▶④ ★★
　写真の手前（左側）がアカマツで

樹皮が赤みを帯びている。奥(右側)がスギである。

39 解答▶③　　　　　　　★

　安全に伐倒するには、くさびを使ってこれを打ち込むことで最終的に伐倒する。②つるとは、受け口と追い口の間の切り残しの部分。つるが支点となり「ちょうつがい」のはたらきをする。

40 解答▶①　　　　　　★★

　草原から極相林への過程は、草原→低木林→陽樹林→混交林→陰樹林(極相林)となる。極相林は一見安定しているように見えるが、部分的な小破壊と再生が繰り返されている。

選択科目 ［環境系・造園］

41 解答▶①　　　　　　　★

　石灯籠は上部から宝珠(ほうしゅ)、笠、火袋(ひぶくろ)、中台(ちゅうだい)、竿、基礎という六つの部分から構成されている。最初神仏の献灯として用いられ茶庭などの照明の役目を経て庭園の装飾的な添景物となっていった。

42 解答▶②　　　　　　★★

　てんぐす病である。枝の一部が膨らんでこぶ状となりその先から不定芽が群がり生え、小枝が多数伸びてほうき状(てんぐ巣)となる。ソメイヨシノに多く見られる。

43 解答▶①　　　　　★★★

　樹木名はハナミズキ。落葉広葉樹。北アメリカ原産。花期は4～5月。明治45年東京市長尾崎行雄が北米に送ったサクラの返礼として大正4年に(1915年)渡来した。白い花弁に見えるのは、総苞(そうほう)といい、花などを包んでいた葉である。

44 解答▶④　　　　　　★★

　四ツ目垣は竹垣施工の基本となる垣根である。丸太、竹、結びなど作り上げた、各部位が全部見られるため基本中の基本といわれている。立て子の高さは一般的に60～120cmである。四ツ目垣の構造は、親柱、間柱、立て子、胴縁があり、ロープワークとして、イボ結び、カラゲ結びがある。

45 解答▶③　　　　　　　★

　設計敷地を真上から見下ろして適当な縮尺で描いた図面。公園などの広い敷地では各区の施工者が担当部分の位置と隣接部分との関連を確認するために重要な役割をもつ図面。

46 解答▶④　　　　　　★★

　17世紀になると政治が安定したた

め諸大名は江戸屋敷の邸内や自国の城内などに広大な庭園を造るようになった。その中には参勤交代の旅で見た名勝地の風景を縮小して取り入れた。熊本の水前寺成就園、岡山の後楽園がある。

47 解答▶② ★★

鳥居の形に組んだ支柱で2脚が標準。街路樹に多く使用され、八つ掛けをする余地のないところや交通の妨げになる場合などに用いられる。3脚・4脚となることもある。

48 解答▶① ★★

都市公園法により、街区公園は、主として街区内に居住する者の利用に供することを目的とする公園で、誘致距離250mの範囲内で1か所当たり面積0.25haを標準として配置する、とされている。

49 解答▶② ★★★

根回しを必要とする樹木には、壮年を過ぎた老木、枝葉の繁茂した大木、新根の発生が一般に不良であるもの等。①根回しの径は根元直径の3～5倍。③根回しして2～3年後に移植すると安全である。④酷寒か酷暑を避ければいつでもよい。

50 解答▶① ★

互生は一カ所一枚、交互に葉が出る。②対生は一カ所二枚対（つい）になって葉が出る。一般的には対生より互生の樹木が多い。③輪生は一カ所から多くの葉が四方に出ている。④実生は種子を播いて発芽させる繁殖方法である。

選択科目
[環境系・農業土木]

41 解答▶③ ★

床締めの説明である。

42 解答▶④ ★★★

最小化は工種の選定制限による工事を実施することを原則とする。

43 解答▶② ★

修正は、環境の回復等を目的とした工事をすることを原則とする。

44 解答▶④ ★

力の3要素は、力の大きさ・力の向き・力の働く点（作用点）である。

45 解答▶② ★★

$M = P \times \ell = 150 \times 0.3 = 45N \cdot m$
cmをm単位に直して計算する。

46 解答▶④ ★

④の状態のとき、物体は釣り合いの状態にあるという。

47 解答▶① ★★★

$\delta = \dfrac{P}{A} = \dfrac{40000}{200} = 200N/mm^2$

48 解答▶③ ★★★

「密封した容器中の静止している液体の一部に加えた圧力は、液体内のすべての部分に同じ圧力で伝わる。」ことをパスカルの原理という。これを応用したものが水圧機である。

49 解答▶③ ★★

$Q = A \times V = 1 \times 0.5 = 0.5m^3／s$
$A = B \times H = 2 \times 0.5 = 1m^2$

50 解答▶① ★★

礫75mm～2mm、砂2mm～75μmm、シルト75μmm～5μmm、粘土5μmm以下

選択科目 ［環境系・林業］

41 解答▶③ ★★

　森林環境税については、令和6年度から課税される。森林環境譲与税は、令和元年度から都道府県と市町村に対し譲与が始まる。この税は、市町村が行う間伐や人材育成・担い手の確保、木材利用の促進等の森林整備及びその促進に関する費用並びに都道府県が行う市町村による森林整備に対する支援等に関する費用に充てられる。

42 解答▶④ ★★

　気温は標高が高くなるにつれて低下し、植生分布に影響を与える。①時間とともに植物の種類が交代していく遷移のうち、土壌が形成されていない場所から始まるもの、②すでに構成していた植物が破壊されてから始まる遷移、③水平分布とは、南北に長い日本列島において、気温によって植生が変化すること。

43 解答▶② ★★

　①コナラやクヌギなどの広葉樹の方が萌芽更新に適している。③建築材としてはスギやヒノキなどが主であり、萌芽更新ではなく植栽している。④萌芽更新では、高齢級の樹木よりも20年生くらいの樹木を伐採した方が、切り株から芽が発生しやすい。

44 解答▶① ★★

　天然林などの一次林は人間活動の影響をほとんど受けない森林で、樹種の構成や階層構造が多様である。伐採や自然災害などの結果でき上がった森林を二次林という。スギなどの苗木を植栽した森林は人工林であり、二次林に含まれる。

45 解答▶④ ★

　①枝打ちは、無節の通直・完満な材を生産するため、不要な枝を切り取る作業、②皆伐は、育成した樹木をすべて一斉に伐採すること、③除伐は、育成しようとする樹木以外の木を切り除く作業。

46 解答▶② ★★

　①②チェーンソーにより玉切るのが一般的だが、高性能林業機械であるハーベスタやプロセッサで玉切ると効率が良い。③玉切りは造材作業の一つである、④玉切る長さは、柱材では3m、横架材では4mなど利用目的に応じた長さに切る。5mには殆ど切らない。

47 解答▶④ ★★★

　スギは日本の湿潤な気候に合っており、現在でも、加工のしやすさなどから柱などの建築材の中心である。①きのこの原木用は、コナラやクヌギ、②タンスなどの家具類には、桐やケヤキなどの広葉樹が使われることが多い。③材木の強度では、スギ材はカラマツ材やヒノキ材より劣る、④スギ材の中心部（心材部）は赤みがかった材が多い。

48 解答▶② ★

　高性能林業機械とは、従来の林業機械に比べて、作業の効率化、身体への負担の軽減等、性能が著しく高い林業機械をいう。図はプロセッサで、材を枝払いして、一定の長さに玉切り（造材）している。

49 解答▶④ ★

　輪尺は、樹木の胸高直径（地際から1.2m位の樹木の直径）を測定する機器。①測竿は、木の根元から伸縮式のポールを伸ばして樹高を測定する機器。③ブルーメライスは測竿と同様に樹高を測定する機器。

50 解答▶② ★★★

　①根元に近い方が元口であり、先端に近い方が末口である。②1石は約0.278m³（1m³＝約3.6石）③末口自乗法（二乗法）とは、末口直径

×末口直径×長さで求める。④取扱量の多い丸太の長さは、合板用ならば2 m、柱材ならば3 m。建築用では3〜4 mが多い。

2018年度 第1回 日本農業技術検定3級 解説

（難易度）★：やさしい、★★：ふつう、★★★：やや難

共通問題 ［農業基礎］

1 解答▶① ★★

①土の表面を平らにしたり、うねの形を整えたり土の塊を砕いたりするのは「くわ」である。②草を集めるために使用するのはレーキである。③土を堀り返したり、庭木の植え付けなどに使用するのが剣先スコップである。④は欧米で伝統的に用いられてきた刈り取った麦や干草などを持ち上げたりするためのフォークである。

2 解答▶③ ★

乗用と歩行用があり、どちらも苗供給装置、植え付け装置、機体支持装置、エンジンから構成されている。写真は乗用田植機である。これまでの稲作では「田植え」作業は最も負荷の大きな作業のひとつであったが、「田植機」の開発により作業の負担は大幅に改善された。田植機と収穫機（コンバイン）の開発は作業性の向上や省力軽減にとどまらず個人による大規模な稲作を可能にした。また、田植機の開発は、種もみを苗代で育苗するといった従来の苗作りから育苗箱（規格がある）による育苗に転換させるなど稲作技術を大きく進展させた。

3 解答▶④ ★

植物の成長には、これまで16の元素が必要と言われていたが、現在はニッケルを加えた以下の17元素を必須元素と呼んでいる。（炭素（C）、水素（H）、酸素（O）、窒素（N）、リン（P）、カリウム（K）カルシウム（Ca）、硫黄（S）、マグネシウム（Mg）ホウ素（B）、塩素（Cl）、マンガン（Mn）、鉄（Fe）、亜鉛（Zn）、銅（Cu）、モリブデン（Mo）、ニッケル（Ni））このうち、NとPとKは植物の成長に特に必要で自然界の供給量では不足するので肥料として与えている。そのため、この3要素を肥料の三要素と呼ぶ。また、上記の元素の過不足により作物が軟弱に成長し病気にかかりやすくなったり、正常に成長しないことを要素欠乏症や過剰症と呼ぶ。

4 解答▶② ★

ムギ（麦）とは、コムギ、オオムギ、ライムギなどイネ科穀物の総称である。日本では、コムギ、六条オオムギ（カワムギ、ハダカムギ）を三麦と呼び、食糧法によりムギの価格は政府により統制されている。また、オオムギは世界最古の穀物のひとつといわれており、アルコールの原料や家畜の飼料として用いられている。コムギは世界3大穀物であり世界中で栽培されトウモロコシに次いで生産量が多い。パン、麺、菓子類の原料として利用されている。

5 解答▶① ★★

バラ科のものとしてバラ、イチゴ、リンゴ、ナシなどがある。②はキク科 ③ユリ科 ④ラン科である。栽培においては、科の特徴をつかんでおくことが大切である。

6 解答▶④ ★

花が種子植物にとっての生殖器官

である。種子植物の受精は雄しべで作られた花粉が雌しべに受粉し雌しべの奥にある胚珠に届くことによって起こる。被子植物では花粉が雄しべの薬（やく）、胚珠は雌しべの子房で形成される。雌しべにはその先端に柱頭がある。花はこのほかに花びらや萼・蜜腺などで構成されている。また、花の構造や形態は花粉の媒介方法の違い（風媒花・虫媒花など）により異なってくる。

7　解答▶①　★

一般に、日照時間が充分で、光合成が活発であると糖度が高くなる。一方、日照不足や土壌水分が多いと、糖度は低くなりやすい。

8　解答▶②　★

光合成は植物や藻類など光合成色素を持つ生物が光エネルギーを化学エネルギーに変換する生化学反応である。緑色植物では、光エネルギーを葉緑体で受容して根から吸収した水と葉の裏の気孔から吸収した二酸化炭素から糖を合成する。

9　解答▶②　★

干害は長期間雨が降らないと発生する気象災害である。農業は、最も天候の影響を直接的に受ける産業のひとつであるが、気象災害を最小限に止めるためには、地域の天候の特徴を把握して栽培体系を考えて品種を選択（適地適作）したり、かんがい設備の導入やハウス等の施設を活用するなど地域に適した対策を考えることが大切になってくる。

10　解答▶④　★★★

①土壌溶液中の酸性・アルカリ性の度合いを示す。②水と土との結合力を示す値で、土壌水分の目安を示し、Cが多いと生殖成長に傾く。③物質中の炭素とチッ素の割合を示す。④ECは電気伝導度であり、土中の肥料分（塩類）が多いほど電気

が多く流れることを利用した測定法である。

11　解答▶②　★★

有機質肥料は他に、魚かす、骨粉、鶏ふん、米ぬか、木灰、草木灰、堆肥などがある。①苦土とはマグネシウムでMgを含んだ石灰、③栃木県鹿沼から産出される酸性の土壌、④一般的に無機質肥料のことである。

12　解答▶②　★★

A肥料の窒素成分は16%であるから、肥料10kgに1.6kgの窒素成分が入っている。よって、窒素成分で16kg相当量を畑に施すには、A肥料100kgが必要となる。

13　解答▶④　★★★

土の中で使われなかった肥料分が残ると塩類濃度が高くなり、生育障害が発生する。塩類集積が進むと土中の塩類（これまで施してきたが余剰分として残った肥料など）が毛細管現象により地表に集積され白い塩類の結晶が確認できるようになり作物栽培が困難な土壌となってしまう。この場合、土壌機能の回復には長い時間と費用を費やすことになる。ハウス栽培では降雨が期待できないため塩類集積が起こりやすい。対策としては、ハウス内を湛水状態にして塩類を排出したり、塩類吸収力の高い植物（クリーニングクロップ）を栽培するなどの方法がある。これには、トウモロコシやソルガムなどイネ科が適している。

14　解答▶①　★★

ジャガイモの花と本葉の写真。ジャガイモはトマトやピーマンとともにナス科であり、花はナスの花に似ている。

15　解答▶④　★

写真はミツバチである。植物が結実するためには受粉（受精）が必要になるが、イネのように自家受粉す

るものを除くと花粉が風や昆虫等によって雌しべに運ばれなければならない。花粉を運ぶ昆虫等を花粉媒介者（ポリネーター）と呼ぶ。イチゴ等のハウス栽培は閉鎖された空間で栽培するため自然界のポリネーターによる受粉を期待することができない。そのため、マルハナバチやミツバチをハウス内に放飼することで受粉を促している。

16　解答▶②　★

　農薬の使用は、病害虫や雑草の発生状況に応じて、適切な使用が原則である。農薬は、作物や品種に応じて使用回数、使用時期・濃度が決められている。また、同じ器具で除草剤と殺虫殺菌剤を散布すると薬害が発生する場合もあるので、器具の使い分けが必要となる。

17　解答▶②　★★

　写真はカタバミ。匍匐茎で地表に広がるように生育するうえ、種子を勢いよく飛ばし繁殖する。繁殖力が強く、根も深いため駆除に手間がかかる雑草である。

18　解答▶②　★★

①コナジラミ：幼虫、成虫が口針を植物組織に突き刺して、吸汁し、余剰の水分を肛門から排泄する。この排泄物は甘露と呼ばれ、ススを併発する。

②ふ化直後の幼虫は、集団で葉裏を、表皮を残すようにして食害する。中齢以降は、葉脈や葉柄を残して暴食するため、作物が丸坊主になることがある。

③幼虫・成虫ともに葉裏に寄生することが多く、吸汁する。

④口針で吸汁する。

19　解答▶①　★★

　写真はイラガの幼虫であり、成虫は蛾（ガ）である。1cm程のウズラ模様の卵であり、ふ化した幼虫は周辺の葉を食べて成長する。幼虫はトゲの生えた突起があり触れると激しい痛みに襲われる。

20　解答▶④　★★

　①はスベリヒユ（スベリヒユ科、1年生雑草）、②はスギナ（トクサ科、多年生雑草）、③はアカザ（アカザ科、1年生雑草）、④はナズナ（アブラナ科、越年生雑草）である。

21　解答▶③　★★

①すきなどを引くなど労力を求めるものを役畜という、②肉・乳などを提供するのは用畜という。④家畜にはミツバチやカイコも含む。

22　解答▶③　★★★

　①は卵肉兼用種、②卵用種、④肉用種

23　解答▶①　★

　ブラウンスイス種は、スイス原産の三用途兼用種（乳・肉・役用）で、アメリカで乳用種に改良された。日本には第二次世界大戦後、アメリカから輸入されたが、ホルスタイン種に比較すると泌乳量が少なく普及しなかった。しかし、乳はチーズ等に適しているとの評価が高まり飼養頭数は増加している。黒毛和種は、飼養されている和牛の95％を占めている。明治時代に在来種とブラウンスイス種など外国の品種と交配して生まれた。肉質に優れ去勢牛は生産者の飼養技術と相まって美しい大理石模様の「霜降り肉」を生産する。海外では Japanese Black と言われ高く評価されている。ヘレフォード種は、英国原産の肉用種で丈夫で飼養しやすい特徴のため世界に広まり、各国で品種改良に利用されてきた。ランドレース種は、デンマーク原産のブタの品種名である。

24　解答▶③　★★

　摂取した飼料のうち未消化の部分を口に戻し、そしゃくして再度胃に

送り込むことを反すうという。①②④は反すう胃を持つ反すう動物であり胃を4つ持つ。③のウマは人間同様に胃が一つしかない単胃動物であり、反すう胃を持たない。

25　解答▶③　　　　　　　★★★

　ボツリヌス菌は毒素型で土壌などに生息している。サルモネラ菌は、食肉や卵などが汚染源となることがある。腸炎ビブリオは、主に海産の魚介類に付着しており、それをヒトが生で食べることによって発生する感染型の食中毒の原因菌としては日本で発生する食中毒の発生件数でサルモネラ菌と並んで1-2位にあたり、特に1992年までは、日本の食中毒原因の第1位を占めていた。しかし、日本以外の国、特に欧米諸国での発生は少ない。これは刺身や寿司など、海産の魚介類を生食することが多い日本の食文化と大きく関連している。

26　解答▶②　　　　　　　★★★

　砂糖は酵母が持つ酵素によって、二酸化炭素とエチルアルコールに分解され、酵母の栄養源となる。さらに、パンに甘みを付けたり、生地の粘弾性を増し、デンプンの老化を遅らせる働きがある。

27　解答▶②　　　　　　　★★★

　ダイコンにはアミラーゼ（ジアスターゼ）、プロテアーゼ、リパーゼなどの消化酵素が豊富に含まれている。酵素は熱に弱いため、生のまますりおろして利用すると効果を得ることができる。

28　解答▶①　　　　　　　★★★

　固定資本は、農用機械・施設・大動物・果樹など、1年以上にわたって繰り返し農業生産に利用されるものである。農業経営費は、「物材費」〔諸材料費（種苗代・肥料代・農薬代・電力代・燃料代等）と減価償却費（建

物・機械施設等）の合計額〕と「雇用労賃」、「借地地代」、「借入資本利子」を加えたものをいう。農業生産費はある特定の生産物の単位当たり（例えば米60kg当たり等）に要した費用をいう。

29　解答▶①　　　　　　　　★

　農業生産は基本的に自然を対象にするため、作業も日照や気温、降水量等、その気象状況に影響されてしまう。農業の特徴として、同じ作物等を栽培、飼育してもほぼ同様な成果が出るといったことはなく、生産者が作物や家畜の持つ特性を最大限に発揮させる栽培、飼育技術が成果に大きく影響する。また、農作業の特性から栽培、飼育の期間を通じて作業量を均一化することは困難であると共に機械化の推進や付加価値の期待できる農法の導入、生産から販売までの一貫経営（6次産業化）等生産者の意欲や工夫が直接的に反映できる魅力がある。

30　解答▶①　　　　　　　　★

　限界集落は社会学者の大野晃氏が、1991年（平成3年）に最初に提唱した概念で高齢化が進み65歳以上の高齢者が人口の過半数を占め、共同体の機能維持が限界に達している状態を名付けた。フードデザート（食の砂漠）とは、生鮮食料品の調達が困難になった地域をいう。このことは、買い物の不便だけでなく加工食品などを買わざるをえなくなるため、結果的に栄養不足や偏りから起きる健康被害が問題となる。財政再建団体とは、地方自治体が抱える赤字額が一定の基準を超えた破綻状態にあり、地方財政再建促進特別措置法にしたがって財政再建計画を策定し総務大臣の同意を得た地方自治体のことをいう。ワーカーズコレクティブとは、協同組合のひとつであ

り、そこで働く労働者自身が資金を
持ち寄り所有、管理する協同組合で
ある。地方では、地域社会活性化の
担い手としても期待されている。

選択科目［栽培系］

31　解答▶④　　　　　　★★★
　シンビジウムはラン類、カーネー
ションは宿根草、チューリップは球
根類、マリーゴールドは一年草であ
る。

32　解答▶①　　　　　　　★★
　②ヒマワリは一年草、③シャコバ
サボテンはサボテン科の多肉植物、
④ガーベラは宿根草。

33　解答▶③　　　　　　　★★
　秋ギクは日長が短日条件に加えて
温度条件の両方が関係して花芽分化
し、開花する。

34　解答▶③　　　　　　　★★
　細菌、糸状菌は農薬が効く。ウイ
ルスは農薬が効かない。センチュウ
は微生物ではなく土壌中に生息する
線形動物で、植物に寄生する害虫で
ある。

35　解答▶①　　　　　　　　★
　トマトの整枝管理作業には芽か
き、摘葉、摘心などがある。摘葉は
通風や日当たりをよくするために、
古くなった葉などを取るものであ
る。摘心は、目的とする高さと段数
になった時に、茎の伸長を抑えるた
めに茎の先端を摘み取るものであ
る。また、着果数が多い場合は、摘
果をして果実数を減らす。

36　解答▶①　　　　　　　　★
　②ダイズは無胚乳種子で栄養分は
子葉に含まれる。③根粒菌は空気中
の窒素を固定して植物体内に取り込
む。④納豆、豆腐には完熟した豆を
使う。

37　解答▶①　　　　　　　★★
　播種後の緑化期間は20〜25℃で管
理し、緑化後は自然環境に慣らして
いく。

38　解答▶②　　　　　　★★★
　苗の大きさは乳苗、稚苗、中苗、

成苗の順で、生育量は大きくなる。分類は葉数で行い、田植機で使用する稚苗は3〜3.5葉である。

39 解答▶① ★★
窒素過多、高温多湿でいもち病発生が多くなる。種子消毒はいもち病の予防に効果がある。

40 解答▶④ ★★
ジャガイモはナス科で、茎である塊茎を食し、涼しい気候の北海道等が適するが、品種改良等により長崎、鹿児島での生産も多い。日本では北海道が最大の生産地で、春に植え付けて夏の終わりから秋にかけて収穫される。北海道に次ぐ大産地である九州の長崎県では、秋に植え付けて冬に収穫するのに加えて、冬に植え付けて春に収穫する二期作が行われる。ジャガイモはウイルス病に感染してしだいに収量が減少するため、ウイルスに感染していない無病苗を栽培するのが望ましい。

41 解答▶① ★★★
選種の方法として塩水選がある。うるち米は比重1.13g／cm³の塩水に沈んだもみを水洗いして陰干しにする。その後、予措の過程（消毒－浸種－催芽）を行う。消毒には薬剤を使用するほか温湯消毒の方法もある。浸種は積算温度100℃以上を目安とする。芽出し(催芽)は30〜32℃のぬるま湯に20時間つけると主根がわずかに出たはと胸状態になる。

42 解答▶③ ★
トウモロコシの発芽の最適温度は30〜35℃、最低温度7〜8℃、最高温度40〜45℃である。発芽までの日数は、温度に影響され積算温度で150〜200℃を必要とする。地下部では主根に続き幼芽が伸び、その後に幼葉しょうが地表にあらわれる。

43 解答▶④ ★★★
樹木の皮（bark：バーク）を原料

とした資材がバークで、これを利用した堆肥がバーク堆肥である。

44 解答▶② ★★
細粒種子は上から水をかけると流れてしまうため、底面から吸水させることが鉄則である。①キクはさし芽が一般的。③覆土をしないか、薄くする。④発根は葉の中の植物ホルモンによって促されるため、葉を少なくすることはあるが全て取り除くことはない。

45 解答▶① ★
リンゴは中心花が最初に咲き、そのあと側花が開花する。開花時に摘花したり、受精確認の後、摘果を行う。

46 解答▶② ★
岐根が発生する原因としては、ネコブセンチュウの他に、有機物や土の塊が根の伸長方向にあり、根の伸長を阻害することなどがある。

47 解答▶③ ★★
①②④は雌雄異花であり、両性花ではない。

48 解答▶① ★
1本の茎に2〜3本雌穂がつくので結実不良、結実過多を防ぐために行うことがある。

49 解答▶② ★
①トマトはナス科、②キュウリはウリ科、③ダイコンはアブラナ科、④イチゴはバラ科。

50 解答▶④ ★★★
①はキュウリの収穫までの日数。②はナス。③はイチゴ。

51 解答▶④ ★★
④のドラセナは熱帯地方に約50種が分布する。葉の美しさから観葉植物として重宝されている。

52 解答▶① ★
常緑性果樹にはカンキツ、ビワ、オリーブなどがあり、熱帯果樹も常緑である。

53 解答▶① ★★
　実生繁殖とは種子繁殖である。②
〜④は栄養体繁殖。

54 解答▶② ★★★
　ニンジンは明発芽種子である。

55 解答▶④ ★★
　キュウリ、バナナ、温州ミカン、
パイナップルなどは単為結果しやす
く、種子のない果実になりやすい。

選択科目［畜産系］

31 解答▶④ ★
　雌牛が性成熟して妊娠が可能とな
るのはおよそ10〜15か月齢である
（肉牛は生後14か月程度で初回種付
けを行うのが一般的である）。発情
はウシ、ブタの場合、約21日の周期
で受胎するまで繰り返される。季節
繁殖動物の発情は季節性であり、ウ
マの場合は春から夏、ヤギ、メンヨ
ウは秋とされる。

32 解答▶③ ★★★
　ヒナの選別にあたっては、活力が
あり、体が小さすぎず、へそのしま
りがよいもの、奇形や異常がないも
の、羽毛の成長が順調なものなどを
条件として考慮する。総排せつ腔に
汚れがあるものは、病気の疑いがあ
るので特に注意する。

33 解答▶④ ★★
　重量の構成割合は、卵白
（57〜63％）、卵黄（28〜31％）、卵殻
（8〜12％）である。

34 解答▶① ★★★
　産卵鶏はほぼ毎日1個の卵を産む
が、数日間連続的に産卵すると（連
産）、1日産卵を休み（休産）、再び
この連産と休産を繰り返す。この産
卵の周期性を産卵周期といい、1回
の連産の長さをクラッチという。

35 解答▶④ ★★
　雌雄鑑別方法には、肛門鑑別法(指
頭鑑別法)、機械鑑別法、羽毛鑑別法
などがある。④の羽毛鑑別法は、主
翼の発育の遅速による鑑別法であ
る。採卵養鶏では、不要な雄をとう
たするなどのように、養鶏産業に
とって雌雄鑑別は不可欠な作業であ
る。

36 解答▶② ★
　マレック病はウイルスが原因で起
こる。症状は呼吸困難・緑便・全身

まひ・貧血・発育不良である。予防には、生ワクチンの接種を行う必要がある。

37　解答▶③　　　★

デビークは悪癖を防止するため、ヒナのくちばしを焼き切ることである。ビークトリミング、断しともいう。つつきの予防はデビークだけに頼らず、飼育環境の改善などにも気を付ける必要がある。

38　解答▶④　　　★

Bはバークシャー種、Yは中ヨークシャー種、Lはランドレース種、Wは大ヨークシャー種の略号である。

39　解答▶②　　　★

ブタの妊娠期間は114日くらいで、個体により若干異なる。

40　解答▶①　　　★★

家畜伝染病予防法に定められている伝染病を法定伝染病と呼ぶ。豚コレラ、口蹄疫、流行性脳炎がある。

41　解答▶③　　　★

ブタには、子豚の時期を経て肉を生産する肉豚と、その肉豚になる子豚を生産する繁殖豚がいる。採卵鶏は、ふ化後約150日で産卵を開始する。また、ブロイラーとは、食肉用の若どりのことである（現在は肉用鶏を指すことが多い）。

42　解答▶①　　　★★

濃厚飼料とは、消化される成分の含量が高い飼料のことで、穀類、ぬか類、動物質飼料などがある。繊維質が豊富な牧草や乾草などは粗飼料である。一般に、高栄養飼料で育てると成長がはやいが、肉質については、給与飼料の構成とその切り替え時期などが関係する。

43　解答▶①　　　★★★

SPF（Specific Pathogen Free）とは、オーエスキー病などの指定された病原体をもっていないという意味

で、SPF豚を飼育するためにはSPF豚舎という特殊な畜舎が必要である。②は豚舎の方式、③は一般的にニワトリとブタで用いられる畜舎の方式、④は繋ぎ飼い牛舎の飼育方式である。

44　解答▶①　　　★

家畜排せつ物は、不適切な管理をすれば悪臭の発生や河川や地下水の水質汚染を招くなど、環境問題の原因となる。そのため、家畜排せつ物法では、野積み・素掘りなど不適切な管理をしないよう記されている。搾乳牛の年間当たりのふん量と尿量とでは、ふん量の方が多い。

45　解答▶②　　　★

①は第2胃についての説明。③は第3胃についての説明。④は第4胃についての説明である。第1胃はウシの胃全体の約80％の容積を占めていて、内部は絨毛が発達している。

46　解答▶②　　　★

②のロータリーパーラ方式は、回転する巨大な円形の台に乗せて保定し搾乳する方式である。①は尻を並べて両後肢の間から搾乳する。③は、後駆の乳器部分が並ぶようにウシを斜めに並べて搾乳する。④は搾乳者の両側2頭に並べて搾乳する方式。

47　解答▶①　　　★★

Bはひざ、Cは腰角、Dは飛節である。

48　解答▶②　　　★★

搾乳後の生乳は、バルククーラで撹拌（かくはん）されながら5℃以下に冷却される。工場に輸送されると、受け入れ検査をした後、清浄化、均質化を経て殺菌、冷却、充てん包装され、牛乳として出荷される。

49　解答▶②　　　★★

カンテツ症はカンテツが胆管に寄生し炎症を起こす病気で、中間寄主

のヒメモノアラガイの駆除が予防法
となっている。

50　解答▶③　　　　　★★★
　①は乳の排出に関わるホルモン、
②は発情に関わるホルモン、④は乳
の排出を抑止するホルモンである。

51　解答▶①　　　　　　★
　乳牛の乾乳期間については、現在
は約1.5か月〜2か月が推奨されて
いる。

52　解答▶②　　　　　　★
　産卵率は産卵個数÷飼育羽数×
100（％）で算出する。
　したがって9,850÷10,000×100＝
98.5（％）となる。

53　解答▶④　　　　　　★
　ヨーグルトは牛乳を発酵させて製
造するが、脱脂乳とは牛乳から脂肪
分を取り除いたものである。ナチュ
ラルチーズは製品としてでき上がっ
てから加工されていないチーズで、
プロセスチーズはいくつかのチーズ
を加熱溶融させて作ったチーズであ
る。牛乳の成分は季節や牛の泌乳ス
テージによって組成比が変わる。

54　解答▶②　　　　　★★
　写真の農業機械は糞尿混合物を汲
み取り、圃場に散布する装置である。
①はマニュアスプレッダ、③はブロ
ードキャスタ等を用い、④はケンブ
リッジローラー等を使用する。

55　解答▶③　　　　　★★
　写真はマニュアスプレッダで、堆
肥等を圃場に均等に散布するための
機械である。

選択科目 ［食品系］

31　解答▶③　　　　　★★
　日本では、乳等省令によって搾乳
したままの牛の乳を③の「生乳」とい
い、私たちが普段飲んでいる飲料乳
は、製造法により②の「牛乳」・「特別
牛乳」・「成分調製牛乳」・「低脂肪牛
乳」・「無脂肪牛乳」・「加工乳」・「乳
飲料」の7つに分類される。④の初
乳とは、分娩後数日間分泌されるタ
ンパク質やミネラルが多い乳のこ
と。

32　解答▶③　　　　　　★
　食品を低温に保つと、微生物の増
殖だけでなく、酵素作用が抑制され、
食品の貯蔵期間を長くできるが、冷
蔵により生理障害を起こしかえって
変質しやすくなるものもある。この
現象を③の低温障害という。

33　解答▶①　　　　　★★
　②のサルモネラ菌は、発熱・腹痛・
下痢を起こす通性嫌気性菌で、馬・
牛・鶏などの腸管に広く分布してい
る。③の大腸菌は、動物の消化器官
あるいは腸内に生息する細菌。人間
や動物の排泄物あるいは水や食品の
汚濁度を図るための指標として大腸
菌群数が測定される。④の腸炎ビブ
リオは、海水と同じ35前後の塩分が
あると増殖する。嘔吐・下痢・激しい
腹痛を起こすが、魚介類や魚介類を
調理したまな板・包丁からの2次感
染も多い。

34　解答▶②　　　　　★★
　食品添加物は、食品衛生法によっ
て、①の指定添加物、②の既存添加
物、③の天然香料および④の一般飲
食物添加物に分類されている。指定
添加物は、安全性・有効性を確認し
て厚生労働大臣が指定したもの。既
存添加物は食経験があり、これまで
に天然添加物として使用されていた

もの。天然香料は動植物から得られ、食品に香りをつけるためのもの。一般飲食物添加物は、一般には食品であるものが、食品添加物として使用されるもの。

35　解答▶④　　　　★★★

ごみの減量化と再利用の実現のため容器包装リサイクル法が、1995年に制定された。プラスチック容器からリサイクルされるのは、主にパレットや土木建築用資材である。卵パック・食品用トレイ、繊維・衣料品、飲料用ボトルなどは、ペットボトルからリサイクルされる。

36　解答▶②　　　　　★★

生のデンプンをβデンプンといい、食べても消化されにくいが、水を加えて加熱するとα化デンプンになる。炊き立てのご飯はα化デンプンである。しかし、冷めると部分的にもとのβデンプンに近い状態となり、ぼそぼそとした食感になる。

37　解答▶②　　　　　★★

精白したコメは、米飯や清酒用などのように粒のまま加工する場合と②の上新粉、④の白玉粉などのように粉にして加工する場合がある。上新粉は、うるち精白米を原料とし、白玉粉は、もち米を原料としている。①の片栗粉の原料は、ジャガイモであり、③のコーンスターチの原料は、トウモロコシが使用されている。

38　解答▶③　　　　　★

②の共立て法は、全卵を砂糖とともに35〜40℃で泡立てる。きめ細かいクリーム状の気泡となる。③の別立て法は、卵白と卵黄に分け、別々に泡立てた後、混合する。固く、コシがあって、しっかりした気泡になる。

39　解答▶②　　　　　★

②の強力粉は、生地のグルテン形成が重要なパン生地に使い、③の中力粉は、主に麺類の製造に利用される。④の薄力粉は、グルテン形成をおさえた菓子類の製造に適する。①のデュラム粉は、独特のグルテンとカロテノイド色素を持ち、マカロニやパスタ等に利用される。

40　解答▶④　　　　　★

①は水分が切れやすい豆腐を凍らせて脱水し、乾燥させたもの。②はかために仕上げた豆腐を薄く切って水気を除き、120℃の油で揚げ、ついで、180〜200℃の油で揚げて固めたもの。③は豆腐を圧搾し粘りが出るまで練り、ヤマノイモやにんじんなどを入れ、油で揚げたもの。

41　解答▶③　　　　　★★

炭水化物を主成分とする豆類は、小豆・インゲン・緑豆・エンドウ・ソラマメなどがある。緑豆は、暗発芽させ、もやしとして食べるほか、そのデンプンを原料として、はるさめが作られる。上記の豆類は、乾燥100g当たり約58〜60gの炭水化物を含み、タンパク質は、約20%である。脂質は、約2%しか含んでいない。

42　解答▶④　　　　　★

④のコンニャクイモは、サトイモ科の多年生植物を数年栽培した球根である。コンニャクを製造する場合は、グルコマンナンの性質を利用して、糊状になるまで撹拌し、その後アルカリ性の凝固剤で凝固させ、製品化する。

43　解答▶②　　　　★★★

②のエチレンは、追熟ホルモンともいわれ、青果物の呼吸量を増加させ、クロロフィルの分解や糖度の増加を促進するなどの作用がある。また野菜の鮮度保持のために吸着や分解によりエチレンを除去する。他①・③・④は、色素類。

44　解答▶①　★

①のペクチンは、デンプンやセルロースなどと同じ多糖類の一種で、植物の細胞と細胞を接着させている。ペクチンの水溶液が、糖や酸の作用によってゲル化する。ショ糖や果糖・ブドウ糖・水あめなどもゲル化に効果がある。ゲル形成には、55％以上の糖度が必要である。ペクチンのゲル化にはpHが大きく影響し、pH3.6以上でゲル化しない。pH2.7～3.1で良好なゲルが形成される。

45　解答▶④　★

渋味の原因は、④のタンニンである。甘柿では、果実が成熟するとタンニンが不溶化して渋味を感じない。渋柿ではタンニンの不溶化が不十分のため渋味を感じるが、剝皮・乾燥中に追熟されタンニンが不溶化し渋味を感じなくなる。

46　解答▶④　★★

ミカン缶詰製造において、剝皮したのち、じょうのうを一つずつに分離し、塩酸溶液、ついで水酸化ナトリウム溶液に浸ける。この処理により、じょうのう膜のペクチンが溶解し、じょうのう膜が除かれる。流水にさらして残存する水酸化ナトリウムを洗い流し、残っている太い繊維を取り除き、じょうのうの処理を終え、次の工程に移る。

47　解答▶①　★★

食品に含まれる天然の色素はフラボノイド、アントシアニン、クロロフィル（葉緑素）、カロテノイドなどであり、これらの色素はpHによって変化するものが多い。レモン果汁はクエン酸を含みpHが低く、イチゴに添加するとアントシアニンが赤く発色する。

48　解答▶①　★★

②のウインナーソーセージは、羊腸または製品の太さが20mm未満のケーシングにつめたもの、③のボロニアソーセージは、牛腸または太さ36mm以上のケーシングに詰めたもの。④のドライソーセージは太さに関係なく、水分を35％以下に乾燥させて保存性を持たせたもの。

49　解答▶③　★★★

新鮮な生肉に含まれている色素は、ミオグロビンで、硝酸塩や亜硝酸塩などの発色剤を塩漬時に添加したことによる鮮赤色の成分は、ミオグロビンに硝酸塩が結合した③のニトロソミオグロビンである。①のオキシミオグロビンは、ミオグロビンが空気の酸素と結合したことによって生じる。オキシミオグロビンがさらに空気中で酸化を受け④のメトミオグロビンとなる。加熱調理し煮た肉は②のメトミオクロモーゲンとなり、暗色を呈する。

50　解答▶④　★

牛乳の比重は、脂肪の含有量により変化する。比重が小さいと脂肪量が多く、比重が大きいと脂肪以外の無脂乳固形分が多くなる。正常な生乳であれば、比重は、1.027～1.035（15℃）である。正常乳の指標として、成分規格で比重を定めている。

51　解答▶④　★★★

食品中のタンパク質の定量は、タンパク質に含まれている窒素の量を測定し、窒素量に窒素タンパク質換算係数をかけて食品中のタンパク質量を求めている。④のセミミクロケルダール法は、硫酸分解した試料を強アルカリとして水蒸気蒸留し、遊離したアンモニアを捕集し、中和滴定によって窒素量を求める方法である。①のニンヒドリン反応、②のビューレット反応、③のキサントプロティン反応は、タンパク質の定性法として用いられる。

52 解答▶③ ★★

①の乳飲料は、牛乳を原料として作られた飲料乳や乳製品以外のもので、コーヒー牛乳等が相当する。②の加工乳は、乳成分を増やしたり減らしたりしたもので低脂肪乳などが相当する。④の発酵乳は、乳に乳酸菌を加えて発酵させ風味や保存性を高めた製品である。

53 解答▶① ★★

ルイ・パスツールは1860年代にワインの製造業者の依頼を受け、ワインの品質を損なわずに、50〜60℃で殺菌する方法を発見した。しかし、日本においてはそれよりも300年くらい前から酒の品質を安定させるため酒を60℃程度に加熱する火入れを行っていた。

54 解答▶① ★★★

①の濃口しょうゆと同じ麹を使い、米や甘酒を加えて色が濃くなるのをおさえたものが②の薄口しょうゆ、ダイズに少量のムギを加えて麹の原料としたものを④のたまりしょうゆ、少量のダイズにムギを加えたものを麹の原料とし、色の濃くなるのを極力おさえたものを③の白しょうゆという。

55 解答▶④ ★★★

農作物を害虫や病原菌から保護し、収量を高めるため、種々の農薬類が使用される。それぞれの農薬には残留基準が決められていたが2006年5月さらに厳しい残留基準制度（ポジティブリスト制度）が導入された。一定量をこえて農薬等が残留する食品の販売や輸入等を原則禁止することとし、これまでに基準のなかった農薬についても人の健康をそこなう恐れのない量として一律基準0.01ppm以下にする規制が設けられた。また、生鮮農産物だけでなく加工食品にも、残留農薬基準あるいは暫定基準が設定された。

選択科目 ［環境系］

31 解答▶③ ★★
①致心（求心）：図板上の点と地上の測点を鉛直線上にあるようにする。
②整準（整置）：平板を水平にする。
③定位（指向）：図板上の測線方向と地上の測線方向を一致させる。
④調整：誤差等を整える。

32 解答▶③ ★★★
アリダードの点検
①気ほう管軸と定規底面は平行である。
②視準板と定規底面は直交する。
③視準面は定規底面と直交する。
④視準面は定規縁と平行である。

33 解答▶② ★★
①チルチングレベル
②自動レベル
③電子レベル
④ハンドレベル

34 解答▶② ★★
①実線は、対象物の見える部分の形状を表す等。②破線は対象物の見えない部分の形状を表す。③細い一点鎖線は図形の中心を表す等。④細い二点鎖線は隣接部分を参考に表す等。

35 解答▶② ★

①水は
③地盤は
④割ぐりは

造園図面には、土木、建築、機械分野と同じものが多いので、代表的な記号は知っておくとよい。

36 解答▶① ★
肉太の書体で縦線と横線の太さが同じように感じられるように作られた書体である。文章の見出しなどに用いられている。ゴチック体ともいう。

37 解答▶③ ★★★
平板測量の方法では、道線法は骨組み測量。放射法は細部測量。三辺法は面積の算定に用いる。

38 解答▶③ ★★
外周の長さは直径の約3.14倍である。 6.28÷3.14＝2.0m

39 解答▶① ★
森林レクリエーションのひとつに、樹木の香気（フィトンチッド）を浴び、目を癒やす緑、体に優しい環境の中で適度な運動により心身をリフッシュできる効果がある。

40 解答▶② ★★★
その土地が栽培する植物に適さない場合に、性質の異なる土を混入または取り替えて土壌の性質を改良すること。

41 解答▶② ★★
①木材価格の低迷等から手入れされずに放置された森林が多く、土砂災害防止等の森林の公益的機能の発揮が危ぶまれている。③広葉樹の多くは植栽をしない天然林である。④森林の蓄積量は年々増加しており、利用拡大が望まれている。

42 解答▶② ★
①土砂災害防止機能、③森林は大気浄化、騒音緩和など快適環境の形成に役立っている。④水源かん養機能。

43 解答▶① ★★
アカマツは、樹皮が朱色に近く、比較的乾燥にも強い。木材としても高い強度を持つことから梁などの建築材やチップ、経木などに利用。

44 解答▶① ★★
ヒノキは日本の気候に合っており、柱材や板材などとして建築材の中心である。②タンスなどの家具にはキリ（桐）やケヤキなどが使われ

ることが多い。③シイタケ用の原木はコナラやクヌギなどである。④パルプ用としては製材の過程で生じた端材や曲がり材などを原料としている。

45　解答▶③　★

　刈払機を使用して下刈りを行い、幼木の成長を促す。下刈りは夏期に行うことが多い。構造は原動機、シャフト、回転鋸からなり、日本国内で業務として刈払機を用いる場合には、安全衛生教育を受講する必要がある。

選択科目 ［環境系・造園］

46　解答▶③　★

　横の線が強調されている灯籠である。池や水辺に置かれる場合が多い。「浮見」から転訛したともいわれる。

47　解答▶③　★

　四つ目垣には、いぼ結び（男結び）を用いる。竹垣制作の重要なロープワークで、ぜひ身に付けたい技である。

48　解答▶④　★★★

　水を用いず、石や砂で広大な山水を象徴的に表現している。禅宗の修行の場であるとともに、人々に禅の心を感じさせ、理解させようとする場でもあった。

49　解答▶④　★★★

　マダケは日本を代表するタケ。造園では唐竹またはガラタケという。葉は平行脈をもつ被子植物の単子葉植物である。イネ科の代表的な植物として稲、麦がある。タケ、ササはイネ科である

50　解答▶①　★★★

　道路や街路樹等の線を追っていくと１点に収束する。この点は様々な線が最終的に集まり消えてしまう点なので消点という。１消点透視図の場合、対象物の消点は視線上にあるため、これを特に視心という。

51　解答▶③　★

　担子菌類で、さび菌。５〜６月頃になると、葉の裏側に糸状のものが表れる。その後は腐り黒い斑点となる。病原菌はビャクシン類を中間宿主としている。

52　解答▶④　★

　求心器の下部に取り付けて、平板上の点と地上の測点の位置を一致させる器具で、下げ振りという。

53 解答▶③ ★★

アメリカ合衆国北西部にある。1872年にワイオミング州北西部の湖を中心に、モンタナ州、アイダホ州の3州にまたがる広大な面積のイエローストーン国立公園が世界最初の国立公園として制定された。

54 解答▶④ ★★★

落葉広葉樹。別名アメリカヤマボウシ、ドッグウッド。北アメリカ原産。

55 解答▶④ ★

街区公園は誘致距離250m（直径500m）の範囲内で1カ所当たり面積0.25haを標準として設置する。

選択科目
［環境系・農業土木］

46 解答▶③ ★★★

①修正
②最小化
④回避

47 解答▶③ ★★★

①多様な動植物が生息・生育する部分を通過しないように路線計画を行う。②動物の移動経路を通過しないように路線計画を行う。④生息・生育する動植物を一時的に移設し、工事後復旧する。

48 解答▶③ ★

①混層耕（下層土に肥沃な土層が存在する場合に反転、混和を行い、作土厚の増加や心土の改良を図る）
②心土破壊（硬く締まった土層に亀裂を入れ膨軟にし、透水性と通気性を改善する）
④床締め（漏水の激しい水田に対して、浸透抑制を図る）

49 解答▶④ ★

$$P_1 / A_1 = P_2 / A_2$$
$$P_2 = A_2 P_1 / A_1$$
$$P_2 = 20 \times 50 / 10$$
$$P_2 = 100N$$

50 解答▶④ ★

円を描く時に用い、簡単に描くことができる。

51 解答▶④ ★★★

0.001mm (1μm)	0.005mm (5μm)		0.075mm (75μm)	2.0mm		75mm
コロイド 粘土		シルト		砂		礫

52 解答▶④ ★★

水圧機の説明なので、パスカルの原理

53 解答▶② ★★

$$300 \times 2 = P_B \times 3$$
$$P_B = 600 \div 3$$
$$P_B = 200$$
$$300 + 200 = 500N （支点の重$$

量は $P_A + P_B$）

54　解答▶③　　　★★★
⊿1（のび量）1（部材のもとの長さ）
ひずみ（ε）＝⊿1／1

55　解答▶④　　　★★
釣り合いの3条件
水平分力の和が0（Σ H ＝ 0）、垂
直分力の和が0（Σ V ＝ 0）
力のモーメントの和が0（Σ V ＝
0）

選択科目［環境系・林業］

46　解答▶④　　　★
①人工林は約41％であり、自然林
が約53％である。②約40年前と森林
面積はほとんど変わらない。③国土
の約2／3（66％）が森林。

47　解答▶②　　　★
①天然林（自然林）の説明、②陰
樹とは日当たりの少ない環境でも生
育できる樹木のことで、ヒバ、トウ
ヒ、ツガ、ブナ、シイ、カシ類など
がある。③混交林の説明、④原生林
の説明

48　解答▶③　　　★
①種を取る樹木（母樹）から落下
した種から発芽する。②人の手に
よって苗木を植えたりして次世代の
森林を育てること。④天然更新と同
じ。伐採時に種を取るための母樹は
残しておく。

49　解答▶③　　　★
二次林とは伐採などの人間活動や
自然災害などの結果でき上がった森
林のこと。①天然林は一次林であ
り、人間活動の影響をほとんど受け
ない森林、②人工林は二次林である、
④原生林は一次林の一種である。

50　解答▶④　　　★
①はつる除去の説明、②は枝打ち
の説明、③は雪起こしの説明。除伐
は、形質の良い植栽木の成長を妨げ
る不要樹種や不良木、被害木の伐倒
や除去を行う作業

51　解答▶①　　　★
高性能林業機械とは、従来の林業
機械に比べて、作業の効率化、身体
への負担の軽減等、性能が著しく高
い林業機械。①フォワーダは集材、
運материヤ。②タワーヤーダは集材。③プ
ロセッサは枝払い、玉切り、集積を
行う。④ハーベスタは立木の伐倒、
枝払い、玉切り、集積を一貫して行

う。

52 解答▶① ★★
　②漸伐法は数回に分けて伐採。3
回の伐採を基本とすることから三伐
ということもある、③皆伐法は林木
すべてを一時に伐採する。④母樹保
残法は一部の成木を種子散布のため
に残し、他は伐採する。

53 解答▶③ ★
　地面から1.2m～1.3mの位置（胸
高）の直径（胸高直径）を測定する。

54 解答▶② ★
　①ブルーメライスは測竿と同様に
樹高を測定する機器。②測竿は、木
の根元から伸縮式のポールを伸ばし
て樹高を測定する機器。③輪尺は、
樹木の胸高直径を測定する機器。④
直径巻尺は、樹木の幹周りを測定し
直径を計測する。

55 解答▶③ ★
　①すべての木を測定するのは毎木
調査法。②④標準地を選ぶ場合は、
類似した林相の部分がひとまとめに
なるよう区分して選ぶ。③標準地は
10m×10mなどとする場合が多い。

共通問題［農業基礎］

1　解答▶④　　　　　　　★

写真はトマトである。トマトはナス科に属し、ナス、ピーマン、ジャガイモもナス科である。

2　解答▶④　　　　　★★★

胚乳は、発芽に際して胚の成長に必要な養分を供給しており、胚乳を持つ植物を有胚乳種子という。イネやトウモロコシなどは胚乳が可食部となっている。また、胚乳を持たない種子を無胚乳種子という。多くの無胚乳種子は、発芽時に必要な養分を胚乳の代わりに胚そのものの一部である子葉に蓄えている。マメ科の豆類、ブナ科のクリ、キク科のヒマワリは養分を蓄えて肥大した子葉が可食部となっている。また、ラン科植物の種子は胚乳がない。もしくは養分を貯蔵できない胚がある。ラン科の種子は、特定の共生菌類（たいていは担子菌）の生息する地面や樹皮上に落下すると、この菌の菌糸が胚組織に進入し、発芽に必要な養分を供給する。

3　解答▶①　　　　　　★★

冬期に葉を落とす落葉果樹に対し、1年中葉を付けている常緑果樹にはカンキツ類・ビワ・熱帯果樹などがあり、つる性にはブドウ・キウイフルーツがある。

4　解答▶①　　　　　　★★

多くの農作物は弱酸性（pH6.0〜6.5）の土壌を好むが、サトイモ、ジャガイモ、ソバ、ブルーベリーなどは酸性土壌（pH5.5〜6.0）を好む。ホウレンソウの最適 pH はブドウやエンドウ、サトウキビと同様に pH6.5〜7.0であり中性の土壌を好む。一般的に土壌の pH の値は農作物の栽培を繰り返していると徐々に酸性に傾くので作目に適した pH に調節する必要がある。pH を上昇させるためには消石灰や苦土石灰などを施す。

5　解答▶③　　　　　★★★

①トウモロコシは未成熟種子（生）として利用も多い。②大豆の未成熟種子はエダマメとして利用する。④ラッカセイの未成熟種子はゆで豆として利用している。

6　解答▶①　　　　　　★★

白色レグホーン種はイタリアで品種改良された卵用種で平均産卵数は年間200から230卵といわれている。卵用種として世界で最も飼育されている。白色コーニッシュ種、白色プリマスロック種は共にアメリカで品種改良された肉用種で卵用種と比較すると大型でブロイラーに適している。ロードアイランドレッド種はアメリカで品種改良された卵用種で濃い褐色の卵（赤玉とも呼ぶ）を産卵する品種では産卵率が高いので赤玉卵用種の主流となっている。

7　解答▶①　　　　　　★★

我が国において乳用として最も多く飼養されているのはホルスタイン種であるが、正確にはホルスタイン・フリージアン種であり、ドイツのホルスタイン州及びオランダのフ

リースランドで育種改良されたもの。②、③はイギリスのチャネル諸島、④はスイスである。

8　解答▶④　　　　　★

家畜を飼育する場合、毎日排出される糞尿の処理が問題であり、放置すれば悪臭公害などの原因になる。現在は野積みなどは禁止され、堆肥センターなどで処理されることが多い。

9　解答▶③　　　　　★

最初の数字「10」は窒素、つぎの「4」はリン酸、「6」はカリの含有率％である。日本では、肥料取締法により肥料の品質や規格、施用基準や登録、分類が定められ販売される肥料には「生産業者保証票」が提示されその肥料の種類や成分量、生産者などが表記されるよう定められている。

10　解答▶③　　　　　★

一般に、作物の日当たりが良く、光合成が活発になると糖度が高くなる。光合成が活発に行われることで、多くの糖がつくられ、果実は甘くなる。一方、日照不足や土壌水分が多いと、糖度は低くなりやすい。また窒素肥料を少なくしたり、土壌を乾燥ぎみに保つと糖度は高くなる。

11　解答▶④　　　　★★

軟弱徒長を抑え、植物体を健全に保つことで、病気の感染防止につながる。窒素過多には注意する必要がある。

12　解答▶③　　　　★★

うどんこ病は、葉の表面全体が白く粉をまぶしたようになる。

13　解答▶②　　　　★★

畑地雑草は②メヒシバであり、①、③、④は、水田雑草である。

14　解答▶②　　　　　★

これは天敵利用であり、有害生物の生活の特性などから他の生物（有用生物）を利用して排除する方法。生物的防除は有害生物の天敵を利用する方法や、品種改良による病害抵抗性品種や台木の開発・利用、拮抗作用の利用がある。

15　解答▶①　　　　　★

写真はハスモンヨトウである。広食性であり、各種作物を食害する。防除方法としては、防虫ネットなどにより物理的に侵入させない方法や、適用のある薬剤を散布して防除を行う。成虫は、性フェロモン剤による交信かく乱も効果が期待できる。

16　解答▶③　　　　　★

写真はナミテントウの成虫である。幼虫、成虫共にアブラムシ類を食べる益虫として知られ、天敵生物として導入することにより、アブラムシの防除ができる（生物的防除法）。

17　解答▶③　　　★★★

①はトレーサビリティシステム、②はGAP、④はフードシステムの説明である。

18　解答▶③　　　　　★

土壌は、砂粒などの固体部分の固相、水分が含まれている液相、空気が含まれている気相の三相に分けられる。三相の比率はそれぞれの容積の比率であらわす。

19　解答▶④　　　　　★

緑色植物の光合成とは、葉に含まれる葉緑体で光のエネルギーを吸収して行われる二酸化炭素と水から有機物を合成する過程。その際、二酸化炭素と同容量の酸素が生成される。化学式は $CO_2 + H_2O \rightarrow (CH_2O) + O_2$ となる。

20　解答▶④　　　　　★

ブルーベリー等一部の植物を除いて、酸性土壌では根の発達が悪く活

力も鈍く、リン酸や微量要素などが吸収されにくくなる。そのため、土壌分析を行って、炭酸カルシウム（石灰資材）等を必要量施し適正な酸度に矯正する。

21 解答▶③　　　　　★
　土の中には塩類（窒素等の養分）が溶け込んでいるが、植物に利用されなかった場合、土に残留した塩類が土中の水分が蒸発するのに伴い土の表層に移動して集積し、作物の生育が阻害され、極端な場合は作物の栽培が不可能になる。塩類集積を改善する方法には、大量の水で塩類を流す方法や、植物のクリーニングクロップを栽培し塩類を吸収させる方法がある。

22 解答▶②　　　　　★
　写真はキュウリの種子の写真である。キュウリはウリ科に属する。ウリ科の野菜は他に、メロン、スイカ、カボチャ等がある。

23 解答▶③　　　　　★
　同じ畑等で同じ作物を繰り返して栽培することを連作というが、連作を続けると多くの作物で生育不良や品質低下等の生育障害が生じ連作障害と呼ばれている。これは、同一の養分が吸収されることによる土壌中の養分の偏りやセンチュウ等の害虫や病原菌の増加が主な原因と考えられている。堆肥等の有機物を投入したり薬剤を利用して病害虫を減少させる等、土壌環境を適切に管理することで連作障害を克服することも可能である。

24 解答▶②　　　　★★★
　酵素はタンパク質である。食品加工原料としての野菜類や果実類は貯蔵・流通時においても生命活動を継続しており、呼吸により基質である糖質の減少、熟度の進行による組織の軟化、損傷部での変質・変色など

が発生する。これらの変化には酵素が関与しているので、貯蔵・流通時には酵素の活性が高くならないように低温管理をしたり、損傷させないような貯蔵・流通手段が必要である。

25 解答▶④　　　　★★
　ジャガイモの貯蔵中に光が当たると表皮が緑化し、有毒なソラニンやチャコニンが生成される。

26 解答▶③　　　　★★★
　①はトマトピューレー、②はトマトケチャップ、④はトマトペーストである。トマトは、組織がやわらかく、破砕・搾汁が容易である。このため、果肉缶詰のほか、ジュースやピューレー、ペースト、それらを原料として製造されるケチャップなどの加工品がある。

27 解答▶①　　　　　★
　②は中山間地、③は生産調整農地、④は耕作放棄地に関する記述である。耕作放棄地の根拠となる休耕期間は、農水省の調査によって異なるが1年または2年であり、いずれも今後も数年間にわたって耕作の意思がない農地と定めている。

28 解答▶①　　　　　★
　耕作放棄地の定義は農林水産省の耕地および作付面積調査では「すでに2年以上耕作せず、将来においても耕作しえない状態の土地」。また、農林水産省が自治体を通じて5年ごとに調査する農業センサスでは、「過去1年間作付けされておらず、今後数年間のうちに再度耕作する明確な意思のない土地」とされている。

29 解答▶③　　　　★★
　①は「みずからの食について考え、食に関する知識と判断する力をつけること」、②は「家庭内で手づくり料理を食べること」、④は「レストラン等へ出かけて食事をすること」に関する用語である。

30　解答▶①　　　　　★★
　②トレーサビリティとは、食品の生産から加工・処理、流通、販売までの過程を明確に記録すること。③地産地消とは、地域で生産されたものをその地域で消費すること。GAPとは、農業生産工程管理のこと。

選択科目［栽培系］

31　解答▶②　　　　　★
　たねもみの構成は、もみがらと玄米であり、玄米はその外側を薄い種皮と果皮で包まれ、内部は胚と①の胚乳からできている。胚には幼葉しょう（しょう葉ともよぶ）や幼根など、将来、植物体になる器官のもと（原基）がある。胚乳は、この器官のもとが育つための養分の貯蔵場所になっている。

32　解答▶④　　　　　★★
　育苗による良い苗作りは田植え後の成長や収穫に大きな影響を及ぼす。特に移植法に見合った草丈と葉齢まで病害虫におかされず、苗のそろいをよくすることと、風乾重が大きく、乾物率や充実度が高いことが極めて重要である。

33　解答▶③　　　　　★
　1カ所に3粒程度まいたたねは条件が良ければ全て発芽する。3～4葉期に良い苗1本を残して間引く。必要でない苗を抜くときには、残す苗を引っ張ったり、痛めたりしないように注意しながら土中の茎頂より下の位置で切るか、ちぎるように行う。補植はあらかじめポリポットなどに種子をまいて補植用の苗を準備しておくことが望ましい。

34　解答▶④　　　　　★★
　ジャガイモの可食部は、地下茎の一部が肥大した「塊茎」である。茎が肥大して養分を蓄えるようになった球根には、サトイモやコンニャクイモ（球茎）がある。根が肥大したサツマイモは「塊根」、葉に養分を蓄えるユリは「りん茎」である。

35　解答▶④　　　　　★★
　サツマイモはヒルガオ科に属し、温暖な気候を好み、熱帯では多年生であるが、日本のような温帯での栽

培では1年生作物として扱われる。

36 解答▶①③ ★★★
①土壌の乾燥はカルシウムの吸収を抑制する。②は受粉不良。③は土壌の乾燥とその後の湿度過多。④は窒素肥料過多が原因とされている。

37 解答▶① ★★
写真はキュウリの葉に発生したべと病である。黄褐色で葉脈に区切られた多角形の病斑となる。べと病は糸状菌というカビの一種が原因で発生する。気温が20～24℃で多湿条件で発病しやすい。多湿を好み、胞子が飛散して感染する。

38 解答▶④ ★★
写真はツマグロヨコバイの雄である。雌の成虫は翅の先端がかすかに褐色になる。イネ科の害虫として知られ、吸汁害と、萎縮病などの伝染病を媒介する。

39 解答▶③ ★
アブラムシは口器を植物体内に挿入して吸汁するので、ウイルスは口器を介して感染する。

40 解答▶① ★
炭そ病はイチゴ、青枯れ病はトマトの病気である。害虫の発生はつぎ木とは無関係。

41 解答▶③ ★★
マリーゴールドは一年草、カーネーションは宿根草、ハボタンは秋まきの一年草および常緑多年草である。

42 解答▶② ★★
パンジーは－5℃の氷点下でも耐えることができるが、開花は休止する。

43 解答▶③ ★★★
アジサイは落葉低木で発根力が強いため、さし芽繁殖法が用いられている。

44 解答▶③ ★★
カーネーションは本来夏に咲き、長日で開花が促進される量的長日植物であるが、現在の園芸品種は四季咲きに改良されている。他は一季咲きである。

45 解答▶① ★★
単為結果は受精をしなくても果実は肥大するが、種子はできない。果樹ではバナナ、ウンシュウミカンなどがあるが、野菜のキュウリも現在は単為結果性を持ったものが栽培されている。②は種子が小さいため、食べても気にならない。

46 解答▶② ★★
写真はリンゴである。リンゴは落葉性の温帯果樹であり、仁果類に分類される。

47 解答▶③ ★★
実生苗は種子から繁殖させたもので、落葉果樹では親より悪いものができやすいため、品種改良以外あまり利用しない。

48 解答▶② ★★
日本ナシは鳥取県の青ナシよりも関東の赤ナシの生産が主流となっている。

49 解答▶④ ★★
写真の作業機は、ディスクハローで砕土をするために使う機械である。

50 解答▶③ ★★
作物の生育にとって必要不可欠な養分が必須元素であり、現在は16ある。このうち比較的多量に必要なものから順に多量元素の窒素、リン、カリウム、中量元素のカルシウム、マグネシウム、微量元素のホウ素、鉄、マンガンなどがある。

51 解答▶② ★
雑種第1代は両親よりも生育が旺盛で、収量や品質も良い。ただし、この特性は雑種第1代にしか現れないので、毎年種子を更新する必要がある。

52　解答▶④　　　　　★
　種子の寿命は１～２年であるが、冷蔵庫などの低温・乾燥条件で貯蔵すれば、さらに数年寿命を延ばすことができるものが多い。

53　解答▶①　　　★★★
　明発芽種子は播種後、覆土をしない。ニンジンは明発芽（好光性）種子、②～④は暗発芽（嫌光性）種子である。

54　解答▶④　　　　　★
　結きょう数の開花数に対する割合のことを結きょう率という。結きょう率（％）＝結きょう数÷開花数×100　で求められる。よって、この問いの場合は、80÷200×100＝40（％）

55　解答▶①　　　　　★
　接ぎ木は植物体の一部を切りとって他の個体に接ぐことで、接ぐ方を穂木（接ぎ穂）、接がれる方を台木とよぶ。

選択科目［畜産系］

31　解答▶②　　　　　★
　鶏に特徴的な消化器官は、発達した筋肉と内部に貯留したグリッドを使い歯の代わりにエサをすりつぶす筋胃で、場所はＢである。Ａは他の動物の胃と同じく胃液を分泌する腺胃、Ｃは盲腸で鶏では１対ある。

32　解答▶①　　　　★★
　卵管は、漏斗部、膨大部（濃厚卵白形成）、峡部（卵殻膜形成）、子宮部（卵殻形成）、膣部で構成されている。

33　解答▶③　　　　　★
　無精卵（未受精卵）や胚の発育状況を調べる。

34　解答▶③　　　　★★
　受精卵の胚は胚盤と呼ばれ、細胞が分裂して外胚葉・内胚葉・中胚葉に分かれていく。外胚葉からできる器官は、表皮、眼の水晶体、角膜、脳、脊髄、眼の網膜などである。内胚葉からできる器官は、消化管、肺、気管などである。中胚葉からできる器官は、骨格、骨格筋、真皮、腎臓、生殖腺、心臓、血管などである。

35　解答▶④　　　　★★
　ブロイラー（肉用鶏）は、早いもので６週齢（2.4～2.8kg）、通常は８週齢くらい（3.9～4.7kg）で出荷される。品種は白色コーニッシュ種や白色プリマロック種の一代雑種などである。

36　解答▶①　　　　　★
　ニューカッスル病はウイルスが原因のニワトリの病気で、法定伝染病である。ケトーシスはウシの代謝病、オーエスキー病はウイルスが原因のブタの病気である。口蹄疫はウイルスが原因となる法定伝染病で、ウシやブタなどの偶蹄類の家畜や野生動物が感染する伝染病である。

37　解答▶④　　　　★★
　写真は大ヨークシャー種の雌ブタ。特徴は、白色大型で、頭部はやや長く、顔面のしゃくれは少ない。耳はうすくて大きく、やや前方に向かって立つ。背は平直かやや弓状で、体長が長く、肢蹄は強健である。

38　解答▶①　　　　★★★
　②はおが粉豚舎、③はウィンドウレス豚舎、④は開放豚舎の説明である。

39　解答▶①　　　　★★★
　ブタは多胎動物で、平均１回の分娩で10頭以上を産むため、子宮角が長大にできている。

40　解答▶③　　　　★★★
　妊娠期間は114日、１頭ずつ娩出される。

41　解答▶①　　　　★★
　第１胃は最も大きく、胃全体の80％程度を占めている。ルーメンとも呼ばれ、微生物によって飼料成分が消化される。

42　解答▶③　　　　★★
　バンカーサイロとは、傾斜面や平地に設けた箱型のサイロである。主にコンクリートでできており、三面が壁になるような形状をしている。サイロ内に積んだ飼料を踏圧し、ビニールシートをかぶせタイヤなどの重しを置いて発酵させる。

43　解答▶①　　　　★★★
　褐毛和種は熊本県、高知県が主産地である。日本短角種は東北３県（岩手・秋田・青森）および北海道である。黒毛和種は九州・東北・中国地方など、全国に分布している。

44　解答▶①　　　　★★★
　アドレナリンは乳排出を促すオキシトシンと反対のはたらきをする。プロゲステロン、エストロゲンは繁殖に関わるホルモンである。

45　解答▶②　　　　★
　通常、交配後21日経って発情がこなければ、妊娠と判断する。これがノンリターン法である。最近では超音波断層法と呼ばれる妊娠診断法が生産現場で普及してきている。そのほか、ホルモンによる診断法や直腸から子宮の状態を触診する直腸検査法などがある。

46　解答▶④　　　　★★
　①はウシの繋ぎ飼いにおいて、個体を繋留するスタンチョン方式の説明である。③はミルカーの説明である。

47　解答▶②　　　　★★
　ストリップカップは搾乳時の前搾りで乳汁色の確認、ブツの確認等で使用する器具である。

48　解答▶③　　　　★
　き甲部は、左右の肩甲骨の頂点を結ぶ線と背骨とが交差する点である。

49　解答▶②　　　　★
　①は第４胃変位、③はカンテツ病、④はフリーマーチンの原因である。

50　解答▶①　　　　★
　写真の機械はテッダ等で乾燥、レーキで集草したものを梱包する機械である。

51　解答▶②　　　　★
　①ウシの上あごには前歯はない。③ウシは反すう動物であり、４つの胃を持っている。④草食動物であり牧草など粗飼料の給餌が必要である。

52　解答▶③　　　　★★
　写真は、家畜の消化吸収を助けるために、トウモロコシのみを加熱圧ぺん処理したものである。そのため、TMRのような混合飼料でも、配合飼料でもなく、単味飼料に分類される。また、穀物であるので、牧草等の粗飼料やビタミン剤に代表さ

れる特殊飼料には該当しない。

53 解答▶③ ★★
　①採石やプラスチックなどのろ床やポリエチレン製の円盤などの表面に膜層をつくらせ、汚泥と接触することで浄化処理を行う方法。②ラグーンと呼ばれる浅い池に汚水を入れ、一定期間滞留させることで、そこに生息する好気性微生物により汚水の浄化を行う方法。③連続式活性汚泥法が一般的に用いられている。④堆肥化装置の一種である。

54 解答▶① ★
　ニワトリのひなは初生びな、幼びな、中びな、大びなの順で成長する。小びなという分類はない。

55 解答▶① ★
　市販のほとんどの牛乳は、ホモジナイザー（均質機）で、脂肪球を細かく砕くと同時に、均等な分布状態となるようにしている。これを均質化（ホモジナイズ）という。この処理を行っていないものをノンホモ牛乳と呼ぶ。

選択科目［食品系］

31 解答▶② ★
　食品製造とは、収穫された農産物・畜産物・水産物をさまざまな手法により加工して消費者へ供給し、それが消費されるまでの過程を管理することである。食品加工に携わる者は単にものを作る技術を知るだけでなく、食品産業が占める位置と役割を含め、食品に関する多くの情報を収集し、知識を身につけることが求められている。

32 解答▶① ★★
　食品製造は、食品素材を加工し、貯蔵性・利便性・嗜好性・簡便性・栄養性などを付け加えることを目的にして行われる。貯蔵性は、乾燥・塩漬け・びん詰め・冷凍、利便性は、精米・製粉・製糖など、嗜好性は、菓子・清涼飲料、簡便性は、調理済み食品、栄養性は、健康の維持向上や病気予防効果を期待した食品などがある。

33 解答▶④ ★
　食品衛生法・第一章・総則・第一条では、「この法律は、食品の安全性の確保のために公衆衛生の見地から必要な規制その他の措置を講ずることにより、飲食に起因する衛生上の危害の発生を防止し、もつて国民の健康の保護を図ることを目的とする。」とある。①は健康増進法、②は不当景品類及び不当表示防止法、③は薬事法、④は食品衛生法の目的である。

34 解答▶② ★★★
　炭水化物の最小単位は単糖、単糖が2個結合したものが二糖類、単糖が3～9個結合したものが少糖類、そして単糖が10個以上結合したものが多糖類である。ブドウ糖が2個結合した二糖類は、②の麦芽糖である。

①のショ糖は、ブドウ糖と果糖、③の乳糖は、ブドウ糖とガラクトースが結合した二糖類である。④のグリコーゲンは、多数のブドウ糖が結合した多糖類である。

35 解答▶③ ★★★

砂糖の添加により、パンに柔軟な材質感を与え、デンプンの老化を遅らせる。①の酵母の糖化ではなく、発酵である。②の生地の粘弾性をおさえるのではなく、増加させる。④のパンの水分蒸発を防ぎ、保存性を高めるのは、砂糖でなく、油脂類である。

36 解答▶③ ★

食品は、大きく農産物・畜産物・水産物に分けられ、さらに共通の性質や特徴をもとに原材料・加工法・栄養成分など、多くの基準で分類されている。糖蔵食品は、加工・貯蔵法による分類で、他に乾燥食品・冷凍食品・塩蔵食品・レトルト食品・インスタント食品・発酵食品がある。③のマロングラッセは、糖蔵食品、①の納豆・④のかつお節は、発酵食品、②の塩辛は、塩蔵・発酵食品である。

37 解答▶④ ★★★

生鮮食品中には、食品の構成成分を分解する種々の酵素が存在し、これら酵素によって食品成分の分解が進行し、変質の原因となる。米が古くなると米粒中の脂質が分解し、脂肪酸を生成する。生成した脂肪酸の酸化分解によって古米臭を発し、食味も低下する。

38 解答▶② ★

食品に含まれる栄養素は、エネルギー源となるもの、血や肉になるもの、からだの機能を調整するものなどに大別される。1 g あたり約9 kcal のエネルギーを発生させ、水に不溶性のものは、②の脂質である。

①の炭水化物は、約 4 kcal。③のタンパク質も約 4 kcal である。④のビタミンは、エネルギー源や体をつくる成分ではないが人が成長し、健康を維持する働きをしている。

39 解答▶② ★

問いの要因がある過程は、加工・製造過程。①の生産・生育過程では、化学物質による水質や土壌の汚染、農薬や放射性物質による汚染。③の貯蔵・流通過程では、酸化・変敗、カビの発生、食中毒菌の付着・増殖。④の容器・包装過程では、容器包装用材そのものや不適切使用による有害物質の溶出など、いろいろな要因がある。

40 解答▶④ ★

食品製造とは、収穫された農産物・畜産物・水産物をさまざまな手法により加工して消費者へ供給し、それが消費されるまでの過程を管理することである。食品加工に携わる者は単にものを作る技術を知るだけでなく、食品産業が占める位置と役割を含め、食品に関する多くの情報を収集し、知識を身につけることが求められている。

41 解答▶① ★★

トマトケチャップの製造で行う①のブランチングは、選果・洗浄後のトマトを1〜2分間、沸騰水中で、加熱処理することで、トマトの皮が剥がれやすくなると共にトマトに含まれるペクチナーゼなどの酵素類が失活し、製造中における粘度の低下を防ぐことができる。

42 解答▶② ★★

糖酸比とは、糖と有機酸の量比のことで、成熟にともなって糖分が増え、有機酸は減少する。①の緑色色素は、主にクロロフィル。③の糖類は、果実によって異なるが、ブドウ糖・果糖・ショ糖が主体である。④

の主な有機酸は、一般にクエン酸や
リンゴ酸で、酪酸ではない。

43　解答▶②　　　　　　　★
　ジャム類を製造する場合、ペクチ
ンの性状や量、糖量、有機酸量（pH）
がペクチンのゼリー化の三要素とし
て直接関わる。①の脂肪酸や③の無
機質（ミネラル類）、④のビタミン類
は、直接ゼリー化には関わらない。

44　解答▶④　　　　　　★★★
　缶内に酸素が残存すると、色素や
ビタミンCを破壊して品質を低下
させるため、脱気・巻き締め工程を
行う。①の原料のミカンは、完熟し
たもので、未熟のものではない。②
のミカンは、熱湯で浸漬すると皮が
はがれやすくなる。③のじょうのう
は、温かくした薄い塩酸液、ついで
薄い水酸化ナトリウム液に浸け、膜
のペクチン質を分解させる。

45　解答▶②　　　　　　★★★
　薯蕷（じょうよ）とは、山芋のこ
とで、すりおろした山芋の粘りを利
用して米粉を練り上げ、あんを包ん
で蒸し上げたものを薯蕷まんじゅう
という。①の小麦まんじゅうは、小
麦粉・砂糖・膨張剤で生地をつくった
もの。③の酒まんじゅうは、麹に酵
母を繁殖させた酒種で発酵させたも
の。④の芋まんじゅう（鬼饅頭）は、
角切りのさつま芋を加えて蒸した和
菓子。

46　解答▶①　　　　　　　★
　米・麦・トウモロコシは、三大穀
物とよばれ、いずれもイネ科の植物
である。これら穀類の主成分は、炭
水化物に分類されるデンプンであ
る。炭水化物の含量は、70〜75％程
度となっている。④の水分は、約
12〜15％。③のタンパク質は、約6
〜12％。②の脂質は、約2〜5％で
ある。

47　解答▶①　　　　　　★★★
　浸漬したダイズをミキサーで摩砕
すると乳白色の液体ができる。これ
を①の呉という。呉を加熱し、圧搾
すると②の豆乳と③のおからに分け
られ、豆乳を凝固剤で固めると豆腐
になる。④のゆばは、豆乳を加熱し
た時の表面にできる薄皮のこと。

48　解答▶③　　　　　　　★
　カット野菜は、生鮮野菜を目的に
応じた大きさに裁断し、袋詰や箱詰
した状態で低温流通されている。外
食産業での省力化や調理の簡便化な
どを目的に利用されている。④の漬
け物は、米の消費量の減少に伴い減
少傾向であるが、③のカット野菜や
キット野菜は、拡大傾向にある。

49　解答▶②　　　　　　★★
　牛乳に酸を加えると白いかたまり
を生じる。これは牛乳に含まれるタ
ンパク質のカゼインが②の酸により
凝固するためで、この性質を利用し
てチーズやヨーグルトが製造され
る。タンパク質は加熱により凝固す
るがカゼインは加熱しても凝固しに
くい。新鮮な牛乳は、70％エタノー
ルを等量加えても凝固しないが、酸
度0.21％以上になると凝固する。牛
乳タンパク質のカゼインは、牛乳凝
乳酵素のキモシンの作用でも凝固す
る。

50　解答▶④　　　　　　★★
　発酵食品の製造には単独あるいは
複数の微生物が関与している。これ
らの微生物は原料成分を栄養源とし
て、適当な生育条件が整うと増殖を
始め、さまざまな④の酵素を生産し、
原料に含まれるデンプンやタンパク
質を分解したり、分解物の④の代謝
や変換などを行う。また、その過程
を通じて、原料を人にとって好まし
い状態に変えるとともに発酵食品の
味や香りに関係する多くの物質を生

産する。

51 解答▶③ ★★

　乳等省令は、日本で流通している乳および乳製品について、1951年（昭和26年）に制定された省令である。①のJAS法は、農林物資の規格化及び品質表示の適正化に関する法律。②の食品衛生法は、飲食に起因する衛生上の危害の発生を防止するための法律。④の保健機能食品制度は、健康食品のうち、国が定める有効性や安全性の基準を満たした食品に対して、特定の保健機能をもつ「保健機能食品」と表示することを認める制度。

52 解答▶③ ★

　搾乳した牛乳は脂肪球が大きく、放置すると牛乳の上部に脂肪が浮き上がって層をなしてしまう。これを防ぐため均質機（ホモジナイザー）で処理して、脂肪球を細かく砕くと同時に均等な分布状態として、牛乳の上部に脂肪が浮き上がることを防ぐ。

53 解答▶④ ★★

　ベーコンには、ロース肉でつくったロースベーコンやかた肉で作ったショルダーベーコンなどがあるが、本来は豚のバラ肉を整形し塩漬後、長時間燻煙したものである。バラ肉は、胴部の腹側の肉で赤身と脂肪が交互の層になっているので三枚肉ともいう。

54 解答▶③ ★★★

　新鮮な生肉にはミオグロビンが含まれ暗赤色を示す。生肉に硝酸塩や亜硝酸塩などを添加すると、④のミオグロビンとの反応が起こり、③のニトロソミオグロビンになり、鮮赤色を呈する。一方、新鮮な肉を空気にさらすと、空気中の酸素とミオグロビンが結合し、鮮赤色の②のオキシミオグロビンになり、さらに空気中で酸化を受けると赤褐色の①のメトミオグロビンになる。加熱調理すると暗色のメトミオクロモーゲンとなる。

55 解答▶④ ★

　食品工場では、複数の作業者が協力し高品質で安価な商品を安全に大量生産することが求められる。その実現のために、個々の作業の方法・手順・条件などをわかりやすく書き出し、作業者が整然と行動できるしくみを作ることが必要である。こうしてできあがった作業の始めから終わりまでの全体の動きを作業体系という。

選択科目 ［環境系］

31　解答▶①　★★
②人工林は約41％であり、自然林が約53％である。③約50年前と森林面積はほとんど変わらない。④国土の約２／３（66％）が森林。

32　解答▶②　★★★
透視図は、主に設計した庭園や公園がどのようなものになるのかを知るために完成予想図として、平面図や立面図をもとに描かれる。

33　解答▶①　★★
外周の長さは直径の約3.14倍である。0.5×3.14＝1.57m

34　解答▶①　★
平板上の図面の方位を定めるために、磁針をおさめたもので使用するときだけ磁針を動かし、使用しないときは磁針の押上ねじを締めておく。

35　解答▶④　★
（35.12＋35.13＋35.15＋35.16）÷4＝35.14m

36　解答▶④　★★
水準測量のたびに日本水準原点から測るのは不便であるため、日本水準原点から精密な水準測量によって国道・県道に沿って配置されている。

37　解答▶③　★★
オートレベルの説明である。

38　解答▶④　★★★
平板の標定において、定位の説明である。平板を測点上に正しくすえつけるには、整準、致心、定位の３条件を満足させることが必要である。この作業を標定という。

39　解答▶②　★★
放射法の説明である。主に細部測量に使われる。放射線の数が多くなり、図上の点が不明となることがあり、製図しながら図面を仕上げることが大切である。

40　解答▶②　★★
②細い実線は、寸法線、寸法補助線、引出線などに用いられる。①外形線で対象物の見える部分の形状を表すのに用いる。③かくれ線で対象物の見えない部分の形状を表すのに用いる。④中心線で多く用いられ、図形の中心を表すのに用いる。

41　解答▶①　★★
アリダードの気ほう管を使用して行う。視準板のついた普通アリダードと見通し距離の長いときに用いられる望遠鏡付きアリダードがある。

42　解答▶③　★★
断面記号表示において、図は地盤である。

43　解答▶①　★★
カラマツは針葉樹であるが葉は黄色に紅葉し落葉する。②イチョウの葉は黄色に紅葉し落葉する。コナラは落葉。③ヒノキは常緑。トドマツは常緑。④スギは常緑。クヌギは落葉。

44　解答▶④　★
山地・丘陵地に降った雨や溶けた雪を河川に一度に流入させずに地下に浸透させてゆっくりと河川に流し、また、土砂の河川への流入を防いで水質を保全する。

45　解答▶③　★
森林は民有林と国有林に分けられ、民有林の中で、県有林、市町村有林等を除いた個人や会社等が所有している森林を私有林と言う。

選択科目［環境系・造園］

46 解答▶② ★★

てんぐす病は天狗巣病とも書き、サクラ類に多く、病原菌などの寄生により患部の枝の分岐数が異常に多くなり、ほうき状あるいは鳥の巣状になる。赤星病はナシ類に多く、5月～6月ころになると、葉の裏側に糸状のものが表れる。その後は腐り黒い斑点となる。病原菌はビャクシン類を中間宿主としている。

47 解答▶① ★

①成長はやや遅く枝葉は密生する。枝は細く葉は枝先に輪生状につき春の新葉、秋の紅葉ともに美しい。②落葉針葉樹の高木である。③落葉広葉樹の高木である。④常緑針葉樹の高木である。

48 解答▶② ★★★

3個の整準ねじのうち任意の2個のねじの中央に2点を結ぶ線と平行にアリダードを置き2個の整準ねじを同時に内側に回す、または外側に回すと、右手親指の回す方向に気泡が動く。

49 解答▶② ★★

主として街区内に居住する者の利用に供することを目的とする公園で、1か所当たり面積0.25haを標準として配置する。

50 解答▶④ ★

製図に用いる尺度には縮尺（実物より小さい尺度）、現尺（実物と同じ尺度）、倍尺（実物より大きい尺度）がある。敷地の規模、用紙内での図の配置、用途などにより尺度を決める。

51 解答▶② ★★

茶の湯の成立当初は草庵風の茶室に行くための通路として設けられた。茶の湯の発展とともに江戸時代には露地の文字が使われるようになった。外露地、内露地に分けられ、飛び石、蹲踞（つくばい）、石灯籠などで構成されている。

52 解答▶③ ★★

北アメリカにはイギリス、フランスをはじめ多くのヨーロッパ諸国の人々が移り住んだためヨーロッパの影響を受けた庭園が作られた。19世紀のアメリカでは、イギリス風景式庭園が造成された。その代表がセントラルパークである。

53 解答▶③ ★

間柱は立て子と同じ高さに施工する。四ツ目垣は、竹垣施工の基本となる垣根である。丸太、竹、結びなど作り上げた各部位と各技術が全部見られるため基本といわれている。

54 解答▶① ★★★

水平線は視心（消点）の位置を決め、視点の高さ、対象物との距離を決めるときに大切な線である。

55 解答▶③ ★

石灯籠の種類はたくさんあるが、上部の部位より宝珠、笠、火袋、中台、竿、基礎などの構成部分が春日灯籠のようにそろっているものを基本形、構成部分を省略したものを変化形、最初の作者名をとった人名形などに大別することができる。

選択科目
［環境系・農業土木］

46　解答▶②　　　　★★
①床締めの説明、③客土の説明、
④心土破壊の説明。

47　解答▶②　　　　★★
作土が粘土質で、下層土が火山灰
のような場合は有効で、混層耕の種
類（混層耕、反転客土、改良反転客
土、深耕、心土耕、心土改良耕）が
ある。

48　解答▶①　　　★★★
②最小化…自然石等による護岸水
路を実施、③軽減／除去…動植物を
一時移植・移動、④回避…湧水池や
平地林などを保全

49　解答▶③　　　　★★
①最小化…自然石等による護岸水
路を実施、②軽減／除去…動植物を
一時移植・移動、④修正…魚が遡上
できる落差工を設置

50　解答▶③　　　★★★
$R_A = 1000 \times 8 / 10 = 800N$
$S_D = 800 - 1000 = -200N$
$\tau_D = -200 / (0.5 \times 2.0)$
$= -200Pa$

51　解答▶②　　　　★★
$Q = A \times V$　$A = Q / V$
$A = 0.02 / 0.4 = 0.05m^2$

52　解答▶③　　　　★
粘土0.005mm 以下、
シルト0.005mm〜0.075mm、
砂0.075mm〜2.0mm、
礫2.0mm〜75mm

53　解答▶④　　　　★
1つの物体に2つ以上の力が働い
ている状態で、その物体が移動しな
い場合、3つの条件を満足している。

54　解答▶④　　　　★
大きさが等しく、向きは逆向きで、
同じ作用線上にある場合をいう。

55　解答▶②　　　★★
流体の密度を ρ、地球の重力加速
度を g、高さを H とすると、静水圧
$= \rho gH$ である。

選択科目［環境系・林業］

46　解答▶①　★★
　木材輸入の自由化（1960～1964年）により、安い外材が大量に輸入され、国産材の市場価格が下がり、木材の自給率は大きく低下していった。③人工林の多くは戦後に植栽されたものである。

47　解答▶④　★★
　森林の「水源かん養機能」は、降雨を一度に流出させず土壌に貯えてゆっくりと時間をかけて流し、川の流量を安定させる機能。

48　解答▶①　★★
　②標高によって植生が変化する、③時間とともに植物の種類が交代していく遷移のうち、土壌が形成されていない場所から始まるもの、④すでに構成していた植物が破壊されてから始まる遷移。

49　解答▶③　★
　伐採などの人間活動の結果、できあがった森林は二次林。植林（植栽）された森林は人工林であり、二次林の一種である。「自然林」は天然林とも言い、比較的、奥山に多い。

50　解答▶①　★
　まず地ごしらえを行い、植栽の邪魔となる枯れ枝や落ち葉、雑草等を整理し、植栽木を植え付けした後、数年間は植栽木の成長を阻害する雑草等を刈り払い（下刈り）、不要な樹種や生育不良の植栽木を伐倒、除去し（除伐）、植栽木を保育していく。

51　解答▶①　★
　②は枝打ち、③は下刈り、④は皆伐の説明。このほか間伐には下層植生の生育を促し表土流出を防ぎ土壌生物相を豊かにするなどの効用がある。

52　解答▶①　★★
　高性能林業機械とは、従来の林業機械に比べて、作業の効率化、身体への負担の軽減等、性能が著しく高い林業機械。図の高性能林業機械はフォワーダで、集材や運材を行う。②タワーヤーダは集材。③プロセッサは枝払い、玉切りなどの造材を行う。④ハーベスタは立木の伐倒、枝払い、玉切り、集積を一貫して行う。

53　解答▶④　★★
　①斜面の上側へ倒すと伐採した樹木が滑り落ちて危険、②真下へ倒すと伐採した樹木が地面に強く当たって折れたりして危険。傾斜地の伐採方向は横方向が理想であり、それが難しい場合は斜め下向きへ倒すのも無難とされている。

54　解答▶①　★
　測竿（そっかん）は、木の根元から伸縮式のポールを伸ばして樹高を測定する機器。ブルーメライスも樹木の樹高を測定する機器であるが、写真は測竿である。

55　解答▶②　★
　①フーベル式の説明、②末口自乗法（二乗法）は、名前のとおり末口（丸太の先端側の切り口のことで、根元側の切り口を元口という）を二乗して長さをかけて求める。現在でも木材取引に広く利用されている。

共通問題 [農業基礎]

1　解答▶②　　　　　　　★

写真のような農具を総称して「小農具」というが、小農具は、作業目的や使用する農地の特徴等に対応できるようそれぞれに多様な形がある。写真②は、アメリカンレーキといわれ主として集草作業に用いられるもの。レーキも整地や集草等作業目的により複数の形がある。①のくわ（鍬）は、地域や栽培作物、用途により多様な形がある。除草、収穫、整地、耕うん等ほぼ全ての農作業に対応する。③の剣スコップは、土を掘り返したり、庭木の植え付けなどに使用する。④は欧米で伝統的に用いられてきた集草用の農具で、フォークという。

2　解答▶②　　　　　　　★★★

イチゴは、親株から伸びたランナー（つる）の先にできた子苗（子株）を育てて増殖させる。親株と子株は、同じ遺伝子組成のため、均一な株を得られるが、親株が病害やウィルスに感染していると子株も感染し病害が蔓延してしまう。また、種子繁殖と比較して増殖効率が低い等の課題もある。そのため、近年は、「よつぼし」といった種子繁殖の品種が開発された。苗の増殖を栄養繁殖で行う農作物は、イチゴ、サツマイモ、サトイモ、ショウガなどがある。これらは種子繁殖が難しい、あるいは種子繁殖では同一形質の個体を得ることはできないため、苗の増殖は栄養繁殖で行う。

3　解答▶②　　　　　　　★

光合成は植物や藻類など光合成色素を持つ生物が光エネルギーを化学エネルギーに変換する生化学反応であり、生物界のエネルギー循環の始まりともいえる。緑色植物では、光エネルギーを葉緑体で受容して根から吸収した水と葉の裏の気孔から吸収した二酸化炭素から糖を合成する。緑色植物の光合成の仕組みは複雑だが、代謝回路の違いからC_3植物とC_4植物（トウモロコシ、サトウキビなど）に大別される。C_4植物の光合成速度は、C_3植物の2倍となる。

4　解答▶②　　　　　　　★

植物の開花、結実（生殖成長）が、1日の日長の長さに影響される性質を光周性という。日長に関係なく開花する植物は中性植物、一定の時間より日長時間が長くなると開花する植物は長日植物と呼ばれる。低温で花芽分化が促される現象は春化（バーナリゼーション）という。

5　解答▶①　　　　　　　★★★

トウモロコシの主要食用部分は種子の胚乳、②サツマイモは塊根、③ジャガイモは塊茎、④ダイズは種子の子葉部を食している。

6　解答▶②　　　　　　　★

ロードアイランドレッド種は、アメリカ原産のニワトリの品種で卵肉兼用種である。兼用種としては産卵性に優れ年間200個以上を産卵する。日本の飼育数は少なく主に品種改良

の交配親として利用される。ブラウンスイス種は、スイス原産でアメリカで乳牛として改良された牛である。毛色が黒褐色から灰色がかったブラウンでチーズに適した濃厚な乳質が特徴である。ガーンジー種はジャージー種の系統の乳牛である。寒さに強く性質は温和。乳脂率が高くバターの原料乳に適しているが飼料効率が低いので日本では普及していない。ジャージー種は、デンマーク等バター等乳製品を多量に生産している国では最重要品種である。乳質は濃厚で、脂肪球が大きくバターを作りやすい。

7　解答▶③　★★

ニワトリはふ化した時の体重は約40g、4週（幼びな期）で280g、10週（中びな期）で770gとなる。

8　解答▶①　★★★

反すうとは、一度飲み込んだ食べ物を再び口の中に戻して、再咀しゃくすることをいう。反すう動物は、四つの胃を持つが人間の胃に相当するのが第四胃である。第一胃（ルーメン）は四つの胃全体の約80％以上を占めている。反すう動物が草から肉や乳を生産する過程に、この第一胃が大きく関係している。第一胃には、細菌や様々な微生物が多く生息している。ルーメン内で、ウシ自身が消化できない草の繊維質が、細菌等の働きによって分解される。人間が利用できる食物中の繊維質は5％程度だが、ルーメンをもつウシは、50〜80％だといわれている。

9　解答▶④　★

ウシは275〜285日、ブタは114日である。335日はウマの妊娠期間である。

10　解答▶③　★★

イネは亜熱帯から温帯の気候が栽培適地であるが、耐寒性品種の育成

やさまざまな栽培技術の改良により、日本全土で栽培ができるようになった。

11　解答▶④　★

植物がおこなう光合成は、太陽の光エネルギーを利用して、二酸化炭素と水から有機物と酸素を作り出す作用である。光合成に必要な水は根から吸収されて茎を通り、葉に運ばれるが、二酸化炭素は気孔から葉に取り込まれる。

12　解答▶①　★★

冷害は、夏季の気温が異常に低かったり、日照が極端に少なかったりして、収量が減ってしまう災害。春や秋の夜間に気温が低下して起こる気象災害を霜害という。若葉を収穫する茶の栽培では被害が甚大となる。台風等による河川の氾濫や農作物の水没等による被害を水害という。異常低温によって農作物が凍る被害を凍害という。

13　解答▶④　★★★

①球根類の繁殖は分球という。②栄養繁殖の特徴は親の植物体の一部（ユリならりん片、キクなら茎等）から植物を増殖させるので親と同じ形質を持つことになる。したがって、親がウイルスに汚染されていると増殖した個体も汚染されていることになる。その為、親株の選定は重要になる。③ユリはりん片繁殖で増やすことができる。

14　解答▶③　★★

土壌に腐植が含まれることで、土の団粒化が促進され、バランスのよい間げきができ、保水性・保肥力、排水性、通気性のよい土となる。また、微量要素の補給や土中の有用微生物のはたらきもよくなる。

15　解答▶④　★

肥料成分の表記は、左から窒素、リン、カリとすると定められている。

したがって、A 肥料の窒素成分は12%であるから、A 肥料250kg には、30kg（250×0.12＝30kg）の窒素成分が含まれている。なお、リン酸成分は6％、カリ成分は4％である。

16　解答▶②　　　　　　　★

ピートモスは本来は強酸性を示すが、園芸用に販売されているものは酸度矯正をされたものである。塩化カリは土壌施用後酸度が矯正されるわけではない。また、腐葉土は通気性や保水性に効果がある。苦土石灰は酸度矯正のために施用される。

17　解答▶③　　　　　　　★★

植物や動物に由来する原料で作られた肥料で、土壌中で微生物によって分解されてから植物に吸収される。一般には即効性肥料とは言えない。

18　解答▶①　　　　　　　★★

①タマガヤツリは水田の1年生雑草、②は畑地雑草1年生、③は畑地雑草1年生、④は畑地雑草多年生である。

19　解答▶③　　　　　　　★★

ヒルガオと似ているが，花弁が直径3～4cmとヒルガオより小さい。つる性の多年草で，地上部は毎年枯れる。春からつるが伸び始め，夏にかけて繁茂する。地下茎で増え，一度増えると駆除が難しいため，大半は雑草として扱われる。

20　解答▶④　　　　　　　★

害虫の害としては主に食害、寄生、吸汁、病気の媒介がある。アブラムシは吸汁害虫であり、ウイルス病などを媒介することもある。

21　解答▶②　　　　　　　★★

軟腐病は野菜だけでなくラン類や球根類等草花にも広く発生する。また、植物の病気の原因（病原体）の多くは「カビ」だが、軟腐病は「細菌」である。軟腐病は症状が進行すると腐敗し悪臭を放つ。冷蔵庫等でハクサイ等を長く保存していると切り口が変色してぬめりを帯びたり臭うようになるが、原因は軟腐病細菌である。べと病は、レタス等では早春の比較的気温が低い時期に発生するが、キュウリ等の果菜類では比較的高温時に発生しやすい。多湿を好み、病気の感染には葉が結露などで濡れていることが必要になる。予防策は、密植をせず、排水をよくして過湿にならないようにする。マルチング（ビニールマルチや敷きわら）により土壌からの感染を少なくする。また、キュウリ等は収穫期に肥料切れしてくる時期も発生しやすくなる。また、赤星病、黒星病はナシ等の果樹に発生する病気である。

22　解答▶④　　　　　　　★★

食用油脂は、植物油脂・動物油脂・加工油脂に大別され、大豆油・ごま油・オリーブ油などは、植物油脂類に属す。近年消費が増加している動物油脂は、動物の脂肪組織に含有されている油脂で、いわし油や羊脂、牛脂などがある。かくはんや塩の添加など何らかの加工技術を用いて新たな機能をもたらした油脂を加工油脂という。加工油脂には、バター、マーガリンなどがある。香辛料とは調味料のうちトウガラシやワサビ、シナモンなど芳香性と刺激性のある植物由来のものをいう。また、菓子類には、中華菓子の分類もある。嗜好品類には、酒類も含まれる。

23　解答▶④　　　　　　　★★

バイオエタノールの原料は、生産効率から糖質またはデンプン質を多く含む種子や芋類が使われバイオエタノールの利用が盛んなブラジルではサトウキビ、米国ではトウモロコシが主な原料となっている。また、植物由来の再生可能な自然エネルギ

ーであること、燃焼によって大気中の二酸化炭素（CO 2）量を増やさない点が評価されているが生産効率、食料との競合等の課題もある。また、燃料として利用する場合は、飲料への転用を防ぐため出荷時にガソリンなどを加える。

24　解答▶①　　　　　★
　ソラニンは神経に作用する毒性を持ち、中毒になると溶血作用を示し、頻脈、頭痛、嘔吐、胃炎、下痢、食欲減退などを起こす。ジャガイモの発芽部、外皮の緑色の部分に多く含まれる。

25　解答▶①　　　　★★
　500,000円／7 年（≒償却率0.143×12ヶ月／12ヶ月）＝71,500円。農業機械などの資産は、時間の経過や使用することで価値が低下する。減価償却とは、価値が減少する固定資産を取得した際に、取得費用をその耐用年数に応じて費用計上する会計処理のことである。建物や機械類など各種資産の耐用年数は定められており農業機械は 7 年とされている。

26　解答▶④　　　★★★
　農林水産省では、経営耕地面積が30a 以上もしくは栽培飼育品目によって異なるが一定以上の規模で農林産物の生産を行うか又は委託を受けて農林業作業を行う事業者を「農業経営体」と定義している。農業経営体数は平成22年の167万に対して平成27年は137万に減少したが、その後は大きな減少は認められない。

27　解答▶①　　　★★★
　生産額ベース総合食料自給率（平成26年度）
＝食料の国内生産額（9.8兆円）／食料の国内消費仕向額（15.3兆円）＝64%
国内の食料消費が、国産で賄えているかを示す指標を食料自給率とい

う。食糧自給率には、単純に農産物重量で計算する品目別自給率と、食料全体について共通の「ものさし」で計算する総合食料自給率の2種類がある。総合食料自給率は、熱量で換算する供給熱量ベースと金額で換算する生産額ベースがある。

28　解答▶①　　　★★
　土壌が形成されていない場所から始まる遷移を一次遷移という。すでに発達した植生が破壊されて始まる遷移を二次遷移という。遷移の最終段階を極相という。

29　解答▶①　　　　★
　園芸療法は作業療法一種で、植物や園芸作業を用いて身体や精神の障害の治療やリハビリテーション、自立のための職業訓練を行うこと。動物を介した同様な行為を動物介在療法という。スローフード運動とは、イタリアで提唱されたファストフード（fast food）や安い輸入食材を用いた食生活を見直し地域で生産された食材を利用して伝統的な食文化や農法、環境を見直すという運動。日本では2004年にスローフードジャパンが発足した。地産地消運動とは地域で生産された農産物を地域で消費するだけでなく、この活動を通じて、農業者と消費者を結び付ける取り組みをいう。

30　解答▶②　　　　★
　①は観光農園、③は農産物直売所、④は道の駅に関する記述である。

選択科目［栽培系］

31 解答▶② ★

イネのたねは、③、④のもみがらに包まれており、もみがらを取り除くと中から玄米が出てくる。玄米はおもに胚と胚乳とからできている。胚と胚乳を包む薄い種皮と果皮もある。

胚には幼葉しょうや幼根など、将来、植物体になる器官のもと（原基）があり、胚乳は原基が育つための養分（主にデンプン）を蓄えている。

32 解答▶③ ★★

①②④は雌雄異花であり、両性花ではない。

33 解答▶② ★

有効茎歩合は次の求め方で算出する。

有効茎歩合（％）＝
$\dfrac{\text{有効茎（有効分げつ数＋主桿数）}}{\text{最高分げつ期の茎数}}$
×100

よって、28÷35×100＝80（％）となる。

34 解答▶④ ★

イチゴはバラ科に属す。バラ科の花の構造は、5枚の花弁、おしべ、めしべから成る。サクラ、ウメ、ナシ、リンゴも同じ花の構造なので、バラ科である。

35 解答▶① ★★

キュウリは肥大中の未熟な果実を収穫し利用する。

36 解答▶① ★

土のカルシウムが不足したり、高温や土の乾燥、窒素肥料の過剰施肥などによりカルシウム吸収がおさえられたときに発生する。

37 解答▶② ★

軟腐病は野菜だけでなくラン類や球根類等草花にも広く発病する。また、植物の病気の原因（病原体）の多くは「カビ」だが、軟腐病は「細菌」である。軟腐病は症状が進行すると腐敗し悪臭を放つ。冷蔵庫等でハクサイ等を長く保存していると切り口が変色してぬめりを帯びたり臭うようになるが、原因は軟腐病細菌である。べと病は、レタス等では早春の比較的気温が低い時期に発生するが、キュウリ等の果菜類では比較的高温時に発生しやすい。多湿を好み、病気の感染には葉が結露などで濡れていることが必要になる。予防策は、密植をせず、排水をよくして過湿にならないようにする。マルチング（ビニールマルチや敷きわら）により土壌からの感染を少なくする。また、キュウリ等は収穫期に肥料切れしてくる時期も発生しやすくなる。また、赤星病、黒星病はナシ等の果樹に発生する病気である。

（農業基礎問21と問題重複のため、試験では全員正解の扱いとした。）

38 解答▶③または④ ★

サツマイモの植付けは、地温が18℃以上になる時期に、うね幅70～100cm、株間25～40cmで、10aあたり3000～5000株で行う。図の植え方は水平植え、あるいは舟底植えである。西南暖地では、良い苗が大量に得られる水平植えが、マルチ栽培を行う場合などは舟底植え、斜め植え、直立植え、つり針植えが適する。（問題は③とも④ともとれるので両方正解とした。）

39 解答▶② ★★

キクは短日植物、スイートピー、カーネーションは長日植物、パンジーは中性植物である。

40 解答▶③ ★

スイセンは球根植物、ガーベラは宿根草、アジサイは花木、ペチュニ

アは一年草である。

41　解答▶②　　　　★★★
　ベゴニア、アサガオ、サルビアは温帯では春に種をまき、夏から秋に開花して冬の寒さで枯死する春まき一年草である。パンジーは夏から秋に種をまき、晩秋から春にかけて開花する秋まき一年草で、温帯地方においては冬の寒さで枯死することはない。

42　解答▶③　　　　★★★
　シクラメン、ダリアは塊茎をもつ球根類、バラは花木、カトレアは洋ラン類に分類される。

43　解答▶②　　　　★
　果樹園の地表面管理のうち、牧草などの草を生やして管理する方法を草生法、除草剤や人力などにより、雑草を除去して土を露出させて管理する方法を清耕法と呼ぶ。根域制限栽培は、容器や不織布で根の分布を制限する栽培法。マルチング栽培は地表面を刈り取った草や通気性不織布などで覆って栽培する方法。

44　解答▶①　　　　★★
　主幹は地際部にある一番太い部分である。主枝は主幹から分かれて上方に３本程度伸びている太くて長い枝を指す。側枝は主枝などの太い枝から伸びている比較的細くて短い枝を指して呼ぶ。果実はおもに側枝から発生した枝になる。太い枝の上面から発生して旺盛な成長をする枝を徒長枝と呼ぶ。

45　解答▶②　　　　★
　表はウンシュウミカンの栽培面積と生産量を表している。我が国のカンキツの栽培面積の63％余りがウンシュウミカンで占められている。

46　解答▶②　　　　★★
　①イネと③ダイズ、④コムギは自家受粉、②トウモロコシは他家受粉。

47　解答▶②　　　　★★
　①穂の約80〜90％のもみ、③品質が低下する、④胴割れや茶米の発生で品質が低下する。イネの収穫時期は出穂後約45日、出穂後の積算温度1,000時間が目安である。

48　解答▶③　　　　★★
　カボチャ台に接ぎ木することにより、ブルーム発生防止、土壌伝染性のつる割れ病予防、吸水・吸肥能力を高める効果が期待される。

49　解答▶④　　　　★★★
　①カボチャ、②キュウリ、③ハクサイの原産地。

50　解答▶③　　　　★★
　温度があれば日長に関係なく、1年に何度でも咲く性質を四季咲きという。ベゴニア・センパフローレンスは四季咲きである。他にもゼラニウムやセントポーリア、カーネーション、バラ、ガーベラなども四季咲きである。

51　解答▶②　　　　★★
　①パンジーは一年草、②カンパニュラは二年草、③スイセンは球根、④カーネーションは多年草である。

52　解答▶①　　　　★★
　ウンシュウミカンにおける透湿性マルチは、収穫前に肥料を切って土を乾かすために敷くシートである。このことにより、糖度の高いものが収穫できるが、長期間続けると根に負担がかかるため、注意をする。

53　解答▶①　　　　★★
　リンゴは中心花が最初に咲き、そのあと側花が開花する。受精確認の後摘果が始まる。

54　解答▶③　　　　★
　乗用と歩行用があり、どちらも苗供給装置、植え付け装置、機体支持装置、エンジンから構成されている。写真は乗用田植機である。

55 解答▶④ ★★

写真の作業機は、ディスクハローで砕土をするために使う機械である。

選択科目〔畜産系〕

31 解答▶① ★★★

②白色コーニッシュ種はイギリス原産の肉用種、③白色レグホーン種はイタリア原産の卵用種、④白色プリマスロック種はアメリカ原産の肉用種である。

32 解答▶② ★★

ニワトリは、餌と一緒に食い込んだ細かい石（グリット）を筋胃の中にたくわえて、ここで飼料がかくはんされたり、すりつぶされたりして、物理的に細かくなる。

33 解答▶① ★★

ニワトリのひなは初生びな、幼びな、中びな、大びなの順で成長する。ふ化したばかりのひなを初生びなという。ふ化から約48時間後にえづけ（水で練ったえさを紙などの上にまいて与ええさを食べることを覚えさせること）を行う頃から幼びなと呼ぶ（えづけ～4週齢）。4～10週齢が中びな期で、この時期は若羽がそろい、特に骨格や筋肉がよく発達する。大びな期は10～20週齢で、成羽へと換羽し、性成熟が進む。

34 解答▶③ ★★

飼育面積（飼育密度）が狭いと、尻つつきが発生するため、適度な密度にする必要がある。密飼いや高温・多湿、明るすぎるなどの飼育環境が悪いときや、飼料中のカルシウムなどの栄養不足で起こりやすい。一度、尻つつきが発生すると群れの中でひろがり、ひどい場合には相手を殺すこともある。すぐには収まらないため予防が重要である。

35 解答▶① ★★★

産卵鶏では、日長時間が短くなると産卵が低下する。ウィンドウレス鶏舎では通常14時間照明で明るい時間がほぼ一定になるように保つ。日

長時間が長くなると下垂体前葉の性腺刺激ホルモンの分泌が促進され、このホルモンの刺激を受けて卵巣のエストロゲン分泌も高まる。

36　解答▶③　　　★★

卵の品質は保存時間が長くなると低下する。保存については、特に生食用とする場合は10℃以下で保存することが望ましいとされている。時間の経過と共に濃厚卵白は水溶化し、卵黄は水分を吸収して卵黄膜が脆弱化する。卵殻には無数の穴が開いているため、卵殻表面で繁殖した細菌が内部に感染する事もある。

37　解答▶①　　　★★

②ふ化の適温は37.8〜38.0℃、③卵を転がす動作を転卵といい、胚が卵殻膜にゆ着しないようにするためと、卵に温度や湿度をまんべんなく与えるために行う。④ニワトリのひなは、ふ化時も有毛である。

38　解答▶②　　　★★

ブロイラーの飼育期間は約8週間である。通常は肥育前期用配合飼料（スターター飼料）、3〜6週齢では肥育後期用配合飼料（グローワー飼料）、それ以降出荷までの仕上げ期では仕上期用配合飼料（フィニッシャー飼料）など3種類以上の飼料を発育時期に応じて給与する。抗菌剤などの薬剤の利用はニワトリの生産性の向上に役立っている。しかし、薬剤の休薬期間にもよるが出荷前の1週間程度は添加しない。

39　解答▶①　　　★★

法定伝染病には高病原性鳥インフルエンザ、ニューカッスル病、家禽サルモネラ感染症などがある。鶏痘、伝染性気管支炎、マレック病は、いずれもウイルスが原因となる届出伝染病である。

40　解答▶②　　　★★★

無角和種は山口県に分布している。外貌は無角、毛は黒の単色で黒味が強い。飼料の利用性がよく、他の和牛よりも早熟で肉牛としての優れた特性を持っている。しかし、脂肪交雑が黒毛和種よりも劣り、現在ではほとんど飼育されなくなった。

41　解答▶②　　　★★

肥育豚は、1.2kg程度で生まれ、約6か月で100kg程度になる。肉豚は6か月齢程度（おおむね105〜115kg）で出荷される。

42　解答▶③　　　★★

胎子の成長は分娩2ヶ月前から急激に成長するため、成長に必要なエネルギーを充足させるためと、乳腺細胞の回復のためにも乾乳期は必要である。乾乳期は粗飼料（イネ科中心）をしっかり食い込ませるように管理し、カルシウム、カリウム含量の低いものがよい。乾乳期は乳器への負担も大きいため、乾乳性乳房炎に注意する。

43　解答▶④　　　★★★

乳頭は胸から腹にかけて左右2列に並んでおり、一般的に12〜14個程度ある。通常、LWで7対（14個）前後である。乳頭数は個体によって異なる。

44　解答▶②　　　★★★

①デュロック種はアメリカ原産、③大ヨークシャー種はイギリス原産、④バークシャー種はイギリス原産である。（アメリカ由来の大型のバークシャー種もいるが、この場合、からだの大きさだけでなく肉質も大型種並みである。）

45　解答▶③　　　★★

子豚の出生時には体脂肪が少なく、寒さに弱いので十分な保温管理を行う。子豚は体内に抗体を持っておらず、免疫成分を含んでいる初乳から移行抗体として摂取する。生後1週間くらいからえづけとして人工

乳飼料を給与しはじめることから、軟便や下痢になりやすいため、注意が必要になる。

46　解答▶③　★★
③の器具（カウトレーナー）はウシの排泄位置をコントロールして、牛床をきれいに保ち、併せて後躯をきれいに保つのが目的の器具である。カウトレーナーには電気が流されており、これに背中が接触すると立ち位置をかえて牛床後端へ移動する。そのため、排泄物がふん尿溝に落下し、牛床の汚れを防ぐ。①と②はつなぎ飼い牛舎での個体の繋留方法である。④は畜舎内のふん尿溝の排泄物などを畜舎外に搬出するふん尿処理の機械である。

47　解答▶④　★★
フリーマーチンは、性分化に際して、雄性の発生が雌性よりもやや早く起こるウシ胎盤特有の構造が原因で発生する。①は寄生虫による病気、②は代謝病である。③の乳房炎は乳管の粘膜などが細菌に感染して発生する病気で、乳汁が白色ではなく黄色を帯びたり、凝固物を含んでいたり、水のように薄い乳汁を排出することにより発見できる。

48　解答▶②　★
搾乳前および後に、ヨード液などで消毒（ディッピング）を行うことは、乳房炎の感染を防ぎ、衛生的な牛乳生産のために推奨されている。

49　解答▶②　★
き甲から垂直に地面に達する間の長さを体高という。

50　解答▶①　★★
家畜のふん尿の堆肥化には微生物、有機物、酸素、水分の調整が重要である。良質な堆肥をつくるには、栄養分があること、適当な水分があること（55〜75％程度）、温度が上昇していること（60℃以上）、空気

が十分に供給されていること（通気性）、時間がかけられていること（発酵期間）、微生物が十分にいることといった、好気性微生物の増殖に適した条件を整えることが大切である。

51　解答▶②　★
①は雄の去勢に使用する。③はニワトリのくちばしの先を切除する機械で、つつきの予防や飼料のロスを防ぐためにビークトリミング（デビーク、断しともいう）を行うさいに使用する。④はウシの腰角幅などを測定する器具。

52　解答▶②　★★★
ルーサンはアルファルファとも言い、マメ科の植物である。それ以外は全てイネ科である。

53　解答▶③　★
写真はウォーターニップルと呼ばれるブタの給水器である。ブタが給水器の先端を押す事により水が出る構造になっている。

54　解答▶①　★
サイロは牧草をサイレージ化するための容器で、形や密閉方法によって分類される。垂直型サイロ、水平型サイロ、スタックサイロ（野積方式）、バンカーサイロ（窪地方式）、トレンチサイロ（塹壕方式）などがある。最近はロールベールにしてラッピングフィルムでパックし発酵させるロールパックも増えている。

55　解答▶③　★
産卵率は期間内産卵個数÷生存延べ羽数×100で算出する（ヘンデイ産卵率）。
275（個）÷500（羽）×100＝55（％）

選択科目〔食品系〕

31　解答▶② ★

タンパク質は、20種類のアミノ酸が、多数結合してできている。特にアミノ酸は、魚や肉類を摂取したときの味わいにも大きく関与している。体内に摂取したタンパク質は、消化されアミノ酸となって、筋肉や皮膚・血液・酵素などに再構成される。

32　解答▶④ ★★

缶詰やレトルトパウチ食品を製造するときに使用する。横型と縦型があり、中身を効率よく加熱する回転式レトルトもある。①は、缶詰のフタを密封する時に使用する真空巻き締め機である。②は、かくはん機付き回転式二重釜。③は、プレート式熱交換器である。

33　解答▶② ★★

①回虫の感染経路は野菜の生食である。③サナダムシの感染経路はマス・サケの生食である。④肺吸虫の感染経路はサワガニ・ザリガニの生食である。②のアニサキスは、線虫類の一種で、腹痛・吐き気・おう吐を起こす。熱処理や冷凍で死滅する。

34　解答▶① ★★

②のサルモネラ、④の腸炎ビブリオは、③の大腸菌は、感染型食中毒菌。細菌性食中毒の毒素型には①のボツヌスリ菌、ブドウ球菌がある。ボツヌスリ菌は、致死率の高い食中毒である。原料を良く洗浄するとともに、原材料の加熱殺菌は、決められた温度・時間を守る。

35　解答▶② ★★★

TFS は TinFreeSteel（スズメッキを施していない）の略で、薄い鋼版にスズメッキを施したブリキ缶に対し、スズメッキを施さず、酸化クロム被膜を施したものを言う。アルミニウムやステンレスを使用した缶は材質のままアルミニウム缶、ステンレス缶と言う。

36　解答▶① ★

イネの食用部分を米といい、外皮を削り、胚乳を粒のまま分離して利用する。玄米は、もみがらを除いただけの米で、胚芽がついており、胚乳はやわらかなぬか層でおおわれている。②の胚芽精米は、可能な限り胚芽を残したもの。③の精米は、ぬか層や胚芽を除去したもの。④の無洗米は、特殊な処理によってぬかや胚芽をほぼ完全に除去したもの。

37　解答▶③ ★★★

うどん（めん）の製造では、①の小麦粉は主に中力粉を用いる。②の食塩はグルテンの形成を促進させるために用いる。④の工程であるこね合わせる操作を捏和（ネッカ）と呼ぶ。手打ちうどんでは、夏場の加塩量は多くし、冬場は少なくして、生地の粘弾性を調節している。

38　解答▶③ ★★

まんじゅうのうち、麹と酵母の働きを利用して生地を膨らませて作るのは、③の酒まんじゅうである。②の薯蕷（じょうよ）まんじゅうは、ヤマイモをすりおろしたものを加えた生地。①の小麦まんじゅうは、小麦粉の皮に酵母（イースト）あるいはベーキングパウダーを添加したもの。④の茶まんじゅうは小麦粉に重曹を加えたもの。

39　解答▶④ ★

たて型ミキサーは、かくはん子が縦についているミキサーのこと。独特のフック状のかくはん子が一般的で、十分に捏ねて、グルテンを発達させなくてはならない食パンや菓子パン生地のミキシングに向いている。④以外の機器は、該当しない。

40 解答▶④　　　　　　　★

　ゆばの製造は、凝固剤を使用せず、豆乳を加熱して、大豆の植物性蛋白質を熱凝固させたところで薄い膜をすくい取る。①の油揚げは、豆腐を薄く切り２度揚げしたもの。②のがんもどきは、豆腐を圧搾し水分を減らし、副原材料を加え揚げたもの③の凍み豆腐は、豆腐を凍らせて脱水し、乾燥したもの。

41 解答▶③　　　　　　　★

　ロースハムは原料肉を整形し、塩漬、水洗、充てん、巻き締め、乾燥を終えた後、くん煙する。くん煙材をいぶし、肉に煙をあてる。煙の成分には抗菌作用があり、さらに製品表面に被膜が生じ、外部からの雑菌の浸入を防げる。また、加熱により肉色が固定し、特有のスモークカラーや香りを付着させ、肉のうま味を引き立たせる。

42 解答▶②　　　　　★★★

　新鮮な牛乳は、70％エチルアルコールを等量加えても凝固しないが、酸度0.21％以上の牛乳では凝固する。この原理を使って、牛乳の鮮度が調べられる（アルコール試験）。①・③・④は、使用しない。

43 解答▶①　　　　　　★★

　72℃前後で15秒間程度殺菌する方法を含む場合も見られるが、あまり一般的ではない。むしろ、この場合は高温殺菌方法に分類するのが一般的である。75℃以上で15分以上であると高温保持殺菌。120〜150℃で１〜３秒であると超高温瞬間殺菌と言われる。

44 解答▶②　　　　　　　★

　マヨネーズ製造工程で排出される卵殻は食品用卵殻粉やチョーク原料として処理と再資源化される。原材料を梱包している紙製の袋は再生紙や固形燃料として処理と再資源化される。ビール製造工程から排出されるビール粕はきのこ培地として処理と再資源化される。

45 解答▶④　　　　　　　★

　食品製造の現場では、品質管理と安全確保のための基本的な取り組みとして、整理・整とん・清潔・清掃・しつけの５項目を心がけなければならない。その各１文字目のアルファベットがＳであるため、５Ｓ活動という。TPM活動は良品化が目的。

46 解答▶①　　　　　★★★

　生鮮食品中には食品の構成成分を分解する種々の酵素が存在する。貯蔵中にこれらの酵素の作用によって食品成分の分解が進行し、変質の原因となる。米が古くなると米粒中の脂質が分解して、生成した脂肪酸が酸素と結合することによって古米臭を発し、食味や栄養価も低下する。

47 解答▶③　　　　　　★★

　湯通しのことで、原料中の各種酵素を失活させることにより、その成分変化を押さえることができる。又トマトなどの場合は、皮を剥きやすくするなど、製造の効率化を図ることができる。Blanchとは熱湯に通す、ゆがくの意味。

48 解答▶①　　　　　　　★

　各食品や野菜の水分は板こんにゃく96.2％、生ジャガイモ79.8％、生サツマイモ66.1％、切り干しいも22.2％である。コンニャクイモ中のグルコマンナンは、吸水性が大きく、アルカリ性になると凝固する。この性質を利用してこんにゃくが製造される。

49 解答▶④　　　　　　　★

　原料中の糖酸比は、果汁製造にとって重要な品質要素である。果実や製品の糖度を酸度で除した量比のことである。温州ミカン果汁では、およそ酸度１％の時に糖度は、

12〜14°Bx が良好な範囲である。
（糖酸比12〜14）

50　解答▶②　　　　　　　★

　果実や果実パルプに、砂糖・ペクチン・酸を加えて加熱濃縮し、ゲル化させたものがジャムである。そのうち、果実の原形を維持したものをプレザーブスタイルという。イチゴは特にプレザーブスタイルの人気が高い。①の２種類以上の果実を混合した製品は、JAS規格では、ミックスジャムとなる。

51　解答▶④　　　　　　★★

　ミカン缶詰は日本で開発された果実缶詰で、原料にはウンシュウミカンが用いられる。酸液とアルカリ液でじょうのう膜が溶解するが、砂じょうがこの処理ではこわれないことを利用している。0.6％の塩酸液、ついで0.3％の水酸化ナトリウム液に浸けるとじょうのう膜のペクチンが溶解し、じょうのう膜を取ることができる。

52　解答▶①　　　　　　★★

　①は牛乳比重計。温度計で牛乳の温度を測定し、牛乳比重換算表によって、15℃のときに比重を求める。②はゲルベル乳脂計を用いる。③はフェノールフタレイン（指示薬）を用いて滴定法にて求める。④はアルコール試験で調べる。

53　解答▶②　　　　　　　★

　ブルーチーズは、牛乳もしくは羊乳をもとに作られるチーズの一種であり、アオカビによって熟成を行うナチュラルチーズである。①のけかびや③の黒かび、④のこうじかびは、使用しない。

54　解答▶②　　　　　　★★

　原料処理工程→製麹工程→仕込み・発酵・熟成工程→調整工程の順となる。これ以外の工程順では、みそは製造できない。仕込み・発酵・

熟成工程では、デンプンやタンパク質が麹菌の酵素や酵母・乳酸菌により、味噌特有の風味がつくられる。

55　解答▶④　　　　　　★★★

　ビールは糖化と発酵を分離して行う単行複発酵であり、麦芽のアミラーゼによって麦芽中のでんぷんが糖化される。また、清酒は糖化と発酵が同時に進行する並行複発酵である。ワインは糖化を必要としないので、単発酵ともいう。麦芽から麦汁の過程で、固形物を除去する①のおり引きや発酵物の②のもろみ、③の分解は、当てはまらない。

選択科目 ［環境系］

31 解答▶② ★★
平板（図板・側板）は、ヒノキ・ホオノキ・合板などで作られており、表面はなめらかに作られている。通常、40cm×50cmのものが多い。

32 解答▶① ★★★
約6割は個人や企業などが所有している私有林で、約3割は国が所有する国有林、残りの1割が都道府県や市町村などが所有する公有林である。

33 解答▶① ★
肉太の書体で縦線と横線の太さが同じように感じられるように作られた書体である。図面のタイトルに使われることが多い。

34 解答▶③ ★★
直径の約3.14倍が外周である。
$6.28 \div 3.14 = 2.0m$

35 解答▶① ★★
芯の硬さや濃さはHの数字が大きいほど硬くて薄く、Bの数字が大きいほど柔らかく濃い。

36 解答▶③ ★★
①アカマツは常緑樹。②イチョウは落葉樹。④クロマツは常樹。緑、イロハカエデは落葉樹。

37 解答▶② ★★
写真の手前がアカマツで樹皮が赤みを帯びている。奥がスギである。

38 解答▶① ★★
スギは日本の湿潤な気候に合っており、現在でも、加工のしやすさなどから建築材の中心である。②タンスなどの家具には桐やケヤキなどが使われることが多い。③シイタケ用の原木はコナラなどである。④和紙はコウゾやミツマタなどを原料としている。

39 解答▶② ★
①間伐。③雪起こし。④枝打ちの説明。

40 解答▶② ★
チェーンソーは、多数の小さな刃がついたチェーンを動力により回転させて鋸と同様に対象物を切ることができる動力工具。樹木を伐採（伐倒）したり、丸太に玉切りしたり、枝を払ったりする。

41 解答▶③ ★★★
交会法を行ったときにできる図のような形の微小な三角形を示誤三角形という。交会法は、図上に描かれた点を基準として、新しい点の位置を、距離を測定しないで方向線の交点から求める方法である。

42 解答▶② ★★★
水準測量で用いられるレベルの種類に関する問題である。①オートレベル。③電子レベル。④ハンドレベルについての説明である。

43 解答▶③ ★
コンパスでは描くことができない曲線を描くときに用いられる曲線定規の一つである。雲形定規やしない定規も、曲線定規である。テンプレートは、文字や種々の記号を書くときに用いられる。

44 解答▶② ★★
写真はスプリングコンパスで、小コンパスともいう。半径2cm以下の円を描くのに用いられる。2つの脚の間にあるネジを調節することによって半径を変えることができる。

45 解答▶④ ★★
図面に用いられる線は、その種類・太さ・用法などが定められている。細い実線は、寸法線・寸法補助線・引出線などに用いる。基準線やピッチ線に用いるのは細い一点鎖線。かくれ線に用いるのは破線である。

選択科目［環境系・造園］

46 解答▶④ ★★★
　四つ目垣の柱には、親柱と間柱があり、立て子と同じ高さで裏側に施工するものである。

47 解答▶④ ★
　茶庭は露地とも呼ばれ、変化の少ない常緑樹を中心とする。実用的な蹲踞や石灯籠、飛石、延段などが庭園内に用いられている。

48 解答▶③ ★★
　透視図は、主に設計した庭園や公園がどのようになるかを知るための完成予想図として、平面図や立面図をもとに描かれる。

49 解答▶④ ★★★
　北アメリカには、イギリス、フランスをはじめ多くのヨーロッパ諸国の人々が移り住んだため、ヨーロッパの影響を受けた庭園が造られた。

50 解答▶② ★★
解説：神仏の献灯として多く用いられている。上部から宝珠、笠、火袋、中台、竿、基礎（台石）の六つの部分から構成されている。六角形のものが多い。

51 解答▶④ ★
　落葉広葉樹。別名アメリカヤマボウシ、ドッグウッド。花期は4〜5月。花色は白、紅、淡紅がある。花は上向きにつく。アメリカの代表的花木。北アメリカ原産。

52 解答▶④ ★
　①細い実線。②中心線で細い一点鎖線。③かくれ線で太い破線又は細い破線。④外形線で太い実線。

53 解答▶④ ★★
　1872年にワイオミング州、モンタナ州、アイダホ州の3州にまたがる広大な面積のイエローストーン国立公園が世界最初の国立公園として制定された。

54 解答▶③ ★
　①株分け。②組織培養。④取り木。

55 解答▶③ ★
　街区公園は各戸から歩いていける誘致距離250mの範囲内で1カ所当たり面積0.25ha、1人当たり1㎡を標準として配置する。

選択科目
[環境系・農業土木]

46 解答▶④　★★
　器高式野帳による水準測量では、（既知点の標高＋後視）で器械高を求め、（器械高－前視）で標高を求める。前視するのは、前視だけを読み取る中間点と、レベルを移動して後視も読み取るもりかえ点がある。

47 解答▶①　★★★
　寸法補助線や寸法線・引出線・破断線などに用いるのは細い実線である。②破線は見えない部分の形を示すかくれ線などに用いる。③細い一点鎖線は中心線・基準線・境界線などに用いる。④太い一点鎖線は切断面を指示する線などに用いる。

48 解答▶③　★
　物体に力が働くときは、大きさ・方向・作用点でどのくらいの大きさで、どの方向に、どの位置で働くかに注目する。力は大きさ・方向・作用点で表し、これらを力の3要素という。

49 解答▶④　★★
　力の大きさを P（N）、支点からの垂線の距離を ℓ（m）とすると、力のモーメント M は、M ＝ Pℓ（Nm）だから、①は M ＝ 100 × 0.3 ＝ 30（Nm）、②は M ＝ 150 × 0.3 ＝ 45（Nm）、③は M ＝ 50 × 0.5 ＝ 25（Nm）、④は M ＝ 100 × 0.5 ＝ 50（Nm）。最も大きいのは④である。

50 解答▶①　★★★
　部材に外力が作用すると伸びたり縮んだりして変形する。このときの単位長さ当たりの変形量をひずみといい、部材のもとの長さを ℓ、変形量を $\Delta\ell$ とすると、$\Delta\ell／\ell$ である。この問題では、ℓ ＝30（cm）、$\Delta\ell$ ＝ 29.7 － 30 ＝ － 0.3（cm）だから、－ 0.3／30 ＝ － 0.01 となる。

51 解答▶②　★★
　開発に伴う環境・生態系への影響を緩和する手段をミティゲーションといい、5原則として、回避・最小化・修正・影響の軽減／除去・代償がある。環境にあたえる影響の予測・評価は、環境アセスメントである。

52 解答▶①　★★★
　石礫の含有が多い土層は、一般に耕土量が少ないために土壌の保肥力が乏しく、作物の生育が悪い。さらに保水力が乏しいために乾燥しやすい。また、農業機械の破損・摩耗損失が大きいなど、いろいろな障害がある。

53 解答▶①　★★
　水深が H（m）のとき、水圧の大きさ p は、p ＝ ρ gH（Pa）となる。ただし、ρ は水の密度で ρ ＝1000kg／㎥、g は重力の加速度で g ＝ 9.8m／s^{2}である。この問題では、H ＝1.0（m）だから、p ＝1000×9.8×1.0 ＝9800（Pa）＝9.8（kPa）となる。Pa はパスカル。

54 解答▶④　★★
　流速を v（m／s）、通水断面積を A（㎡）とすると、流量は、Q ＝ Av（㎥／s）となる。この問題では、A ＝ 0.03（㎡）、v ＝0.4（m／s）だから、Q ＝0.03×0.4 ＝0.012（㎥／s）となる。パスカルの原理。

55 解答▶③　★★
　土粒子は粒径によって次のような呼び名に区分されている。5 μm 以下が粘土で、そのうち1 μm 以下をコロイドともいう。5 μm〜75 μm がシルト、75 μm〜2mm が砂、2mm〜75mm が礫である。

選択科目［環境系・林業］

46　解答▶②　　　　　　　★

受け口は樹木の伐倒方向に合わせて、深さは樹木の直径の１／３～１／４程度、角度は30～40度で作る。受け口が出来たら反対側に受け口の高さの約２／３の位置に水平に追い口を入れる。追い口を切り進め、直径の約１／10の「つる」を残す。

47　解答▶①　　　　　　　★

木材輸入の自由化(1960～1964年)により、安い外材が大量に輸入され、国産材の市場価格が下がり、木材の自給率は大きく低下していった。

48　解答▶①　　　　　　　★

②地球温暖化防止機能、③生物多様性保全、④水源かん養機能。

49　解答▶④　　　　　　★★

①斜面の上側へ倒すと、伐採した樹木が滑り落ちて危険②真下へ倒すと、伐採した樹木が地面に強く当たって折れたりして危険。傾斜地の伐採方向は、横方向が理想であり、斜め下へ倒すのも無難である。

50　解答▶③　　　　　　　★

①自然林、②人工林は二次林である、④原生林は一次林の一種である。

51　解答▶③　　　　　　　★

スギやヒノキなどの人工林は、植林時は一定間隔に植栽するが、成長に伴い密度が窮屈となるため、適度に間引き（間伐）をする必要がある。

52　解答▶③　　　　　　　★

①枝の部分の年輪の数は、ほぼ枝ができた年数である。②年輪は針葉樹のほうがはっきりしていて分かりやすい。④幅が広いと成長がよく、木が太った証。

53　解答▶③　　　　　　　★

①フォワーダは集材、運材。②ハーベスタは立木の伐倒、枝払い、玉切り、集積を一貫して行う。③タワーヤーダは架線を使って集材する自走式機械。④プロセッサは枝払い、玉切り、集積を行う。

54　解答▶③　　　　　　　★

①根元に近い方が元口であり、先端に近い方が末口である。②元口の直径の方が長い。④取扱量の多い丸太の長さは、合板用ならば２ｍ、柱材ならば３ｍ、建築用では３～４ｍが多い。

55　解答▶④　　　　　　　★

樹種の特徴を問う問題。ヒノキは奈良、京都などの寺院の建築材として古くから使われており、木材表面の美しさや香りから高級な建築材などとして使われている。①はコナラやクヌギなど、②はアカマツやクロマツ、③はスギ。

2017年度 第2回 日本農業技術検定3級　解説

共通問題 [農業基礎]

1　解答▶④　　　　　　　　★

　写真はトマトの結実した写真である。トマトはナス科であり、ナス科に属する野菜にはジャガイモ、ピーマン、トウガラシ類、ナスなどがある。

2　解答▶④　　　　　★★★

　生物が日照時間の変化に対して反応する性質を光周性という。植物では花芽分化や開花にみられ、夜(暗期)が短くなると花芽分化する植物を長日植物（ペチュニア、キンギョソウ、ストック、アブラナ、ダイコンなど）、夜が長くなると花芽分化する植物を短日植物（コスモス、キク、トウモロコシ、ダイズなど）といい、日長の長さに影響されないものを中性植物（トマト、ナス、ピーマンなどという。また、花芽分化が温度に影響されるものには、結球ハクサイ、キャベツ、イチゴ、レタスなどがある。

3　解答▶④　　　　　　★★

　栽培する前にあらかじめ施す肥料を元肥といい、その後、生育に応じて必要な養分を追加で与えることを追肥という。追肥には、速効性が求められるため液体肥料や化成肥料を使用する。元肥と追肥の割合や施す肥料の量や種類を決定することを肥料設計という。施肥の方法には耕起にあわせて畑などの耕土全体に施す全層施肥、畑などの表面に施す表層施肥、ポット栽培などで鉢の表土に施す置肥、液肥を葉など植物体に直接散布する葉面散布などの方法がある。

4　解答▶③　　　　　　　★

　500mL ÷50＝10mL

5　解答▶④　　　　　　　★

　酸性土壌では根の発達が悪く活力も鈍く、リン酸や微量要素などが吸収されにくくなる。そのため、土壌分析を行って、炭酸カルシウム（石灰資材）等を必要量施し適正な酸度に矯正する。

6　解答▶③　　　　　　★★

　団粒構造の土は、毛管現象により団粒内部で保水することができるため、単粒構造の土に比べ通気性、排水性、保水性、保肥力に優れる。

7　解答▶②　　　　　　★★

　エダマメの根（マメ科植物）に共生している根粒菌は、空気中の窒素を作物が利用（窒素固定）できるかたちに換え、植物体に供給している。根粒菌は、単独では空気中の窒素を固定することはできず、ダイズなどマメ科植物と共生して窒素固定ができる。

8　解答▶②　　　　　★★★

　発芽の要因に光が必要になる種子を明発芽種子（ニンジン・ハクサイ・レタスなど）といい、光にあたると発芽が抑制される（光を必要としない）種子を暗発芽種子（ダイコン・トマト・スイカ）という。したがって、播種する際には種子の型によって覆土の厚さが異なる。

9　解答▶③　　　　　　　★

マルチングの効果は、地温の調整、害虫の発生を抑える、土壌水分の蒸発を防ぐ、土壌及び土壌中の養分の流失を防ぐなどの効果がある。

10　解答▶③　　　　　★★★

光補償点とは光合成量と呼吸量が釣り合っている状態を示している。

11　解答▶④　　　　　　★★

①水害の説明。②凍霜害の説明。③冷害の説明。

12　解答▶②　　　　　　★★

土中に生息するセンチュウはミミズに似た細長い形をしていて、体長0.5〜2mm程度で、根から侵入・加害し作物に寄生する。ダニの種類には、ハダニ（ナミハダニ）、フシダニ（ナシサビダニ）、コナダニ（ネダニ）などがある。アザミウマ（スリップス）はアブラムシ等と同じ吸汁性の害虫で、草花の被害が多く、果樹では奇形果の原因となる。アブラムシの害には、植物の汁液を吸う直接被害の他にウイルス病を媒介する間接被害がある。

13　解答▶③　　　　　　★★

窒素が不足すると、葉色が黄色になり、生育が劣る。葉色が濃緑色になるのは、窒素が過剰の場合。葉の緑色が薄くなりやがて白くなる現象を白化といい原因は各種あるが土壌中のミネラル成分（Mg、Fe、Zn）が不足すると起こる。1枚の葉の葉脈間に明瞭な黄色の斑入りができ、葉脈の緑色とこの黄色の斑入りが発生すると亜鉛（Zn）欠乏が考えられるが、この場合、植物体全体としてわい化（枝や茎の節間が詰まる）を伴う。また、斑入りと同様にみられる現象に、養分の不足や高温などによって代謝異常が起こり、葉緑素が生成できなくなって葉が黄色になるクロロシスという現象もある。

14　解答▶①　　　　　★★★

解答はトウガラシである。なお、②はニガウリ（ゴーヤ）でウリ科、③はオクラでアオイ科、④はジュウロクササゲでマメ科である。

15　解答▶②　　　　　　★★

糸状菌はカビやキノコなど真菌に分類される。農作物に被害を及ぼすセンチュウには土中に生息するネグサレセンチュウやネコブセンチュウなどがあるが、これらは連作することで生息密度が上昇して、被害を及ぼしやすくなる。

16　解答▶④　　　　　★★★

写真はスベリヒユ。スベリヒユ科の一年草。畑や人家の周辺に生息する畑地雑草。葉は多肉質で乾燥に強いため駆除が難しい雑草の代表例である。また、食用として利用する地域もある。

17　解答▶①　　　　　　★★

コナギはミズアオイ科に属する一年生の水田雑草である。種子で繁殖する。初期の除草に失敗すると発生量が多く駆逐が難しくなる。また、養分収奪力が大きい雑草である。生育初期はウリカワ、ヘラオモダカ、サジオモダカなどに似ていて区別し難いがやがて長い葉柄がでて先にハート形の葉をつけるので区別できる。

18　解答▶①　　　　　　★

豚の歯は犬歯も臼歯もあり、雑食性の動物である。②③④は草食動物で臼歯が発達しており、ウシ、ヒツジは反芻胃をもつ動物である。

19　解答▶④　　　　　　★★

横はんプリマスロック種、ロードアイランドレッド種は卵肉兼用種、白色コーニッシュ種は肉用種。

20　解答▶②　　　　　★★★

写真は原産地がデンマークのランドレース種の雌ブタ。特徴は、体色

は白で、耳が大きく前方に傾斜し顔面を覆っている。また、顔は長く鼻はしゃくれていない。

21 解答▶② ★
　乳牛も出産しないと泌乳しない。日本のウシのほとんどは人工授精で妊娠し、妊娠期間はウシの種類や体長によって若干異なるがホルスタイン種は280日、黒毛和種は285日である。一般的には14ヶ月で1頭出産する。仔牛は13〜16ヶ月成長すると、最初の種付け（人工受精）をする。仔牛は、生後約2年位で母牛となる。一般的には5〜6年齢で泌乳量が減じ、乳牛としての役割を終える。

22 解答▶② ★★
　自然界にアミノ酸は約500種類存在しているが、そのうち人がタンパク質として利用できるアミノ酸は20種類である。アミノ酸のうち体内で必要量を合成できず、栄養分として摂取しなければならないアミノ酸を必須アミノ酸という。タンパク質はアミノ酸が多数結合してできている。結合しているアミノ酸の種類や数の違いで、タンパク質の名称が変わる。タンパク質は、主に魚・肉・卵乳などに多く含まれている。

23 解答▶③ ★★★
　①は病原性大腸菌食中毒を引き起こす。②は馬・牛・鶏などの腸管内に広く分布する。④は魚介類を生食することで感染する。日本で最も多く発生する食中毒のひとつ。

24 解答▶③ ★★
　稲の籾（もみ）から籾殻（もみがら）を除去した状態の米が玄米である。そこから、精米工程により、表面を削り取ると白米となり、削り取られた部分がぬかである。

25 解答▶① ★★★
　経営部門の複合化・多角化には、範囲の経済、シナジー効果、危険分散のメリットがある。

26 解答▶① ★★★
　貸借対照表はバランスシートとも呼ばれ、一定時点の財務状態を明らかにするために作成する。

27 解答▶① ★★★
　資産に分類される主な勘定科目は現金、売掛金、永年植物、土地である。

28 解答▶① ★
　観光農園は、個人農家が運営しているものもあれば、農業法人などが運営する大規模なものもある。

29 解答▶① ★★★
　フードデザートは、「食の砂漠」といわれ、過疎化や商店の減少により生鮮食品が入手しにくい地域や人々を示す。フードデザートでは加工食品などを買わざるをえなくなるため、結果的に栄養不足や偏りから起きる健康被害が課題として指摘されている。

30 解答▶③ ★★
　生物多様性とは、ある生物群集で、生物種が多く、各種内では遺伝子が多様な状態のことである。①②は生物群集、④は優占種に関する記述である。

選択科目［栽培系］

31　解答▶③　★
　写真の作業機は田植え機である。これにより、イネの苗を定植できる。

32　解答▶④　★★★
　海外で麦類やダイズ、トウモロコシなどの収穫用に開発されたものである。走行しながら、刈り取り、脱穀、選別を同時に行う。茎葉も含めて脱穀機に入れるため、イネに使用するとロスが多い。日本の穀物収穫機械のほとんどは普通コンバインではなく自脱コンバインである。

33　解答▶④　★★
　酸性土壌に強い作物としてジャガイモやスイカなどがある。①②③は酸性土壌に弱いものに分類されている。

34　解答▶④　★★
　キュウリはウリ科で雌雄異花であるが、実際は受粉しなくても子房が肥大して果実ができる。原産地はインド北部ヒマラヤ山麓と言われている。ブルームは果実が自分を守るために出す物質で、健康の害は全くない。

35　解答▶①　★★
　ウィルスはカビ（菌類）や細菌より非常に小さいもので、原則農薬等による防除、回復は困難である。症状は萎縮、モザイクなどが特徴で、主に吸汁性害虫や接ぎ木などにより伝染する。②は細菌、③と④は菌類（カビ）によるものである。

36　解答▶①　★★
　サツマイモの食用部位は、根の一部が肥大した「塊根」である。

37　解答▶③　★
　種もみには前年発生したいもち病、ごま葉枯れ病やばか苗病等がつくことがある。

38　解答▶④　★★
　①実肥は穂が出た後に施し、登熟期間中の葉の枯れ上がりを防ぎ、登熟歩合の向上、千粒重の増大に効果。②元肥は追肥ではなく、田植え前または田植え時に施肥して苗の初期生育を促す。③分げつ肥は植えつけ2～3週間後に施肥し、活着後の分げつや葉面積を大きくする。

39　解答▶③　★★★
　作物の生育にとって必要不可欠な養分のうち、作物（乾物）の構成元素の0.2%以上を占め、すべての植物の生育に不可欠な元素を多量必須元素（多量要素）と言う。0.2%未満のわずかな量であるが、すべての植物に不可欠な元素を微量必須元素（微量要素）と言う。窒素、リン、カリウム、カルシウム、マグネシウムは多量必須元素。微量元素にはホウ素、鉄などがある。

40　解答▶②　★
　トウモロコシの品種には雑種強勢を利用した雑種第1代（F_1、ハイブリット）が多い。雑種第1代は両親よりも生育が旺盛で、収量や品質も良い。ただし、この特性は雑種第1代にしか現れないので、毎年種子を更新する必要がある。

41　解答▶①　★★
　写真の病徴を示す病気名は紫斑病である。糸状菌による種子伝染性病害なので、病気にかかった種子の排除と種子消毒、抵抗性品種の栽培を行い、過繁茂を避ける。また、15～30℃の気温で，降雨をともなうと発生しやすいので、収穫は適期に行ない，すみやかに乾燥し、脱穀・調整する。

42　解答▶②　★
　ジャガイモは低温などにより、一般の作物が不作・凶作となるような年にも比較的安定して生育し、収穫

できる作物で、『救荒作物』と呼ばれ、日本各地、特に北海道を中心に栽培が広がった。

43　解答▶②　★★★

アジサイは、花の咲く木本類であるため、花木類である。

44　解答▶①　★★★

ルピナス、スイートピー等はマメ科植物で直根性であるため、移植を嫌う。

45　解答▶①　★

草花が1年中消費される中で、多くの草花が四季咲きのために品種改良を行っているが、上記の中ではカーネーションが最も改良が進んでいる。

46　解答▶③　★★

写真は棚栽培をしているナシの結実の写真である。ブドウはつる性果樹であり、リンゴ、ナシ、モモなどは落葉果樹に属する。カンキツ類、ビワ等が常緑果樹である。バナナ、マンゴー等が熱帯果樹に属する。

47　解答▶④　★

核果類には、ウメ、モモなどがある。写真はウメの開花時である。

48　解答▶①　★

リンゴは中心花が最初に咲き、そのあと側花が開花する。開花時に側花等を摘花したり、受精確認の後に摘果を行う。

49　解答▶③　★★

本葉8〜10節に第1花房をつけ、ふつう、3葉ごとに同じ方向に花房をつける。

50　解答▶④　★★

接ぎ木の目的は他に、吸水・吸肥能力を高めて収量を高めたり、ブルームの主成分であるケイ酸の吸収が悪い品種を用いることで、光沢のある果実を生産するなどがある。

51　解答▶①　★

抽出（ちゅうしゅつ）3〜4日後に

開花し、花粉を飛散する役割を有している。

52　解答▶③　★

①②④は葉や茎や根を食べる食害。

53　解答▶④　★

写真はキュウリのうどんこ病である。

54　解答▶④　★

①はコンテナ（ボックス）栽培、②は高うね栽培、③は棚仕立て栽培である。

55　解答▶①　★★

赤土は火山灰土で、pHは酸性、リン酸が不足しやすい。関東地方では地面をやや深く掘ると現れる。

選択科目［畜産系］

31　解答▶③　★

①ヤギ②ヒツジ④ウマは季節繁殖性の動物である（ただしシバヤギは1年中繁殖が可能）。ヤギ、ヒツジは秋に繁殖期を迎え、ウマは春〜夏にかけて繁殖期を迎える。ウシやブタは1年中繁殖が可能な周年繁殖動物であり、約21日間隔で発情を繰り返す。

32　解答▶④　★★

①育すう中のひなは、ふ化後20〜30日程度までは体温調節能力が低いため給温が必要である。②骨格と筋肉の発達が見られる中びな期は、飼育密度が高くなり尻つつきなどが発生する可能性が高い時期なので、飼育面積を広げ、十分に運動ができるようにすることが大切である。③ふ化後1〜2日（初生びな）は、卵黄のうの中に残った未吸収の卵黄を栄養源として利用する。

33　解答▶②　★

①雌鶏が21日間続けて受精卵を抱卵することで、胚は細胞分裂をしてひなとなってうまれる。これを自然ふ化という。自然ふ化と同じ条件を人工的に与えてふ化させることを人工ふ化という。③無精卵と有精卵の違いを外観で区別することはできない。胚の発生過程において検卵を行うことで判断できる。④卵殻が薄いもの、表面が粗雑なもの、傷があるものやひどく汚れたものは、ふ化率やひなの品質をそこなうので、種卵として使用しない。

34　解答▶④　★★★

ニワトリには歯がなく、腺胃で消化酵素を含んだ胃液と混同された飼料は筋胃ですりつぶされる。ニワトリの腸は哺乳類より体の大きさに対する長さが短く通過時間も比較的短

い。よく発達した2本（1対）の盲腸を持つ。

35　解答▶④　★★★

換羽の原因として、羽毛の衰えや、日長時間が短くなって卵巣からのエストロゲン分泌が減少することなどがあげられる。①強制換羽は給餌制限や照明短縮により行う。②換羽中は、産卵機能が低下したり産卵を停止したりする。③成鶏では日長時間が短くなる初秋から自然換羽が起こる。

36　解答▶①　★

ニューカッスル病はウイルスが原因となるニワトリの病気で、法定伝染病である。②はウシに起こる代謝病で、③はウイルスが原因で起こるブタの病気である（届出伝染病）。④は偶蹄類の家畜（ウシ、ブタなど）や野生動物（ラクダ、シカなど）が感染するウイルスによる病気で、伝染力が非常に強いためすみやかな殺処分が基本となる法定伝染病である。

37　解答▶③　★★

無精卵や発育中止卵は、腐敗して有毒ガスを発散し、ふ化率を低下させてしまう。このようなことを防止するために検卵を行い、見分ける必要がある。④は転卵を行う目的である。

38　解答▶③　★★

受精卵の胚が発達すると血管があらわれ、白っぽい胚盤が卵黄の中に広がっていき神経などに発達していく。無精卵の場合には、胚盤はあっても変化することはない。

39　解答▶③　★

（A）の名称は飛節である。管は前肢の最も細い部分の周囲の長さ、つなぎは蹄（ひづめ）の上の部分、寛は乳牛の部位の名称である。

40 解答▶④ ★★★

病原体は原虫である。症状は子豚の場合、急に発病し、食欲がなくなり、呼吸困難となる。成豚は発病しない。

41 解答▶④ ★★★

ヘレフォード種の原産地はイギリスのヘレフォード州である。ヘレフォード種の特徴は白面で毛色は濃赤褐色、性質は温順である。耐寒性があり、粗飼料の利用性にすぐれ、早熟、早肥である。肉質は筋繊維が荒く皮下脂肪が厚くなりやすい。

42 解答▶③ ★★★

各飼料原料中の粗タンパク質（乾物中）は、トウモロコシ8.8%、大麦12.0%、大豆粕51.1%、フスマ18.1%（2009年版日本標準飼料成分表より引用）である。

43 解答▶② ★★

開放型畜舎では、ファンの設置やカーテンの開放によって通風し、環境をコントロールする。①③④はウィンドウレス畜舎の利点である。ウィンドウレス畜舎は、環境衛生状態が特に配慮されている反面、建設費や維持費、電気代などがかかるという欠点もあり、停電時の対策も重要である。

44 解答▶② ★★

一般的に家畜ふん堆肥は、化学肥料などの普通肥料と比べると成分にばらつきがあり品質が多様なため、特殊肥料に分類される。

45 解答▶③ ★

反すう胃内では、原虫類のプロトゾアや細菌類などが多数生息している。①第1胃と第2胃を反すう胃という。②セルロースはブドウ糖を経て揮発性脂肪酸へと分解される。④反すう動物はセルロースを分解吸収するので粗飼料が必要である。

46 解答▶④ ★

①②③はつなぎ飼い牛舎の飼育方式であり、ウシの首をスタンチョンで固定したりチェーンで繋留する方式である。④は放し飼いでありながら1頭ごとに佇立休息や伏臥休息ができるような個別ストールが設置されており、飼料給与も群全体に対して行う飼育方式である。

47 解答▶③ ★

乳牛の背（前躯）で最も高い部位をき甲という。このき甲から垂直に地面に達する間の長さが体高である。

48 解答▶③ ★

日本の乳牛検定協会の検定記録における年間平均乳量は約8,000kgである。

49 解答▶③ ★

乳房炎は乳汁が白色ではなく黄色を帯びたり、凝固物を含んだり、水のように薄い乳汁を排出することにより発見される。また、乳汁中の水素イオン濃度が高いもの、白血球数の高いもの、塩素濃度が高いものなどが乳房炎として疑われる。定期的な乳汁中の体細胞数検査は重要な目安になる。

50 解答▶① ★

下垂体後葉から分泌されるオキシトシンは、乳腺胞をとりこむ平滑筋を収縮させ、そのなかの乳を排出させる。乳排出をさまたげるホルモンは、副腎髄質から分泌されるアドレナリンで、オキシトシンと反対の働きをする。

51 解答▶④ ★

①は第4胃変異、②は乳房炎、③は低カルシウム血症（乳熱）についての説明である。フリーマーチンは間性とも言われ、異性双子の場合高い割合で雌に現れる障害である。卵巣は雄性化を起こし、生殖道は両性

化を起こす。性分化にさいして、雄性の発生が雌性よりやや早く起こるウシ胎盤特有の構造が原因で発生する。

52 解答▶② ★

1 kgの体重増加に要した飼料の量（kg）を飼料要求率といい、期間内の飼料摂取量÷期間内の増体重量で表される。したがって、60kg ÷（60kg －30kg）＝2.0となる。

53 解答▶② ★

原料乳を発酵させた乳製品として、ナチュラルチーズやヨーグルトがある。練乳は生乳を濃縮して保存性をもたせたもの、アイスクリームは乳脂肪を主成分として調整したアイスクリームミックスをかくはんしながら凍結したものである。脱脂粉乳は脱脂乳を殺菌・濃縮したあと、噴霧乾燥によってその水分をほとんど除き、粉状にしたものである。

54 解答▶② ★★★

ヘイテッダは牧草の乾燥を促進するために使用する機械である。①は飼料の収穫時に使用する機械。③は乾燥した牧草を収穫に向けて集草する機械。④が牧草の刈り取りに使用する機械である。

55 解答▶② ★

写真は、トラクターに装着するタイプで、裁断型ロールをラッピングしてサイレージ化する機械。

選択科目［食品系］

31 解答▶② ★★★

噴霧乾燥は液状の食品を熱風中に霧状に分散し、急速に水分を除いて乾燥する方法で牛乳や果汁などの液体食品の粉末乾燥に活用されている。乾燥が急速に行われるため、食品が過熱されることが少なく、品質低下が少なく、復元性のある粉末食品となる。通風乾燥は食品に風を当てて乾燥する方法で、このとき加温することが多い。減圧フライ乾燥は食品を減圧状態として油で揚げ、水分の蒸散を促進して乾燥する方法で、スナック類に用いられている。自然乾燥は太陽熱や自然の風を利用した乾燥法で、古くから行われてきたが天候に左右され、乾燥に時間がかかる。

32 解答▶③ ★

ジャガイモに光が当たり、緑色に変色することで、有毒なソラニンが生成される。ソラニンは、有毒配糖体の一種で、摂取後数時間で起こり、腹痛・胃腸障害・虚脱・めまい・眠気・意識障害などが起こる。ジャガイモの表皮や芽、ホオズキ・イヌホウズキなどに含まれる。

33 解答▶④ ★★

④の黄色ブドウ球菌は、化膿性疾患の原因菌の一つであるため、調理従事者の手指・鼻腔などから汚染し、食品中で増殖する。そのときに産出した毒素が食中毒を引き起こす。他に毒素型食中毒であるボツリヌス菌による食中毒も注意したい。①・②・③は、感染型食中毒の主な原因菌である。

34 解答▶② ★★

魚介類や野菜を生食することが多い日本では、寄生虫卵に汚染された野菜・魚介類・食肉などの摂取によ

る感染の機会が多い。①の寄生虫は回虫である。③の寄生虫はサナダムシである。④の寄生虫は肺吸虫である。アニサキスは、線虫の一種で、予防は、70℃以上の加熱、あるいは−20℃で冷凍保存する。

35　解答▶④　　　　　　★★★
　再商品化とは、市町村により分別収集されたガラスびんやペットボトルなどを原材料や製品として他人に売れる状態にすること。事業者は再商品化を行うことが役割となっている。①の消費者の各家庭は、分別排出。②の市町村は、分別収集・選別保管。④の事業者は、再商品化が義務付けられた。

36　解答▶③　　　　　　　★
　玄米には、炭水化物が約70％、タンパク質が約７％含まれている。胚乳は、デンプン質が多いので、可食部の主要部となっている。栄養価値は、エネルギーの給源として重要である。一般的な玄米の質量比は、胚乳が92。ぬか層が５。胚芽が３である。

37　解答▶③　　　　　　　★
　小麦粉は強力粉、中力粉、薄力粉に分類されているが、水分14.0〜14.5％、脂質1.7〜1.8％、炭水化物71.6〜75.9％、タンパク質8.0〜11.7％、その他の成分0.4％となっている。小麦粉中の炭水化物の多くはデンプン粒子として存在し、生地の構造や製品の食感に重要である。

38　解答▶③　　　　　　　★
　スポンジケーキは、鶏卵のすぐれた気泡性を利用して小麦粉生地をスポンジ状に焼き上げる。特に鶏卵の卵白は、かくはんにより空気を抱き込むと泡立つ性質がある。一般的には、①のパン類は②の酵母などを利用。②のビスケット類は、①の膨張

剤を利用。④のうどんは、グルテンの形成により粘弾性を上げ、ゆで上げの加熱により生地の膨脹が見られる。

39　解答▶①　　　　　　　★
　第１発酵・第２発酵・整形発酵なので、①である。どれも酵母の発酵適温湿度に合わせ発酵を促すことにより、二酸化炭素が生地に保持され、生地自体を膨張させる。共通の工程で、且つ順番を考えると②・③・④は、該当しない。

40　解答▶④　　　　　　　★
　浸漬後の大豆に水を入れ摩砕したものが呉である。これに一定の水を入れ加熱し、搾ると豆乳とおからになる。この豆乳ににがりなどの凝固剤を入れると大豆中のたんぱく質が固まる。これが豆腐となる。

41　解答▶①　　　　　　★★
　炒った大豆を粉砕したのが①のきな粉である。②のもやしは暗発芽してつくるが、乾燥はしない。③の納豆は、蒸煮した大豆を発酵させるが、多くの製品の場合磨砕はしない。大豆を磨砕して煮沸後、圧搾して凝固すると豆腐になる。④の豆乳は、凝固剤を添加前のもの。

42　解答▶①　　　　　　　★
　かつては文字通り、ユリ科のカタクリの根茎から製造されていたが、明治以降ジャガイモの大量栽培が進み、片栗粉の原料は、ジャガイモに変わってきた。このジャガイモデンプンは、デンプン粒子が大きく水に溶けにくい性質があり、ジャガイモを磨砕して水にさらすと簡単に取り出すことができる。現在では、このデンプンから片栗粉が作られる。

43　解答▶②　　　　　　★★
　漬け物は、食塩の脱水作用や防腐作用を利用して、野菜を長期貯蔵することが可能な食品である。細胞の

酵素による自己消化によって、糖類やアミノ酸が生成し、風味が形成される。①の乳糖やミオグロビンの生成はない。③の食塩の作用により、硬化ではなく軟化する。④の加熱工程は、製造原理に該当しない。

44　解答▶②　　　　　　　★

ペクチンは、多糖類の一種で、植物の細胞と細胞を接着させている。ジャム類を製造する場合、ペクチンの性状や量・糖量・有機酸量（pH）がゼリー化の３要素として直接関わる。①の油脂類や③のアルコール類、牛乳中のタンパク質であるカゼインは、ゼリー化に直接関わらない。

45　解答▶④　　　　　　★★

柑橘類やリンゴは、貯蔵中に有機酸が大幅に減少する。酸味がなくなり、味ぼけを起こす。温度管理や保存期間には注意を要する。①の果実の糖酸比は、原料の選別や酸や糖の添加量を決める上で重要である。②の成熟にともなってクエン酸量は増えるのではなく、減少する。③の果実の加工品は、タンパク質や脂肪は牛乳・卵・穀類と比較すると少ない。

46　解答▶③　　　　　　　★

②の共立て法は、全卵を砂糖とともに一般的には35〜40℃で泡立てる。きめ細かいクリーム状の気泡となる。③の別立て法は、卵白と卵黄に分け、別々に泡立てた後、混合する。固く、コシがあって、しっかりした気泡になる。

47　解答▶④　　　　　　★★

④の機器はホームシーマーといわれるもので、缶詰の巻き締めを行う。他にもバキュームシーマー（真空巻締機）があり、脱気と密封を同時に行うことができるものもある。①の無菌包装・②のびん詰・③の真空包装では、使用しない。

48　解答▶①　　　　　　　★

と畜直後の肉は一定時間経過すると死後硬直を起こす。この段階では、肉はかたく、うま味は少ないが、ある程度日数を経ると、熟成が進んで肉がやわらかくなり、風味が出る。このやわらかくなる理由は、タンパク質分解酵素の働きである。また、旨味の向上は、タンパク質が酵素の働きによりアミノ酸に分解されたためである。

49　解答▶③　　　　　★★

ササミは、豚、牛肉の「ヒレ」に相当するところで、鶏肉の中で最も柔らかい部分。タンパク質が他の部位に比べて一番多く、脂肪が一番少ないので、淡白な味がする。
①のモモは、色は赤っぽく、肉質はややかたい。②の手羽は、特に手羽先は脂肪が多い。④のハツは、心臓である。ビタミンや鉄分が豊富である。

50　解答▶④　　　　★★★

牛乳の比重は、牛乳比重計・温度計・牛乳比重換算表を利用して求めることができる。また、牛乳は脂肪の含有量によって変化する。比重が小さいと脂肪量が多く、比重が大きいと脂肪以外の無脂乳固形分が多くなる。

51　解答▶④　　　　★★★

④の酸乳飲料である。原料乳を使用せず、脱脂乳を使用するのは、水で薄めた時に脂肪球が浮かないようにするためである。また、この製法以外に発酵工程を行わず、乳酸など有機酸を添加して作る方法もある。①のヨーグルト製造では、均質化工程はない。

52　解答▶③　　　　　★★

①の遠心分離では、クリームと脱脂乳に分けることができる。クリームを冷やした後、熟成することを②

のエージングと言う。③のチャーニングでは、熟成したクリームを激しく攪拌し、この振動によって脂肪粒（バター粒）とバターミルクが分離する。

53　解答▶①　　　　　　★

マヨネーズは、卵黄が仲立ちとなり、食酢と植物油が乳化されて独特の風味が生じる。栄養価も高く、消化のよい製品でもある。②の卵黄・卵白の高さや広がりを計測すると卵の新鮮度がわかる。③の卵白を加熱すると58℃で固まり始め、80℃で完全に凝固する。④の鶏卵中のガラザは、卵黄を卵の中央に保つ働きをしている。

54　解答▶④　　　　　　★★

みその熟成中、容器の位置により、熟成度が異なるため、2〜3回ほど行う。この作業により、発酵熱により中央部の品温が高くなっている状態を放熱させ、均一な発酵熟成を促進させる。①の仕込みは、みそ製造の後半ではない。②のかい入れは、しょうゆ製造時もろみを時々混合することである。③のおり引きは、しょうゆのもろみを圧搾・ろ過・火入れ（加熱）後生じたおりを除くことである。

55　解答▶③　　　　　　★

食品製造室の壁と床との角や、排水溝にアール（R：丸み）をつけていると、清掃時に水の切れや排水溝率があがるため、清掃しやすく製造室内を清潔に保つことができる。①・②・④は、食品を扱う設備の留意点としては、重要であるが、排水溝のアールの理由とはならない。

選択科目［環境系］

31　解答▶③　　　　　　★

求心を行うときの、下げ振りと地上の測点との間の距離を求心距離という。

32　解答▶④　　　　　　★

目標物を視準する方法から、視準孔から視準糸を見通し方向を定める。

33　解答▶②　　　　　　★★

明治24年（1891年）24.5000m →大正12年（1923年）24.4140m →平成23年（2011年）24.3900m、日本水準原点は東京都千代田区永田町1丁目1番2にある。

34　解答▶③　　　　　　★★

B.M.＋15m、No.1、No.3、No.4＋12m、No.5（中間点）
No.2、No.4（もりかえ点：レベルを据え変えるため、前視と後視を読む点、前後の測量を連絡づける点）

35　解答▶③　　　　　　★★★

①水平線は左から右へ引く②垂直線は下から上へ引く③右上がりの斜線は左下から右上に引く④右下がりの斜線は左上から右下に引く

36　解答▶④　　　　　　★★

寸法を記入するために図形から引き出すのに用いる。線の種類は細い実線である。

37　解答▶②　　　　　　★★

$(14.0 \times 4.0 + 14.0 \times 5.0) \div 2 = 63.0\text{m}^2$

38　解答▶②　　　　　　★

ある場所の生物群落が時間の経過とともに変化していく現象を遷移（生態遷移）といい、植物群落に注目した場合には植生遷移という。

39　解答▶④　　　　　　★★

ベンチマークの略で水準測量を行う場合の基準点（既知点）となる。通常は動かない位置にポイントを定

めそれを基準として測量する。1
等・2等・3等水準点がある。

40　解答▶①　　　　　　　　★

葉身は表皮と葉肉、葉脈からなる。
普通葉の各部の名称には、葉柄・側
脈・主脈・葉縁・蜜腺・托葉がある。

41　解答▶④　　　　　　　　★

森林が「緑のダム」といわれるの
は森林の土壌が水をたくわえる機能
があるためで、こうした機能を十分
に発揮させるには、森林を健全な状
態に保つ必要がある。

42　解答▶④　　　　　　　★★

①亜寒帯林は常緑針葉樹、②亜熱
帯林はイスノキやホルトノキなどの
常緑広葉樹を中心にアコウやガジュ
マルなどのクワ科樹木、木生シダな
どからなる。③暖温帯林(照葉樹林)
は常緑広葉樹。

43　解答▶①　　　　　　　★★★

②ハナミズキは落葉樹。③コナラ
は落葉樹。ヒノキは常緑樹。④クヌ
ギは落葉樹。アカマツは常緑樹。

44　解答▶②　　　　　　　★★

ブナは、落葉広葉樹で日本の温帯
林を代表する樹木。樹皮は灰白色で
きめ細かい。世界遺産に登録された
白神山地のブナ林など天然林として
残っている。

45　解答▶④　　　　　　　　★

チェーンソーは、多数の小さな刃
がついたチェーンを動力により回転
させて鋸と同様に対象物を切ること
ができる動力工具。樹木を伐採(伐
倒)したり、丸太に玉切りしたり、
枝を払ったりする。

選択科目 [環境系・造園]

46　解答▶①　　　　　　　　★

織部型灯籠は基礎の部分がなく、
竿を直接地面に埋め込んだ灯籠で竿
の上部は丸みがあり、中台、火袋、
笠は四角形である。

47　解答▶②　　　　　　　★★

親柱と間柱では、親柱を高く施工
する。四つ目垣の施工順序は、親柱
のいけ込み、間柱のいけ込み、胴縁
の取り付け、立て子の取り付け、で
ある。

48　解答▶①　　　　　　　　★

常緑広葉樹。成長は極めて遅い。
枝葉が密生し強い剪定、刈り込みに
耐えるので生垣、玉作り、段作り、
トピアリーなど色々な形に仕立てら
れる。

49　解答▶④　　　　　　　　★

茶庭は露地とも呼ばれ、茶室に行
くまでの庭で変化の少ない常緑樹を
中心とする。実用的な蹲踞や石灯
籠、飛石、延段などが庭園内に用い
られている。

50　解答▶②　　　　　　　★★

解説:グランドライン(G. L.)と
いう。透視図を描く場合、最も手前
の部分の線。必ず水平線と平行方向
に引く。

51　解答▶①　　　　　　　　★

平板を測点上により正確にすえる
には、整準(整置)、致心(求心)、
定位(指向)の3条件を満足させる
ことが必要で、この作業を標定とい
う。

52　解答▶①　　　　　　　★★

線の太さには比率で細線・太線・
極太線の区別をおよそ1:2:4と
定められている。細線に0.5mmを
用いれば、太線は1.0mmとし、極太
線は2.0mmとなる。

53 解答▶①　　　　　　　　★

1872年に制定された。ワイオミング州、モンタナ州、アイダホ州の3州にまたがる広大な面積で、探検隊がたき火を囲んで、優れた景勝地を自分達のためでなく、万民のために後生まで保護していく手法として誕生した話は有名。

54 解答▶①　　　　　　　★★

5月～6月ごろになると、葉の裏側に糸状のものが表れる。その後は腐り黒い斑点となる。病原菌はビャクシン類を中間宿主としている。

55 解答▶③　　　　　　　　★

都市公園法では、街区公園は誘致距離250mの範囲で1カ所当たり面積、0.25haを基準として配置する。

選択科目
[環境系・農業土木]

46 解答▶③　　　　　　★★

③修正は、魚が遡上できる落差工を設置である。回避は、湧水池や平地林などを保全、最小化は、自然石等による護岸水路を実施、軽減／除去は、動植物を一時的に移設である。

47 解答▶②　　　　　　　★

水田の作土の下にあるすき床層や、大型トラクタの重みでできた畑の硬盤を破砕し、下層の排水が良くなると同時に、下層が膨軟になり根張りが良くなる。この方法は重粘な土壌で行うと効果が大きい。

48 解答▶④　　　　　　　★

パスカルの原理を説明した内容である。

49 解答▶④　　　　　　★★

一定時間内に流入した水量 Q_1 と流出する水量 Q_2 は等しくなければならない。断面を A_1、A_2（㎡）、流速を V_1、V_2（m/s）とすると、$Q = Q_1 = Q_2$（㎥/s）から、$A_1 \times V_1$（Q_1）$= A_2 \times V_2$（Q_2）となる。$V_2 = A_1 \times V_1 \div A_2$ から、$V_2 = 0.6 \times 0.1 \div 0.2 = 0.3$（m/s）となる。

50 解答▶②　　　　　　★★

開水路断面において流速を V（m/s）、通水断面 A（㎡）とすると、流量は、$Q = AV$（㎥/s）となる。この問題では流速を求めるので、$V = Q/A$ となり、$A = 0.2 \times 4.0 = 0.8$（㎡）、$Q = 0.4$（㎥/s）から $V = 0.4 / 0.8 = 0.5$（m/s）となる。

51 解答▶②　　　　　　★★

0.075mm（75μm）未満は比重浮ひょう、以上はふるい分け。

52 解答▶③　　　　　　　★

机を押す力（作用）、大きさが等しく逆向きの力（反作用）、この2力が一直線上に働く、これが作用反作用

の法則である。

53 解答▶④　　　　　★

切断部を作用点、A（ネジの部分）を支点、ハンドルで力を加える部分が力点である。

54 解答▶②　　　　★★

B 点（力点）に力を加えると、C 点（支点）を中心にてこを回転させ、A 点（作用点）が石を動かします。このてこの原理から、支点から A 点の距離 ℓ_A（m）、支点から B 点の距離 ℓ_B とすると、$P_A \times \ell_A = P_B \times \ell_B$ となる。$P_A = 300$（N）、$\ell_A = 2$（m）、$\ell_B = 3$（m）から、$300 \times 2 = P_B \times 3$ となり、$P_B = 300 \times 2 \div 3 = 200$（N）となる。

55 解答▶④　　　★★★

応力は物体に外部から力が作用すると，その物体内の断面に内力が生じる。断面に生じる内力の単位面積 1㎡ 当たりの値を応力といい、軸方向力 P(kN)、断面積 A（㎡）とすると、応力は、$\delta = P / A$（kPa）となる。この問題では、P = 100（kN）、A = 0.4（㎡）だから、$\delta = 100 / 0.4 = 250$（kPa）となる。Pa はパスカル。

選択科目 ［環境系・林業］

46 解答▶②　　　　　★

①人工林の多くは戦後の拡大造林によってつくられた。③木材価格の低迷等から手入れされずに放置された森林が多く、土砂災害防止や水資源のかん養、地球温暖化防止等の森林の公益的機能の発揮が危ぶまれており、森林の整備は必須である。④国土の約２／３が森林。

47 解答▶②　　　　　★

森林土壌とは森林の地表にある地上の生物活動を支える土壌のこと。①ポドゾルは、寒冷湿潤な亜寒帯や亜高山帯の針葉樹林帯に多くみられる強酸性の土壌、③、④赤色土、黄色土は、熱帯から亜熱帯地方の高温多雨の気候下で生成される土壌。

48 解答▶②　　　　　★

樹木の伐採後に残された根株から芽が出てこれが成長することを萌芽というが、コナラ、クヌギ、キリなど多くの広葉樹で萌芽更新が可能であるが、針葉樹ではほとんど萌芽が発生しない。

49 解答▶①　　　　　★

②一度消滅した後に再生した森林は「二次林」である、③木材生産のためなど人の手でスギ、ヒノキなどを植林した森林は「人工林」である、④伐採後に植栽しないで放置すると雑木林となることが多い。

50 解答▶④　　　　　★

森林は民有林と国有林に分けられ、民有林の中で、都道府県有林、市町村有林等を除いた個人や会社等が所有している森林を私有林と言う。①国有林、②公有林とは国有林、都道府県有林、市長村有林のこと。③市町村有林。

51 解答▶①　　　　★★

②はヒノキ、③はコナラやクヌギ

など、④はアカマツやクロマツ。

52　解答▶④　

　①測竿（そっかん）は、木の根元から伸縮式のポールを伸ばして樹高を測定する機器。②ブルーメライスは測竿と同様に樹高を測定する機器。③直径巻尺は、樹木の幹周りを測定し直径を計測する。④輪尺は、樹木の胸高直径を測定する機器。

53　解答▶①　★★

　まず地ごしらえを行い、植栽の邪魔となる枯れ枝や落ち葉、雑草等を整理し、植栽木を植え付けした後、数年間は植栽木の成長を阻害する雑草等を刈り払い（下刈り）、植栽木を保育していく。

54　解答▶①　★

　木材生産のための作業の順序として、まず樹木を伐採し、枝払いや玉切りを行う（造材）。３ｍなどに玉切りした木材を集めて（集材）、運搬車に積み込み、森林から運び出す(運材)。

55　解答▶①　★

　①つる：つるが支点となり「ちょうつがい」のはたらきをする。②追い口：伐倒方向の反対側からチェーンソー等で切り込んでいく③受け口：伐倒方向の地ぎわ近くに設ける開口部。④くさび：これを打ち込んで伐倒方向を確実にし、最終的に樹木を伐倒する。

201□年度　第□回 （※2017、2018 年度用）

（点数）

日本農業技術検定3級　解答用紙

1問2点（100点満点中60点以上が合格）

共通問題

設問	解答欄
1	
2	
3	
4	
5	
6	
7	
8	
9	
10	
11	
12	
13	
14	
15	

設問	解答欄
16	
17	
18	
19	
20	
21	
22	
23	
24	
25	
26	
27	
28	
29	
30	

選択科目

※選択した科目一つを丸囲みください。

栽培系

畜産系

食品系

環境系

設問	解答欄
31	
32	
33	
34	
35	
36	
37	
38	
39	
40	

設問	解答欄
41	
42	
43	
44	
45	
46	
47	
48	
49	
50	
51	
52	
53	
54	
55	

201☐年度　第☐回 （※2019年度用）

日本農業技術検定３級　解答用紙

1問2点（100点満点中60点以上が合格）

点数

共通問題

設問	解答欄
1	
2	
3	
4	
5	
6	
7	
8	
9	
10	
11	
12	
13	
14	
15	

設問	解答欄
16	
17	
18	
19	
20	
21	
22	
23	
24	
25	
26	
27	
28	
29	
30	

選択科目

※選択した科目一つを
　丸囲みください。

栽培系

畜産系

食品系

環境系

設問	解答欄
31	
32	
33	
34	
35	
36	
37	
38	
39	
40	

設問	解答欄
41	
42	
43	
44	
45	
46	
47	
48	
49	
50	